変分問題入門

変分問題入門

非線形楕円型方程式とハミルトン系

田中和永

岩波書店

まえがき

自然界のさまざまな法則の中には，変分原理で表現できるものが多い．例として，光学における Fermat の原理，古典力学における最小作用の原理をあげることができる．前者は 2 点間を通る光の経路がその 2 点を結ぶあらゆる経路の中で所要時間を最短にすることを主張し，後者は運動する物体の相空間内での軌道がラグランジアンと呼ばれる量の積分をある意味で最小とする経路であることを主張している．このような変分原理は自然法則を記述する方法としてきわめて優れたものと考えられている．

一般にエネルギー量等の適当な関数のクラスの上で定義された実数値関数を汎関数といい，汎関数の最小点[*1]等の臨界点——すなわち微分が 0 となる点，停留点ともいう——を求める問題を変分問題という．上に述べた光学，古典力学の問題に限らず私たちの身のまわりの多くの問題が変分問題として定式化される．さらに例をあげると，曲面上の 2 点を結ぶ最短経路を求める測地線の存在問題，周囲の長さを一定とするとき囲まれる面積を最大にする図形を求める等周問題，また多くの数理物理における問題が変分問題となる．

本書では，微分方程式の解の存在問題に対する変分的アプローチについて入門的な解説を行う．すなわち，微分方程式が変分構造をもつとき，いいかえれば微分方程式の解がある関数空間上定義された汎関数の臨界点として特徴づけられるとき，汎関数の解析により臨界点の存在を保証し，微分方程式の解を見いだす方法を解説する．

もっとも簡単な場合を述べると，微分方程式に対応する汎関数 $I(u)$ が下に有界なとき，下限 $\inf I(u)$ を達成する最小点が存在するか否か？　あるいは $I(u_j) \to \inf I(u)$ をみたす最小化列 $(u_j)_{j=1}^{\infty}$ の極限として最小点が得られ

---

*1　minimizer を最小点と訳した．この訳語は確定していないようである．関数という側面を強調する場合には最小化関数と呼ばれる場合もある．

るか否か？を議論することとなる．変分問題においてこのような方法は直接法と呼ばれる．非常に自然な方法と思われるが，直接法が正当化され解の存在問題等が議論できるようになったのは，長い変分問題の歴史の中では比較的最近の出来事である．

変分問題の研究は微分積分学の誕生とともに始まり，17–18 世紀において Bernoulli，Euler，Lagrange らにより解析力学の研究とともに大きな進歩をとげたが，汎関数の最小値を達成する関数の存在等は 19 世紀に入りようやく厳密に論じ始められた．今日 Dirichlet 問題と呼ばれている，与えられた境界値のもとで Laplace 方程式

$$\Delta u = 0$$

の解の存在を問う問題は，電磁気学とも関連して多くの人の興味を引いた．この問題では領域が球等の特殊な場合は簡単に解を求めることができるが，一般の領域の場合，解が存在するか否かも明らかではなかった．19 世紀半ばに Gauss，Thompson，Dirichlet は今日 Dirichlet の原理と呼ばれる解の特徴づけ，すなわちこの問題の解は同じ境界条件をもつ関数のうちで積分（Dirichlet 積分）

$$\int |\nabla u|^2 \, dx$$

を最小にするものであることを見いだし，さらに最小値を達成する関数が存在すると主張した．この Dirichlet の原理は非常にわかりやすく魅力的な解の構成法であるが，その当時の最小点の存在に関する議論は厳密とは言い難いものであり批判を受けた．特に Weierstrass は下限を達成しない変分問題の例をあげ，最小点の存在が自明でないことを指摘した．

Dirichlet の原理を正当化しようとする試みは多くの数学者により行われたが，多くの困難を伴い，厳密な正当化が Hilbert により 1900 年に行われるまでには約半世紀を要した．今日では Hilbert の証明方法は改良され，より簡明な証明が与えられるようになっている．その証明の方法は，まず解の概念を通常の古典解から広義解（generalized solution）あるいは弱解（weak solution）に拡張し，より広い関数のクラスで最小点を求め（広義解の存在），

次いで広義解の正則性を調べ，実は解は古典解であることを示す(解の正則性)というものである．最初から古典解に限定して最小点を求めることは非常に難しいことに注意されたい．また広義解のクラスの設定を適切に行うことがこの議論において非常に大切である．

Hilbert によって正当化された Dirichlet 原理はさらに多くの発展を見ることになる．その中から最小点以外の鞍点等を扱うことを可能とした Lyusternik–Schnirelman 理論および Morse 理論が生まれ，大域解析学と呼ばれる分野が開かれていった．

このような理論の入門として，本書では汎関数の臨界点の存在問題を解説する．ここで求める臨界点は最小点，極小点に限らず，鞍点等も込めてその存在を最小化法，ミニマックス法を通じて議論する．鞍点というと非常に特殊な臨界点と思われるかもしれないが，その存在は非常に重要である．例えば，閉曲面上の閉測地線を考える場合にはエネルギー汎関数の最小値は 0 となり，最小点はすべて自明な定数曲線[*2]となる．一方，球面上の大円等の興味ある閉測地線は汎関数の鞍点であり，微分方程式においても興味ある解が鞍点となっていることが多い．また汎関数が 2 つの極小点をもつならば，自然に鞍点の存在が期待されること(第 1 章)，また最小値，極小値の存在が期待できない変分問題も存在すること(例えば第 3 章)にも注意したい．

ここで臨界点を得るための最小化法およびミニマックス法のアイデアを簡単に紹介する．関数 $f(x): \mathbb{R} \to \mathbb{R}$ が与えられたとき，$f(x)$ を微分し，微分が 0 となる点(臨界点)およびその符号変化を調べることにより，われわれは $f(x)$ のグラフを描くことができる．最小化法，ミニマックス法により臨界点の存在を示す際にはこのプロセスを逆にたどる．すなわち，関数のグラフの形状を調べ，その形状から微分が 0 となる点(臨界点)が存在することを示すという方針をとる．簡単な例をあげると，$f(x)$ がある $a<b<c$ に対して $f(b)<\min\{f(a), f(c)\}$ をみたすならば，$f(x)$ は (a,c) 内に極小点，すなわち臨界点，をもたなければならない．このように $f(x)$ の形状から臨界点の

*2　曲面上のある点 p_0 に対して恒等的に $\gamma(t)=p_0$ となる曲線．

存在が導かれる場合がある．本書では関数空間(無限次元 Banach 空間)上定義された汎関数に対しても同様なアプローチを試みる．

以下汎関数を $I\colon E\to\mathbb{R}$ とかこう．上記のようなアプローチの中でまず考えられる方法は，汎関数が下に有界であるとき，下限 $\inf_{u\in E} I(u)$ を達成する最小点の存在を考え，最小点として臨界点を求める方法である．ついで汎関数 $I(u)$ の極小点，さらに鞍点の存在が問題となる．鞍点の存在を導く汎関数のグラフの形状というと難しそうであるが，種々の条件のもとで鞍点の存在が期待される．例として峠の定理(Mountain Pass Theorem)と呼ばれる定理で要求される条件を紹介する．E を Banach 空間とし $I(u)\colon E\to\mathbb{R}$ はある $r_0>0$，$\delta_0>0$，$e\in E$ に対して次をみたすとする．

(i) $I(0)\leqq 0$.

(ii) $\|e\|>r_0$ かつ $I(e)\leqq 0$.

(iii) $\|u\|=r_0$ をみたす任意の $u\in E$ に対して $I(u)\geqq\delta_0$.

この状況を見やすくするために地形図を連想し，$I(u)$ が標高をあらわすものとみなす．すると 0 は高さが δ_0 以上の外輪山(半径 r_0 の球面)に囲まれた

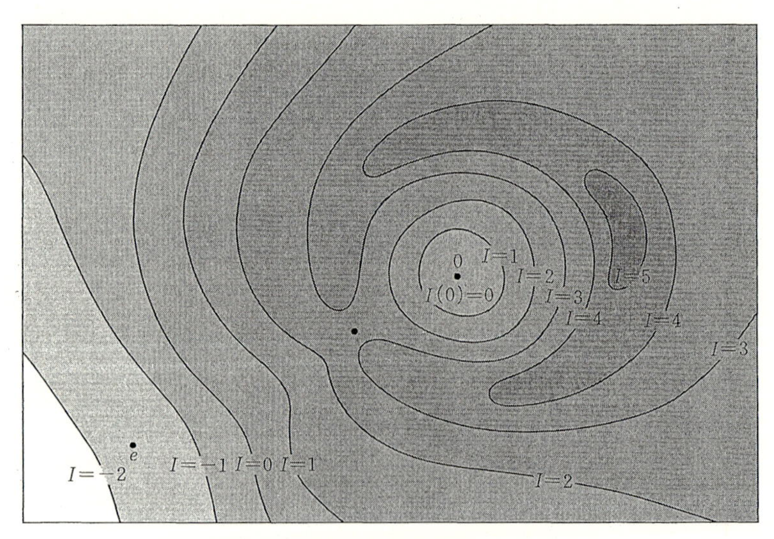

条件(i)-(iii)に対応した地形の等高線

盆地の中にあり，また外輪山の外の点 e でもまた高さが 0 以下と低くなる．このとき峠にあたる鞍点の存在が期待され，対応する臨界値はミニマックス値により与えられる(第1章 §1.3 を参照されたい)．

しかしここで臨界点の存在問題において一般的には直感に反するようないろいろな状況がおこる可能性があることに注意したい．例えば，汎関数 $I(u)$ が下に有界であっても下限は達成されるとは限らない，また上記の条件 (i)-(iii)がみたされても峠にあたる臨界点は存在するとは限らない．実際，前者については $\mathbb{R}$ 上の関数 $I(x)=e^x$ が，また後者に関しては $\mathbb{R}^2$ 上の関数 $I(x,y)=x^2-(x-1)^3y^2$ が反例を与える[*3]．無限次元 Banach 空間上の汎関数に関しては有界閉集合がコンパクトでないためにさらに複雑な現象がおこる場合があり，注意を要する．

本書では Palais-Smale 条件と呼ばれる条件のもとで病的な状況を避け，まず臨界点の存在を議論し，非線形楕円型方程式，ハミルトン系に応用する．次に Palais-Smale 条件が成り立たない場合を見ることとする．先に Dirichlet 問題に関して述べたように，問題にあわせて適切な関数空間を選ぶことが非常に重要であり，Palais-Smale 条件は関数空間の選定に非常に密接に関連してくる．

本書の構成をみよう．まず第0章で第1章以降で必要となる非線形関数解析の基礎的事項をまとめ準備とする．第1章では Banach 空間上の汎関数の臨界点の存在問題を最小化法，ミニマックス法を中心に解説する．汎関数の下限またはミニマックス値を b とするとき，すでに注意したように，b は必ずしも臨界点に対応するとは限らない．しかしながら近似解の列ともいうべき次をみたす点列 $(u_j)_{j=1}^{\infty}\subset E$ が必ず存在する．

$$I(u_j)\to b,\quad I'(u_j)\to 0.$$

このことが議論のポイントとなる．この点列は Palais-Smale 列と呼ばれ，Palais-Smale 条件はその収束性を保証する条件である．第1章ではさらに汎関数 $I(u)$ のグラフの形状から臨界点の存在を読みとる種々のミニマックス

*3 後者に関する反例は Brezis による．この例は L. Jeanjean 氏にお教え頂いた．

法を紹介する.

第2章では第1章で導入した最小化法，ミニマックス法を有界領域における次の非線形楕円型方程式に応用し，解の存在問題を考察する.

$$-\Delta u = g(x,u) \quad \text{in } \Omega,$$
$$u = 0 \qquad \text{on } \partial\Omega.$$

ここではPalais-Smale条件が成り立つ状況を扱い，非線形項 $g(x,u)$ の性質が対応する汎関数にいかに反映されるか，そしてどのようなミニマックス法が適用できるかを解説する.

第3章は非線形楕円型方程式とともに変分法の重要な応用例であるハミルトン系を扱い，周期解の存在問題を考察する．1978年のRabinowitzの論文によりハミルトン系は変分的手法の適用できる場となり，大域的解析が可能となった．そのランドマークともいえる仕事および関連する話題を紹介する.

第4-5章ではPalais-Smale条件が成り立たない場合を扱う，いわゆるConcentration Compactness法を紹介する．ここでは $\mathbb{R}^N$ での非線形楕円型方程式

$$-\Delta u + u = a(x)u^p \quad \text{in } \mathbb{R}^N,$$
$$u > 0 \qquad \text{in } \mathbb{R}^N,$$
$$u \in H^1(\mathbb{R}^N)$$

の正値解の存在問題を $1<p<\dfrac{N+2}{N-2}$ $(N \geqq 3)$, $1<p<\infty$ $(N=1,2)$ のときに考える．この場合 $H^1(\mathbb{R}^N)$ の $L^{p+1}(\mathbb{R}^N)$ への埋め込みがコンパクトでないことに起因して，Palais-Smale条件が成立しなくなる．しかしこの問題においてPalais-Smale列の挙動が詳しく解析できることが助けとなり，臨界点の存在が議論できる．第4-5章ではその方法を紹介する．特に解の存在，非存在が $a(x)$ に非常にデリケートに依存し，有界領域の場合と状況はまったく異なること，Bahri-Liのミニマックス法による $a(x) \to 1$ $(|x| \to \infty)$ のもとでの解の存在証明，そしてSéréに始まる空間周期的な $a(x)$ に対するmulti-bump解の変分的構成の一端をみる.

第6章においては第3章と同様にハミルトン系に対する周期解の存在

問題を議論する．ここでは天体力学での2体問題に関連した状況でのラグランジュ系を扱う．コンパクトリーマン多様体上の閉測地線の存在を示した Lyusternik-Fet の議論と類似の議論により，まずポテンシャルが0において強い特異性をもつとき周期解の存在が示される．特異性が弱い場合は Palais-Smale 条件のなりたたない問題となるが，Morse 指数を利用することにより部分的に解決できることを紹介する．

現在，微分方程式を対象とした変分問題に関する書籍は日本語で出版されたものはあまり見受けられないが，英文のものでは Ambrosetti [9]，Chang [51]，Ekeland [74]，Flucher [81]，Ghoussoub [84]，Rabinowitz [159]，Struwe [180]，Mawhin-Willem [138] 等数多く出版されており，それぞれ特色ある良書となっている．そこで本書はなるべく変分問題への入門の助けとなるよう，self-contained になるように心がけ，変分法の基本的なアイデアを解説した．必要とする知識は関数解析，Sobolev 空間の基礎的事項のみであり，Leray-Schauder の写像度の理論等も必要としない．そのため本書で扱っている題材は比較的限られたものとなった．本書では触れられなかった話題については上記の文献等により補って頂きたい．本書が変分問題への入門の一助となれば著者にとって望外の幸せである．

最後に，本書の執筆の機会を与えて頂き，また原稿に目を通し有益な助言を頂いた俣野博先生，付録に目を通し有益な助言を頂いた四ッ谷晶二先生，原稿に丁寧に目を通して下さった足達慎二氏，そして大変お世話になった岩波書店編集部の方々に感謝したい．本書を恩師，故洲之内治男先生に捧げる．

2000 年 9 月

田 中 和 永

追記

本書は，岩波講座『現代数学の展開』の1分冊であった「非線形問題 2」を単行本化したものである．単行本化に際して，一部訂正を行った．

2008 年 5 月

目　次

0 準　備

まえがきにも述べたように，具体的な変分問題を解析する際には関数空間を適切に設定することがまず重要であり，次に，その関数空間において与えられた変分問題が解をもつか否かを考察することとなる．この変分問題の解の存在を論じる際には，Banach 空間，Hilbert 空間上に定義された汎関数の臨界点(最小点，鞍点等)の存在を抽象的な枠組みで論じる一般論の成果が役に立つ．

本章では，その一般論を展開するために必要な Fréchet 微分等の基本的な概念を導入する．

§0.1　Fréchet 微分

$(E, \|\cdot\|_E)$，$(F, \|\cdot\|_F)$ を Banach 空間とするとき，E から F への有界線形作用素全体のなす Banach 空間を $\mathcal{L}(E,F)$，そのノルムを

$$\|A\|_{\mathcal{L}(E,F)} = \sup_{\|x\|_E=1} \|Ax\|_F, \quad A \in \mathcal{L}(E,F)$$

とかく．また開集合 $U \subset E$ に対して $C(U,F)$ により，U から F への連続写像全体をあらわす．さらに $(u_n)_{n=1}^{\infty} \subset E$ が $u_0 \in E$ に強収束することを $u_n \to u_0$，弱収束することを $u_n \rightharpoonup u_0$ とかく．またどの空間での強収束，弱収束を明示する際には

$$u_n \to u_0 \quad \text{strongly in } E,$$
$$u_n \rightharpoonup u_0 \quad \text{weakly in } E$$

とかく．

$\mathbb{R}^N$ での微分可能性と同様に U から F への写像の微分可能性を次のように定める．

定義 0.1　$T: U \to F;\ u \mapsto T(u)$ に対して

（i）　$u \in U$ において，T が **Fréchet 微分可能**であるとは，ある $A \in \mathcal{L}(E,F)$ が存在して

$$\lim_{\|h\|_E \to 0} \frac{\|T(u+h)-T(u)-Ah\|_F}{\|h\|_E} = 0 \tag{0.1}$$

が成立することと定義する．(0.1)をみたす $A \in \mathcal{L}(E,F)$ を

$$A = DT(u) \quad \text{または} \quad A = T'(u)$$

とあらわす．

（ii）　任意の $u \in U$ において T が Fréchet 微分可能であるとき，T は U で Fréchet 微分可能であるという．さらに写像

$$T' : U \to \mathcal{L}(E,F);\ u \mapsto T'(u)$$

が連続であるとき T は $\boldsymbol{C^1}$**-級**であるという．また U 上の C^1-級写像全体を $C^1(U,F)$ とかく．

（iii）　$T \in C^1(U,F)$ の微分 $T': U \to \mathcal{L}(E,F)$ がさらに C^1-級であるとき T は $\boldsymbol{C^2}$**-級**であるといい，U 上の C^2-級写像全体を $C^2(U,F)$ であらわす．T' の微分すなわち T の2階微分 T'' は $T''(u): U \to \mathcal{L}(E, \mathcal{L}(E,F))$ なる写像である．$\mathcal{L}(E,\mathcal{L}(E,F))$ は E 上の連続双線形写像全体のなす Banach 空間 $\mathcal{L}_2(E,F)$ と標準的に同型であるから

$$T''(u) : U \to \mathcal{L}_2(E,F)$$

である．より高階の微分も同様に定義する．　□

例 0.2

（i）　$A \in \mathcal{L}(E,F)$ のとき $T(u) = Au$ は Fréchet 微分可能であり $T'(u)h = Ah$.

（ii）　$T, S: U \to F$ がともに Fréchet 微分可能なとき，定数 $a, b \in \mathbb{R}$ に

対して $(aT+bS)(u)=aT(u)+bS(u)$ も Fréchet 微分可能であり $(aT+bS)'=aT'+bS'$.

(iii) E, F, Z を Banach 空間，$U\subset E$，$V\subset F$ を開集合，$T: U\to V$，$S: V\to Z$ をそれぞれ $u_0\in U$，$v_0=T(u_0)\in V$ において Fréchet 微分可能な写像とすると合成写像

$$(S\circ T)(u)=S(T(u)) : U\to Z$$

も $u_0\in U$ で Fréchet 微分可能であり，

$$(S\circ T)'(u_0)h=S'(T(u_0))[T'(u_0)h] \qquad \forall h\in E$$

が成立する．

(iv) E を Hilbert 空間，$(\cdot,\cdot)_E$，$\|\cdot\|_E$ をその内積およびノルムとすると，

$$T(u)=\frac{1}{2}\|u\|_E^2 : E\to\mathbb{R}$$

は Fréchet 微分可能であり

$$T'(u)h=(u,h)_E \qquad \forall u,\, h\in E.$$

□

Fréchet 微分可能性を確かめるために有用な Gâteaux 微分を導入しよう．これは $\mathbb{R}^N$ での方向微分に対応する概念である．

定義 0.3 $T: U\to F$ が $u\in U$ において **Gâteaux 微分可能**とは，ある $A\in\mathcal{L}(E,F)$ が存在して任意の $h\in E$ に対して

$$\lim_{t\to 0}\frac{T(u+th)-T(u)}{t}=Ah$$

が成立することである．A を u での Gâteaux 微分といい $A=D_GT(u)$ とかく．□

明らかに，T が $u\in U$ において Fréchet 微分可能ならば，そこで Gâteaux 微分可能であり $D_GT(u)=T'(u)$ が成立するが，$D_GT(u)$ の連続性の仮定のもとで逆も正しい．すなわち次が成立する．

定理 0.4 $T: U\to F$ は U 上 Gâteaux 微分可能であり

$$D_GT : U\to\mathcal{L}(E,F);\ u\mapsto D_GT(u)$$

は $u_0\in U$ において連続であるとする．このとき T は $u_0\in U$ において Fréchet

微分可能であり

$$T'(u_0) = D_G T(u_0).$$

□

証明のために次の補題を用意する.

補題 0.5　$T: U \to F$ を U 上 Gâteaux 微分可能な関数, $u, v \in U$ を

$$(1-t)u + tv \in U \qquad \forall t \in [0,1]$$

をみたすものとする. このとき

$$\|T(v) - T(u)\|_F \leqq \sup_{t \in [0,1]} \|D_G T((1-t)u + tv)\|_{\mathcal{L}(E,F)} \|v-u\|_E.$$

□

以下 Banach 空間 E の双対空間を $E^* = \mathcal{L}(E, \mathbb{R})$ であらわし, $\varphi \in E^*$ と $u \in E$ との積を $\langle \varphi, u \rangle_{E^*,E}$ であらわす. F についても同様.

[補題 0.5 の証明]　Hahn-Banach の定理により $\varphi \in F^*$ を $\|\varphi\|_{F^*} = 1$ かつ

(0.2)
$$\langle \varphi, T(v) - T(u) \rangle_{F^*,F} = \|T(v) - T(u)\|_F$$

が成立するようにとることができる. いま関数

(0.3)
$$f(t) = \langle \varphi, T((1-t)u + tv) \rangle_{F^*,F} : [0,1] \to \mathbb{R}$$

について考える. T が U 上 Gâteaux 微分可能であることより, f は $[0,1]$ 上微分可能であり

$$\begin{aligned} f'(t) &= \lim_{s \to 0} \frac{\langle \varphi, T((1-t)u + tv + s(v-u)) \rangle_{F^*,F} - \langle \varphi, T((1-t)u + tv) \rangle_{F^*,F}}{s} \\ &= \lim_{s \to 0} \left\langle \varphi, \frac{T((1-t)u + tv + s(v-u)) - T((1-t)u + tv)}{s} \right\rangle_{F^*,F} \\ &= \langle \varphi, D_G T((1-t)u + tv)(v-u) \rangle_{F^*,F}. \end{aligned}$$

平均値の定理を $f(t)$ に適用すると, ある $t_0 \in (0,1)$ に対して

(0.4)
$$f(1) - f(0) = \langle \varphi, D_G T((1-t_0)u + t_0 v)(v-u) \rangle_{F^*,F}.$$

(0.2)-(0.4)をまとめると

$$\begin{aligned} \|T(v) - T(u)\|_F &= \langle \varphi, T(v) - T(u) \rangle_{F^*,F} \\ &= f(1) - f(0) \\ &= \langle \varphi, D_G T((1-t_0)u + t_0 v)(v-u) \rangle_{F^*,F} \\ &\leqq \|\varphi\|_{F^*} \|D_G T((1-t_0)u + t_0 v)\|_{\mathcal{L}(E,F)} \|v-u\|_E. \end{aligned}$$

$\|\varphi\|_{F^*}=1$ であったから

$$\begin{aligned}\|T(v)-T(u)\|_F &\leqq \|D_GT((1-t_0)u+t_0v)\|_{\mathcal{L}(E,F)}\|v-u\|_E \\ &\leqq \sup_{t\in[0,1]}\|D_GT((1-t)u+tv)\|_{\mathcal{L}(E,F)}\|v-u\|_E.\end{aligned}$$

よって示された. ■

［定理 0.4 の証明］ $\delta>0$ を小にとり

$$B(u_0,\delta)=\{u\in E;\ \|u-u_0\|_E<\delta\}\subset U$$

とする. $\|h\|_E<\delta$ に対して

$$R(h)=T(u_0+h)-T(u_0)-D_GT(u_0)h$$

とおく. $R(h)$ は Gâteaux 微分可能であり

$$D_GR(h)k=D_GT(u_0+h)k-D_GT(u_0)k.$$

補題 0.5 を $R(h)$ に適用すると

$$\begin{aligned}\|R(h)\|_F=\|R(h)-R(0)\|_F &\leqq \sup_{t\in[0,1]}\|D_GR(th)\|_{\mathcal{L}(E,F)}\|h\|_E \\ &= \sup_{t\in[0,1]}\|D_GT(u_0+th)-D_GT(u_0)\|_{\mathcal{L}(E,F)}\|h\|_E.\end{aligned}$$

D_GT は連続であるから

$$\sup_{t\in[0,1]}\|D_GT(u_0+th)-D_GT(u_0)\|_{\mathcal{L}(E,F)}\to 0 \quad (\|h\|_E\to 0).$$

したがって $\|R(h)\|_F=o(\|h\|_E)$. よって $T(u)$ は u_0 において Fréchet 微分可能であり $T'(u_0)=D_GT(u_0)$. ■

第1章以降の応用例においては E が Hilbert 空間, $F=\mathbb{R}$ の場合を扱うことが多い. E が Hilbert 空間であるとき Riesz の表現定理により E^* と E を同一視できるので, $T'(u)\in E^*$ を次をみたす E の元 $\nabla T(u)\in E$ と同一視できる.

$$(\nabla T(u),h)=T'(u)h \qquad \forall h\in E. \tag{0.5}$$

混乱が生じない場合は $T'(u)$ と $\nabla T(u)$ を同じ記号 $T'(u)$ であらわすこともある.

§0.2 Sobolev 空間

前節で Banach 空間，Hilbert 空間上での解析の基礎となる Fréchet 微分を紹介した．実際に(偏)微分方程式等の解析を行う舞台となる空間は関数空間となり，本書では主に Sobolev 空間を用いる．この節では本書で用いる範囲で Sobolev 空間について簡単にまとめておこう．詳しくはブレジス[45]，田辺[183]，Gilbarg–Trudinger [89]等をご覧頂きたい．

$N \geqq 1$ とし $\Omega \subset \mathbb{R}^N$ を滑らかな境界 $\partial\Omega$ をもった開領域とする．$p \in [1,\infty)$ に対して p 乗可積分な実数値関数全体のなす Banach 空間を $L^p(\Omega)$，また Ω 上本質的に有界な実数値可測関数全体のなす空間を $L^\infty(\Omega)$ とかく．それぞれ対応するノルムを $\|u\|_{L^p(\Omega)}$，$\|u\|_{L^\infty(\Omega)}$ とかく．

$$\|u\|_{L^p(\Omega)} = \left(\int_\Omega |u|^p\,dx\right)^{\frac{1}{p}} \qquad p \in [1,\infty),$$
$$\|u\|_{L^\infty(\Omega)} = \operatorname*{ess\,sup}_{x\in\Omega} |u(x)|.$$

また微分可能な関数 $u(x)$ に対してその勾配ベクトルとそのノルムを

$$\nabla u = \left(\frac{\partial u}{\partial x_1}, \cdots, \frac{\partial u}{\partial x_N}\right), \quad |\nabla u| = \sqrt{\left(\frac{\partial u}{\partial x_1}\right)^2 + \cdots + \left(\frac{\partial u}{\partial x_N}\right)^2}$$

とかくことにする．また Ω 上コンパクトな台をもつ C^∞-級関数の全体を $C_0^\infty(\Omega)$ であらわす．

$u(x) \in L^2(\Omega)$ の超関数(distribution)の意味の微分がすべて $L^2(\Omega)$ に属するとき，すなわち各 $j=1,\cdots,N$ に対して

$$\int_\Omega u(x)\frac{\partial \varphi}{\partial x_j}\,dx = -\int_\Omega g_j(x)\varphi(x)\,dx \qquad \forall\varphi \in C_0^\infty(\Omega)$$

をみたす $g_j(x) \in L^2(\Omega)$ が存在するとき，$u(x)$ は Sobolev 空間 $H^1(\Omega)$ に属するという．$g_j(x)$ を $u(x)$ の超関数の意味での偏微分といい，通常の偏微分と同じ記号 $\dfrac{\partial u}{\partial x_j}$ であらわす．すなわち $g_j(x) = \dfrac{\partial u}{\partial x_j}$．$u(x)$ のノルムとして

$$\|u\|_{H^1(\Omega)} = \left(\int_\Omega |\nabla u|^2 + |u|^2 \, dx \right)^{1/2} \tag{0.6}$$

を用いる．$H^1(\Omega)$ は Banach 空間となる．

また $C_0^\infty(\Omega)$ の $\|\cdot\|_{H^1(\Omega)}$ に関する完備化を $H_0^1(\Omega)$ とかく．$H_0^1(\Omega)$ は $H^1(\Omega)$ の閉部分空間であり，トレースの意味で境界値が 0 の $u(x) \in H^1(\Omega)$ 全体となる．また $\Omega = \mathbb{R}^N$ のとき $C_0^\infty(\mathbb{R}^N)$ は $H^1(\mathbb{R}^N)$ において稠密であり

$$H_0^1(\mathbb{R}^N) = H^1(\mathbb{R}^N)$$

となる．

次の Sobolev の埋め込み定理は非常に重要であり，本書でも繰り返し用いる．

定理 0.6 (Sobolev の埋め込み定理)　Ω の境界 $\partial\Omega$ は有界であるか，$\Omega = \mathbb{R}^N$ あるいは Ω は半空間 $\mathbb{R}_+^N = \{(x_1, x_2, \cdots, x_N);\ x_N > 0\}$ とする*1．このとき次のいずれかをみたす p に対して

(i) $N \geqq 3$ のとき $2 \leqq p \leqq \dfrac{2N}{N-2}$,

(ii) $N = 2$ のとき $2 \leqq p < \infty$,

(iii) $N = 1$ のとき $2 \leqq p \leqq \infty$.

$H^1(\Omega) \subset L^p(\Omega)$．すなわち上記のような p に対して定数 $C = C_{N,p} > 0$ が存在して

$$\|u\|_{L^p(\Omega)} \leqq C \|u\|_{H^1(\Omega)} \qquad \forall u \in H^1(\Omega). \tag{0.7}$$

さらに Ω が有界領域であるならば

(i′) $N \geqq 3$ のとき $2 \leqq p < \dfrac{2N}{N-2}$,

(ii′) $N = 2$ のとき $2 \leqq p < \infty$,

(iii′) $N = 1$ のとき $2 \leqq p \leqq \infty$

のとき埋め込みはコンパクトである*2．　□

注意 0.7　$N = 1$ の場合 $H^1(\Omega)$ は連続関数の空間 $C(\overline{\Omega})$ に埋め込める．すなわち

---

*1　さらに一般的な領域については例えば田辺[183]を参照されたい．

*2　除外されているのは $N \geqq 3$ かつ $p = \dfrac{2N}{N-2}$ の場合である．

$$H^1(\Omega) \subset C(\overline{\Omega}).$$

注意 0.8　Ω が有界のとき $L^2(\Omega) \subset L^p(\Omega)$ $(p \in [1,2])$ であるから定理 0.6 における指数 p の範囲は $[1,2]$ を含ませ，例えば(i)では $1 \leqq p \leqq \dfrac{2N}{N-2}$ とできる．

なお Ω が有界なときには次にも注意しておこう．

補題 0.9（Poincaré の不等式）　Ω を有界とする．このとき定数 $C_\Omega > 0$ が存在して次が成立する．

$$\|u\|_{L^2(\Omega)} \leqq C_\Omega \|\nabla u\|_{L^2(\Omega)} \qquad \forall u \in H_0^1(\Omega). \tag{0.8}$$

ただし $\|\nabla u\|_{L^2(\Omega)} = \left(\int_\Omega |\nabla u|^2\, dx\right)^{1/2}$ である．　□

上の補題により

$$\|\nabla u\|_{L^2(\Omega)}^2 \leqq \|u\|_{H^1(\Omega)}^2 \leqq (1+C_\Omega^2)\|\nabla u\|_{L^2(\Omega)}^2 \qquad \forall u \in H_0^1(\Omega)$$

が成立し，$H_0^1(\Omega)$ 上の 2 つのノルム $\|\cdot\|_{H^1(\Omega)}$，$\|\nabla \cdot\|_{L^2(\Omega)}$ は同値となる．したがって $H_0^1(\Omega)$ 上のノルムとして $\|\nabla \cdot\|_{L^2(\Omega)}$ を採用できる．

最後に Ω を有界とは限らずに $H_0^1(\Omega)$ の双対空間について簡単に記号を導入しよう．$H_0^1(\Omega)$ 上の連続汎関数全体を $H^{-1}(\Omega)$ とかく．すなわち $H^{-1}(\Omega) = (H_0^1(\Omega))^* = \mathcal{L}(H_0^1(\Omega), \mathbb{R})$．$H^{-1}(\Omega)$ 上のノルムを

$$\|\varphi\|_{H^{-1}(\Omega)} = \sup_{\|h\|_{H_0^1(\Omega)} \leqq 1} \left|\langle \varphi, h \rangle_{H^{-1}(\Omega), H_0^1(\Omega)}\right| \qquad \forall \varphi \in H^{-1}(\Omega) \tag{0.9}$$

と定義する．ただし，Ω が有界領域の場合等 $H_0^1(\Omega)$ に導入するノルムを取り替えるとそれに応じて $H^{-1}(\Omega)$ のノルムも取り替えたほうが使いやすい[*3]．

注意 0.10　$p = \dfrac{2N}{N-2}$ $(N \geqq 3)$ のとき，あるいは $\Omega = \mathbb{R}^N$ のとき，埋め込み $H_0^1(\Omega) \subset L^p(\Omega)$ はコンパクトでない．このことは第 4 章，第 5 章でのテーマのひとつとなる．

問 1　$p = \dfrac{2N}{N-2}$ $(N \geqq 3)$ のとき，あるいは $\Omega = \mathbb{R}^N$ のとき，埋め込み $H_0^1(\Omega) \subset L^p(\Omega)$ はコンパクトでないことを確かめよ．

---

*3　次章以降では $H_0^1(\Omega)$，$H^{-1}(\Omega)$ にどのようなノルムを入れるかその都度明示する．

§0.3　Nemitski 作用素

のちの応用で重要となる非線形作用素

$$u(x) \mapsto g(x, u(x)) \tag{0.10}$$

の連続性等についてここで簡単に述べよう．(0.10)の形の作用素を**Nemitski 作用素**という．

$N \geqq 1$ とし，$\Omega \subset \mathbb{R}^N$ を開領域とし，Nemitski 作用素の $L^p(\Omega)$ $(1 \leqq p < \infty)$ での連続性を考える．

定義 0.11　$g\colon \Omega \times \mathbb{R} \to \mathbb{R}$ が次をみたすとき **Carathéodory 関数**と呼ぶ．

(i)　ほとんどすべての $x \in \Omega$ に対して $s \mapsto g(x, s)$ は s の連続関数．

(ii)　すべての $s \in \mathbb{R}$ に対して $x \mapsto g(x, s)$ は可測関数．　□

$g\colon \Omega \times \mathbb{R} \to \mathbb{R}$ が Carathéodory 関数であるとき任意の可測関数 $u(x)$ に対して $x \mapsto g(x, u(x))$ は Ω 上の可測関数となる．さらに連続性については次の定理が成立する．

定理 0.12　$p, q \geqq 1$ とする．Carathéodory 関数 $g\colon \Omega \times \mathbb{R} \to \mathbb{R}$ がある定数 $C > 0$ と $m(x) \in L^q(\Omega)$ に対して

$$|g(x, s)| \leqq C|s|^{\frac{p}{q}} + m(x) \tag{0.11}$$

をみたすとする．このとき Nemitski 作用素

$$L^p(\Omega) \to L^q(\Omega);\ u(x) \mapsto g(x, u(x))$$

は連続である．

[証明]　$(u_n(x))_{n=1}^\infty \subset L^p(\Omega)$，$u_0(x) \in L^p(\Omega)$ とし

$$\|u_n(x) - u_0(x)\|_{L^p(\Omega)} \to 0 \quad (n \to \infty)$$

とする．部分列 $(u_{n_j})_{j=1}^\infty$ をとると，ある $h(x) \in L^p(\Omega)$ に対して

$$u_{n_j}(x) \to u_0(x) \qquad \text{a.a. } x \in \Omega,$$

$$\left|u_{n_j}(x)\right| \leqq h(x) \qquad \forall x \in \Omega$$

をみたすようにできる(例えば伊藤[105]を参照のこと)*4．ここで $g(x, s)$ が

*4　a.a. $x \in \Omega$ はほとんどすべての x について成立すること，すなわち Lebesgue 測度 0 の集合を除いて成立することを意味する．

Carathéodory 関数であることより次が成立する．

$$g(x,u_{n_j}(x))\to g(x,u_0(x))\qquad \text{a.a. } x\in\Omega\quad (j\to\infty). \tag{0.12}$$

また(0.11)により

$$\begin{aligned}\left|g(x,u_{n_j}(x))\right| &\leqq C\left|u_{n_j}(x)\right|^{\frac{p}{q}}+m(x)\\ &\leqq C|h(x)|^{\frac{p}{q}}+m(x)\\ &\in L^q(\Omega).\end{aligned}$$

したがって $g(x)=C|h(x)|^{\frac{p}{q}}+m(x)\in L^q(\Omega)$ とおくと

(0.13)

$$\begin{aligned}\left|g(x,u_{n_j}(x))-g(x,u_0(x))\right|^q &\leqq \left(\left|g(x,u_{n_j}(x))\right|+|g(x,u_0(x))|\right)^q\\ &\leqq (|g(x)|+|g(x,u_0(x))|)^q\\ &\in L^1(\Omega).\end{aligned}$$

(0.12), (0.13)および Lebesgue の収束定理により

$$\begin{aligned}\|g(x,u_{n_j}(x))-g(x,u_0(x))\|_{L^q(\Omega)}^q &= \int_\Omega\left|g(x,u_{n_j}(x))-g(x,u_0(x))\right|^q dx\\ &\to 0\quad (j\to\infty).\end{aligned}$$

以上の議論を $u_n(x)\to u_0(x)$ in $L^p(\Omega)$ の部分列に適用すれば，$u_n(x)$ の任意の部分列 $(u_{n_k})_{k=1}^\infty$ は $g(x,u_{n_{k_j}}(x))\to g(x,u_0(x))$ strongly in $L^q(\Omega)$ をみたす部分列 $(u_{n_{k_j}})_{j=1}^\infty$ をもつことがわかる．極限 $g(x,u_0(x))$ は部分列の選び方によらないので

$$g(x,u_n(x))\to g(x,u_0(x))\quad \text{strongly in } L^q(\Omega)\quad (n\to\infty).$$

よって Nemitski 作用素は連続である． ∎

次にのちの非線形問題への応用として重要となる Sobolev 空間上の実数値関数の Fréchet 微分可能性について述べよう．$\Omega\subset\mathbb{R}^N$ を開領域する．Carathéodory 関数 $g(x,s)\colon \Omega\times\mathbb{R}\to\mathbb{R}$ に対して

$$G(x,s)=\int_0^s g(x,\tau)\,d\tau \tag{0.14}$$

とおき，$H_0^1(\Omega)$ 上の実数値関数

$$J(u)=\int_\Omega G(x,u(x))\,dx:\ H_0^1(\Omega)\to\mathbb{R} \tag{0.15}$$

の Fréchet 微分可能性について考える．簡単のために $\Omega\subset\mathbb{R}^N$ が有界領域の場合に述べる．

以下では $H_0^1(\Omega)$，$H^{-1}(\Omega)$ ノルムとして(0.6)，(0.9)を用いる．

定理 0.13　$\Omega\subset\mathbb{R}^N$ を有界領域，$g(x,s):\Omega\times\mathbb{R}\to\mathbb{R}$ は Carathéodory 関数であるとする．

（i）　次のうち1つが成立するとする．

（a）　$N\geqq 3$ のとき，ある $p\in\left[1,\dfrac{N+2}{N-2}\right]$，$m(x)\in L^{\frac{p+1}{p}}(\Omega)$，$C>0$ に対して

$$|g(x,s)|\leqq C|s|^p+m(x). \tag{0.16}$$

（b）　$N=2$ のとき，ある $p\in[1,\infty)$ と $m(x)\in L^r(\Omega)\,(r>1)$，$C>0$ に対して

$$|g(x,s)|\leqq C|s|^p+m(x). \tag{0.17}$$

（c）　$N=1$ のとき，ある連続関数 $\bar{g}(s):\mathbb{R}\to\mathbb{R}$ と $m(x)\in L^1(\Omega)$ に対して

$$|g(x,s)|\leqq \bar{g}(s)+m(x). \tag{0.18}$$

このとき(0.14)-(0.15)で定義される $J(u)$ は $H_0^1(\Omega)$ 上で Fréchet 微分可能であり C^1-級．さらに

$$J'(u)h=\int_\Omega g(x,u(x))h(x)\,dx \qquad \forall\,u(x),\,h(x)\in H_0^1(\Omega).$$

（ii）　また $N=1,2$ あるいは $N\geqq 3$ かつ $p\in\left[1,\dfrac{N+2}{N-2}\right)$ とすると，$(u_n)_{n=1}^\infty\subset H_0^1(\Omega)$ が $u_n\rightharpoonup u_0$ と弱収束するとき，

$$\begin{aligned}
&g(x,u_n)\to g(x,u_0)\quad\text{strongly in } L^{\frac{p+1}{p}}(\Omega),\\
&J(u_n)\to J(u_0),\\
&J'(u_n)\to J'(u_0)\quad\text{strongly in } H^{-1}(\Omega).
\end{aligned}$$

特に $J'(u):H_0^1(\Omega)\to H^{-1}(\Omega)$ は コンパクト作用素である．

［証明］　$N\geqq 3$ の場合にのみ証明を与える．$N=1,2$ の場合も同様に示せ

る．

まず $J(u)$ が Gâteaux 微分可能であることを示す．(0.16)により任意の $u, h\in H_0^1(\Omega)$，$t\in(-1,1)\setminus\{0\}$ に対して

$$\left|\frac{G(x,u+th)-G(u)}{t}\right| \leqq \frac{1}{|t|}\int_0^t |g(x,u+\tau h)||h|\,d\tau \leqq (C(|u|+|h|)^p+m(x))|h|.$$

ここで Sobolev の埋め込み定理により $H_0^1(\Omega)\subset L^{p+1}(\Omega)$ に注意すると，上式の右辺は $L^1(\Omega)$ に属する．よって Lebesgue の収束定理を用いると

$$\lim_{t\to 0}\frac{J(u+th)-J(u)}{t} = \lim_{t\to 0}\int_\Omega \frac{G(x,u+th)-G(x,u)}{t}\,dx = \int_\Omega g(x,u)h\,dx.$$

よって $J(u)$ は Gâteaux 微分可能であり

$$D_G J(u)h = \int_\Omega g(x,u)h\,dx.$$

次に $u\mapsto D_G J(u)$; $H_0^1(\Omega)\to H^{-1}(\Omega)$ の連続性を示す．まず Sobolev の埋め込み定理により

$$H_0^1(\Omega)\to L^{p+1}(\Omega);\ u\mapsto u \tag{0.19}$$

は連続である．次に定理 0.12 により

$$L^{p+1}(\Omega)\to L^{\frac{p+1}{p}}(\Omega);\ u\mapsto g(x,u(x)) \tag{0.20}$$

は連続．また(0.19)の双対写像

$$L^{\frac{p+1}{p}}(\Omega)\to H^{-1}(\Omega);\ v\mapsto \int_\Omega v(x)\cdot dx \tag{0.21}$$

も連続であることに注意する．(0.19)-(0.21)の合成が $D_G J(u)$ にほかならないので $D_G J(u)$ は連続である．よって定理 0.4 により J は Fréchet 微分可能であり $J\in C^1(H_0^1(\Omega),\mathbb{R})$．さらに

$$J'(u)h = D_G J(u)h = \int_\Omega g(x,u)h\,dx.$$

また $N=1,2$ あるいは $N\geqq 3$ かつ $p\in\left[1,\dfrac{N+2}{N-2}\right)$ のとき(0.19)がコンパクトであることに注意すると，(ii)の結論が成立することがわかる． ▮

次に $J(u)$ が C^2-級となるための条件を与えよう．$g(x,s)$ の s に関する偏微分を $g_s(x,s)$ であらわす．

定理 0.14 定理 0.13 の仮定に加えて $g(x,s)$ は s について連続微分可能とし，

(a) $N\geqq 3$ のとき，ある $p\in\left(1,\dfrac{N+2}{N-2}\right]$，$m_1(x)\in L^{\frac{p+1}{p-1}}(\Omega)$，$C>0$ に対して

$$|g_s(x,s)|\leqq C|s|^{p-1}+m_1(x),$$

(b) $N=2$ のとき，ある $p\in(1,\infty)$，$m_1(x)\in L^r(\Omega)\,(r>1)$，$C>0$ に対して

$$|g_s(x,s)|\leqq C|s|^{p-1}+m_1(x),$$

(c) $N=1$ のとき，ある連続関数 $\bar{g}(s):\mathbb{R}\to\mathbb{R}$ と $m_1(x)\in L^1(\Omega)$ に対して

$$|g_s(x,s)|\leqq \bar{g}(s)+m_1(x)$$

のいずれかを仮定する．このとき(0.14)–(0.15)で定義される $J(u)$ は $H_0^1(\Omega)$ 上 C^2-級であり

$$J''(u)(h_1,h_2)=\int_\Omega g_s(x,u(x))h_1(x)h_2(x)\,dx \qquad \forall\, u,h_1,h_2\in H_0^1(\Omega)$$

が成立する．

[証明] $q=\dfrac{N}{2}\,(N\geqq 3)$，$q\in(1,\infty)\,(N=2)$，$q=1\,(N=1)$ とする．$v\in L^q(\Omega)$ に対して $\iota(v)\in\mathcal{L}_2(H_0^1(\Omega),\mathbb{R})$ を

$$\iota(v)(h_1,h_2)=\int_\Omega v(x)h_1(x)h_2(x)\,dx \qquad \forall\, h_1,h_2\in H_0^1(\Omega)$$

により定めると，Sobolev の埋め込み定理により $\iota: L^q(\Omega)\to\mathcal{L}_2(H_0^1(\Omega),\mathbb{R})$ は連続である．このことより定理 0.13 と同様に定理 0.14 を証明することができる． ▮

注意 0.15 $\Omega\subset\mathbb{R}^N$ が非有界領域のときも，(0.16)等の代わりに

$$|g(x,s)|\leqq C(|s|+|s|^p)+m(x) \tag{0.22}$$

(ここで $C>0$，$m(x)=m_1(x)+m_2(x)$，$m_1(x)\in L^2(\Omega)$，$m_2(x)\in L^{\frac{p+1}{p}}(\Omega)$)等の仮定をおけば，定理 0.13(ⅰ)，定理 0.14 の結論が成立する．証明は

$$H_0^1(\Omega)\subset\bigcap_{q\in\left[2,\frac{2N}{N-2}\right]}L^q(\Omega)$$

となることを用いれば定理 0.13(ⅰ)，定理 0.14 と同様である．

以下の章では，Fréchet 微分を単に微分といい，写像としては C^1-級のものを主に扱う．この章の最後に問の形で Nemitski 作用素，C^1-級写像の性質をまとめておこう．

問 2　$\Omega\subset\mathbb{R}^N$ を有界領域とする．Nemitski 作用素

$$u(x)\mapsto g(u(x))$$

が $L^2(\Omega)$ から $L^2(\Omega)$ への弱連続写像(定義域，値域ともに弱位相を導入する)となるための $g:\mathbb{R}\to\mathbb{R}$ に対する必要十分条件を求めよ．(答．$g(u)$ が 1 次関数であること．)

問 3　問 2 の Nemitski 作用素が C^1-級となるための条件を求めよ．(答．$g(u)$ が 1 次関数であること．)

問 4　E を無限次元 Banach 空間，$f:E\to\mathbb{R}$ を連続関数とする．このとき

$$\sup_{\|u\|_E\leqq 1}f(u)=\infty$$

となることがある．このような例を与えよ．(答．たとえば，E を無限次元 Hilbert 空間，$\{e_j\}_{j=1}^\infty$ を正規直交系，$\varphi(s)$ を $\varphi(0)=1$, $\varphi(s)=0$ ($|s|\geqq 1/4$) をみたす C^∞-級関数とする．このとき $f(u)=\sum_{j=1}^\infty j\varphi(\|u-e_j\|_E^2)$ ととればよい．あるいは Ω を有界領域，$E=H_0^1(\Omega)$ として $\psi(s)$ を $\psi(s)=\begin{cases}0, & s\leqq 1/2,\\ 1, & s\geqq 1\end{cases}$ をみたす C^∞-級関数とするとき，$f(u)=\dfrac{1}{\|u\|_{L^2(\Omega)}^2}\psi(\|u\|_{H_0^1(\Omega)}^2)$ とすればよい．)

問 5　E,F を無限次元 Banach 空間，$U\subset E$ を開集合とする．

(1) $T:U\to F$ を C^1-級とする．このとき T は局所 Lipschitz 連続であること，すなわち，任意の $u_0\in U$ に対してある $\epsilon=\epsilon(u_0)$，$L=L(u_0)>0$ が存在して

$$\|u-u_0\|_E,\ \|v-u_0\|_E < \epsilon \Longrightarrow \|T(u)-T(v)\|_F \leqq L\|u-v\|_E$$

が成立することを示せ.

(2) $T\colon E\to F$ を C^1-級写像とする．このとき $\|u\|_E$，$\|v\|_E \leqq 1$ をみたすすべての $u, v\in E$ に対して

$$\|T(u)-T(v)\|_F \leqq L\|u-v\|_E$$

をみたす定数 $L>0$ は存在するとは限らない．このような例をあげよ.（答. (2) 問 4 の例が $F=\mathbb{R}$ として例を与えている.）

問 6 $N\geqq 3$，$p=\dfrac{N+2}{N-2}$ のとき，あるいは Ω が非有界集合のときは，一般に定理 0.13(ii)の結論は成立しない．このことを確かめよ.（問 1 および §2.5(c) を参照のこと.）

1 最小化法とミニマックス法

序に述べたように本書では汎関数(functional)を通じて非線形微分方程式の解の存在等を調べてゆく．すなわち，微分方程式に対応する汎関数の臨界点の存在を示すことにより，微分方程式の解の存在等を得ることとなる．本章では臨界点の存在を示す典型的な方法である最小化法，ミニマックス法の基本的なアイデアを Banach 空間の枠組みで紹介，解説する．応用は次章以降で楕円型方程式，ハミルトン系等に対して与える．

最小化法，ミニマックス法は自然なアプローチであろう．例えば，最小化法は汎関数 $I(u)$ が下に有界なとき $I(u)$ の最小点——$I(u_0)=\inf I(u)$ をみたす点 u_0——を探しだすことにより臨界点を求めようというものである．もちろん $\mathbb{R}$ 上の(汎)関数 $I(u)=\exp(u)$ を考えてもすぐにわかるように，たとえ汎関数が下に有界でも，最小点はつねに存在するとは限らない．また無限次元 Banach 空間上の汎関数に対しては，有界閉集合を定義域とする汎関数であっても，有界閉集合はコンパクトとは限らないので最小点は存在するとは限らない．したがって最小化法，もっと一般的にミニマックス法が働くためには，何らかの意味でのコンパクト性を保証する条件(ここでは Palais-Smale 条件)が必要となる．

以下では，勾配流を用いて最小化法，ミニマックス法を Palais-Smale 列を生成する方法として導入する．ここで Palais-Smale 列とは $I'(u_j)\to 0$, $I(u_j)\to c\in\mathbb{R}$ をみたす点列であり，臨界点を得るための一種の近似解の列と見なすことができる．ミニマックス法としては Ambrosetti と Rabinowitz により導入された峠の定理およびその一般化を紹介する．

§1.1　変分的方法

E を Banach 空間，$E^* = \mathcal{L}(E, \mathbb{R})$ をその双対空間とし，開集合 $U \subset E$ 上定義された C^1-級の汎関数 $I(u) \in C^1(U, \mathbb{R})$ について考える．次の用語を用いる．

定義 1.1

(i)　$I'(u_0) = 0$ をみたす $u_0 \in U$ を $I(u)$ の**臨界点**(critical point)あるいは**危点**，また $I'(u) \neq 0$ であるような $u \in U$ を**正則点**(regular point)と呼ぶ．

(ii)　$I(u_0) = c$，$I'(u_0) = 0$ をみたす $u_0 \in U$ が存在するような $c \in \mathbb{R}$ を $I(u)$ の**臨界値**(critical value)と呼び，臨界値でない $c \in \mathbb{R}$ を**正則値**(regular value)と呼ぶ．　□

以下の議論はもっと一般的に Banach 多様体さらに一般に Finsler 多様体上に定義された汎関数に対して展開できるが，ここでは主に Banach 空間の開集合上で定義された汎関数について述べる．のちに §1.4(d)において Hilbert 空間の単位球面上の汎関数について簡単に触れる．第2章以降では種々の非線形方程式に対応した汎関数に対して臨界点あるいは臨界値の存在を示すことが目的となる．

臨界点の存在を示すには次のアプローチが自然な方法であろう．

(I)　**最小化法**(minimizing method)：$I(u) \in C^1(U, \mathbb{R})$ は下に有界であるとする．このとき

$$c_0 = \inf_{u \in U} I(u)$$

を達成する $u_0 \in U$ は存在するか?　このような $u_0 \in U$ を $I(u)$ の**最小点**(minimizer)と呼ぶ．もし存在すれば最小点 $u_0 \in U$ は明らかに $I'(u_0) = 0$ をみたす．したがって u_0 は $I(u)$ の臨界点であり，c_0 は $I(u)$ の臨界値である．

(II)　**ミニマックス法**(minimax method)：序に述べたように，$I(u)$ の幾何的形状によっては最小点以外にも臨界点の存在が期待できる場合がある．$c \in \mathbb{R}$ に対して

$$[I < c]_U = \{u \in U;\, I(u) < c\}$$

とかくことにする．$-\infty < a < b < \infty$ に対して

$$[I < a]_U \quad と \quad [I < b]_U$$

の位相的性質が異なるとき a と b の間に臨界値が存在しないだろうか?

このような場合臨界値の候補は“ミニマックス”により与えられることが多い．具体的な例をあげると，U を連結な領域として，たとえば，$I(u)$ が 2 つの極小点(local minimizer) $u_0, u_1 \in U$ をもつとき(図 1.1)，c を

$$c = \inf_{\gamma \in \Gamma} \sup_{s \in [0,1]} I(\gamma(s))$$

で定める．このとき c は臨界値であろうか?　ただし

$$\Gamma = \{\gamma(s) \in C([0,1], U);\ \gamma(0) = u_0,\, \gamma(1) = u_1\}$$

である．

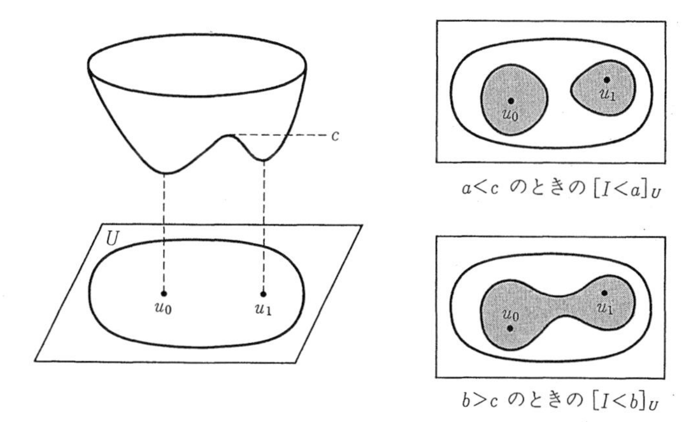

図 1.1　ミニマックス値 c の前後 $a<c<b$ での $[I<a]_U$ と $[I<b]_U$．$b>c$ のとき u_0, u_1 は $[I<b]_U$ 内で連続曲線で結ぶことができるが，$a<c$ のとき $[I<a]_U$ 内では結ぶことができない．

以下では，まず最小化法について解説し，ついでミニマックス法の典型例の峠の定理とその一般化について解説する．次章においてそれぞれの方法の応用を与える．この章をすべて読み終える前に第2章の応用例を読み進めることができるように配慮した．

§1.2　Palais-Smale 条件と最小化法

本節では E を Banach 空間，$U \subset E$ を開集合，$I(u) \in C^1(U, \mathbb{R})$ に対して

$$c_0 = \inf_{u \in U} I(u) > -\infty$$

とし，c_0 が達成されるか否かについて考える．

$E = \mathbb{R}$，$I(u) = e^u$ の場合を考えれば $\inf_{u \in \mathbb{R}} I(u) = 0$ となり $\inf I(u)$ は達成されない．この例から直ちにわかるように，$c_0 = \inf I(u)$ は達成されるとは限らない．また点列 $(u_j)_{j=1}^\infty \subset U$ で $I(u_j) \to \inf I(u)$ をみたすものを選んでも，$(u_j)_{j=1}^\infty$ は収束する部分列をもつとは限らない．以下では $I(u_j) \to \inf I(u)$ をみたす点列 $(u_j)_{j=1}^\infty$ を $I(u)$ の**最小化列**(minimizing sequence)と呼ぶ．$\inf I(u) > -\infty$ ならばいつでも最小化列は存在するが，その収束性はまったく自明ではない．

次の **Palais-Smale 条件**が $\inf I(u)$ が達成されることをみるのには便利な条件である．われわれはこの条件を短く (PS)-条件と呼ぶ．この条件は一見非常に人工的な条件にみえるが，のちにみるように最小化列の近くに下記の $(PS)_{c_0}$-列を自然に選ぶことができる．

定義 1.2

(i)　$c \in \mathbb{R}$ に対して $I(u) \in C^1(U, \mathbb{R})$ が次の条件をみたすとき $(PS)_c$-条件をみたすという．

$(PS)_c$　2つの条件

$$I(u_n) \to c \qquad (n \to \infty), \tag{1.1}$$

$$\|I'(u_n)\|_{E^*} \to 0 \qquad (n \to \infty) \tag{1.2}$$

をみたす任意の点列 $(u_n)_{n=1}^\infty \subset U$ は U 内で収束する強収束部分列 $(u_{n_j})_{j=1}^\infty$

をもつ．すなわち $u_0 \in U$ が存在して

$$\|u_{n_j} - u_0\|_E \to 0 \quad (n \to \infty).$$

（ii）$I(u)$ がすべての $c \in \mathbb{R}$ に対して $(PS)_c$-条件をみたすとき，単に $I(u)$ は (PS)-条件をみたすという．

（iii）また条件(1.1)-(1.2)をみたす点列 $(u_n)_{n=1}^{\infty} \subset U$ を $I(u)$ に対する $(PS)_c$-列と呼ぶ．□

$(PS)_c$-条件のもとで次が成立する．

定理 1.3　$I(u) \in C^1(U, \mathbb{R})$ とし，

$$c_0 = \inf_{u \in U} I(u) > -\infty$$

とする．$\partial U \neq \varnothing$ のときはさらに

$$\liminf_{u \in U,\ \mathrm{dist}\,(u, \partial U) \to 0} I(u) > c_0 \tag{1.3}$$

を仮定する．ただし $\mathrm{dist}\,(u, \partial U) = \inf_{v \in \partial U} \|u - v\|_E$ とする．

このとき $I(u)$ が $(PS)_{c_0}$-条件をみたすならば $c_0 = \inf_{u \in U} I(u)$ は達成される．すなわち，ある $u_0 \in U$ が存在し

$$I'(u_0) = 0 \quad \text{かつ} \quad I(u_0) = c_0$$

が成立する．□

のちには (PS)-条件の成立しない状況でも臨界点の存在を考える．ここでは $(PS)_c$-条件のはたす役割をはっきりさせるような証明を与えよう．まず次の命題が成立する．

命題 1.4　$\partial U \neq \varnothing$ のとき $d = \liminf_{u \in U,\ \mathrm{dist}\,(u, \partial U) \to 0} I(u)$，また $\partial U = \varnothing$ のとき $d = \infty$ とおく．条件(1.3)すなわち $d > c_0$ を仮定し，$\epsilon \in (0, d - c_0)$，$v_\epsilon \in U$ が

$$I(v_\epsilon) < c_0 + \epsilon$$

をみたすとする．このとき次をみたす $u_\epsilon \in U$ が存在する．

（i）$I(u_\epsilon) \leqq I(v_\epsilon) < c_0 + \epsilon$.

（ii）$\|I'(u_\epsilon)\|_{E^*} \leqq 2\sqrt{\epsilon}$.

（iii）$\|u_\epsilon - v_\epsilon\|_E \leqq \sqrt{\epsilon}$.　□

注意 1.5　命題 1.4 は **Ekeland の原理**(Ekeland's principle)と呼ばれることがある．さらに一般的な命題および勾配流を用いない証明については Ekeland

[69]，de Figueiredo [64]，Mawhin-Willem [138]，Suzuki [182]等を参照されたい.

命題1.4の証明は後回しにして，命題1.4を用いてまず定理1.3を示そう.

［定理1.3の証明］　$I(u)$ の最小化列 $(v_n)_{n=1}^\infty \subset U$，すなわち

$$I(v_n) \to c_0$$

をみたす点列 $(v_n)_{n=1}^\infty$ を任意に選ぶ. $\epsilon_n \equiv I(v_n) - c_0 \to 0$ とおく. 命題1.4により点列 $(u_n)_{n=1}^\infty \subset U$ が存在して

$$c_0 \leqq I(u_n) \leqq I(v_n) \to c_0, \tag{1.4}$$

$$\|I'(u_n)\|_{E^*} \leqq 2\sqrt{\epsilon_n} \to 0, \tag{1.5}$$

$$\|u_n - v_n\|_E \leqq \sqrt{\epsilon_n} \to 0. \tag{1.6}$$

(1.4), (1.5)により $(u_n)_{n=1}^\infty$ は $(PS)_{c_0}$-列である. $(PS)_{c_0}$-条件が成立するので強収束部分列 $(u_{n_j})_{j=1}^\infty$ と $u_0 \in U$ が存在し

$$u_{n_j} \to u_0 \quad \text{strongly in } E.$$

(1.4)により $I(u_0) = c_0$. よって c_0 は達成される. ∎

注意1.6　上記の証明において(1.6)に注意すると，最小化列 (v_n) 自身も u_0 へ強収束する部分列をもつことがわかる.

次に命題1.4を示そう. この命題は最小化列の近くに $(PS)_{c_0}$-列が存在することを保証している. U における**勾配流**(deformation flow)を用いた証明を与える. まず次の命題を用いる.

命題1.7　$I(u) \in C^1(U, \mathbb{R})$ とする.

$$\widetilde{U} = \{u \in U;\, I'(u) \neq 0\}$$

とおくと，次をみたす局所 Lipschitz 連続写像 $X : \widetilde{U} \to E$ が存在する.

$$\|X(u)\|_E \leqq 2\|I'(u)\|_{E^*} \qquad \forall u \in \widetilde{U}, \tag{1.7}$$

$$\langle I'(u), X(u)\rangle_{E^*,E} \geqq \|I'(u)\|_{E^*}^2 \qquad \forall u \in \widetilde{U}. \tag{1.8}$$

□

上記の(1.7)-(1.8)をみたす局所 Lipschitz 連続写像 $X : \widetilde{U} \to E$ を**擬勾配**

ベクトル場(pseudo-gradient vector field)と呼ぶ．ここで(1.7)-(1.8)より

$$\|I'(u)\|_{E^*} \leqq \|X(u)\|_E \leqq 2\|I'(u)\|_{E^*} \tag{1.9}$$

が成立することに注意しておこう．また E が Hilbert 空間，$I(u)\in C^2(U,\mathbb{R})$ のときは(0.5)で定義される $\nabla I(u)\in C^1(U,\mathbb{R})$ が擬勾配ベクトル場をあたえることに注意する．

命題 1.7 の証明は先送りにして，命題 1.4 の証明をあたえよう．以下では Banach 空間 E の u_0 を中心とした半径 $r>0$ の開球を $B_E(u_0,r)$ とかく．すなわち

$$B_E(u_0,r)=\{u\in E;\ \|u-u_0\|_E<r\}.$$

［命題 1.4 の証明］ $\epsilon\in(0,d-c_0)$，$v_\epsilon\in U$ を $I(v_\epsilon)\leqq c_0+\epsilon\ (<d)$ をみたすものとする．次を仮定してよい．

$$u\in B_E(v_\epsilon,\sqrt{\epsilon})\cap\{u\in U;\ I(u)\leqq I(v_\epsilon)\}\Longrightarrow I'(u)\neq 0. \tag{1.10}$$

（もし，$u\in B_E(v_\epsilon,\sqrt{\epsilon})\cap\{u\in U;\ I(u)\leqq I(v_\epsilon)\}$ なる u で $I'(u)=0$ をみたすものが存在すれば，$u_\epsilon=u$ とおけば命題 1.4 の条件をすべてみたしている．）特に $B_E(v_\epsilon,\sqrt{\epsilon})\cap\{u\in U;\ I(u)\leqq I(v_\epsilon)\}\subset\widetilde{U}$ である．

次の E での常微分方程式を考える．

$$\frac{d\eta}{dt}=-\frac{X(\eta)}{\|X(\eta)\|_E}, \tag{1.11}$$

$$\eta(0)=v_\epsilon. \tag{1.12}$$

ここで $X(u)$ は命題 1.7 によりあたえられた擬勾配ベクトル場である．仮定(1.10)と(1.9)により $-X(u)/\|X(u)\|_E$ は $B_E(v_\epsilon,\sqrt{\epsilon})\cap\{u\in U;\ I(u)\leqq I(v_\epsilon)\}$ 上定義され局所 Lipschitz 連続である．よって(1.11)-(1.12)は一意的な局所解をもち[*1]，$\eta(t)\in B_E(v_\epsilon,\sqrt{\epsilon})\cap\{u\in U;\ I(u)\leqq I(v_\epsilon)\}$ である限り延長可能である．$\eta(t)$ の最大存在範囲を $[0,T)$ としよう．$\eta(t)$ は存在範囲において次の性質をもつ．

$$\frac{d}{dt}I(\eta(t))=\langle I'(\eta(t)),\frac{d\eta}{dt}(t)\rangle_{E^*,E}$$

---

*1 Banach 空間でも $\mathbb{R}^N$ での常微分方程式の場合とまったく同様に縮小写像の原理等を用いることにより証明できる．

$$= -\frac{1}{\|X(\eta)\|_E}\langle I'(\eta), X(\eta)\rangle_{E^*,E}$$
$$\leqq -\frac{1}{\|X(\eta)\|_E}\|I'(\eta)\|_{E^*}^2$$
$$\leqq -\frac{1}{2}\|I'(\eta)\|_{E^*}, \tag{1.13}$$

$$\left\|\frac{d\eta}{dt}(t)\right\|_E = 1. \tag{1.14}$$

ここで(1.7),(1.8)を用いた.

(1.13)より特に $I(\eta(t))$ は減少であり

$$I(\eta(t)) \leqq I(v_\epsilon) < d \qquad \forall t \geqq 0. \tag{1.15}$$

したがって $B_E(v_\epsilon, \sqrt{\epsilon})$ を出る前に $\eta(t)$ は ∂U あるいは $\{u; I(u) = I(v_\epsilon)\}$ に到達することはない．よって(1.14)より $\sqrt{\epsilon} \leqq T$ であり

$$\eta(t) \in B_E(v_\epsilon, \sqrt{\epsilon}) \cap \{u \in U; I(u) \leqq I(v_\epsilon)\} \qquad \forall t \in [0, \sqrt{\epsilon}]. \tag{1.16}$$

$c_0 \leqq I(\eta(\sqrt{\epsilon})) \leqq I(\eta(0)) = I(v_\epsilon) < c_0 + \epsilon$ により再び(1.13)を用いると

$$\begin{aligned}\frac{1}{2}\int_0^{\sqrt{\epsilon}} \|I'(\eta(t))\|_{E^*}\,dt &\leqq -\int_0^{\sqrt{\epsilon}} \frac{d}{dt}I(\eta(t))\,dt \\ &= I(\eta(0)) - I(\eta(\sqrt{\epsilon})) \\ &\leqq \epsilon.\end{aligned}$$

これより次をみたす $t_0 \in [0, \sqrt{\epsilon}]$ が存在する.

$$\|I'(\eta(t_0))\|_{E^*} \leqq 2\sqrt{\epsilon}. \tag{1.17}$$

(1.15)-(1.17)により $u_\epsilon = \eta(t_0)$ が求めるものである. ∎

命題1.7の証明に先だって次の記号を導入しておこう．任意の空でない部分集合 $A \subset E$ と $u \in E$ に対して

$$\mathrm{dist}\,(u, A) = \inf_{v \in A}\|u - v\|_E$$

とおく．このとき次が成立する.

補題1.8　任意の空でない部分集合 $A \subset E$ に対して

$$|\mathrm{dist}\,(u_1, A) - \mathrm{dist}\,(u_2, A)| \leqq \|u_1 - u_2\|_E \qquad \forall u_1, u_2 \in E. \tag{1.18}$$

特に $\mathrm{dist}\,(\cdot, A): E \to \mathbb{R}$ は Lipschitz 連続である.

[証明]　$u_1, u_2 \in E$ とする．任意の $v \in A$ に対して

$$\|u_1-v\|_E \leqq \|u_1-u_2\|_E+\|u_2-v\|_E$$

であるから

$$\inf_{v\in A}\|u_1-v\|_E \leqq \|u_1-u_2\|_E+\inf_{v\in A}\|u_2-v\|_E.$$

すなわち

$$\mathrm{dist}\,(u_1,A) \leqq \|u_1-u_2\|_E+\mathrm{dist}\,(u_2,A).$$

同様に

$$\mathrm{dist}\,(u_2,A) \leqq \|u_1-u_2\|_E+\mathrm{dist}\,(u_1,A).$$

したがって(1.18)が従う. ▮

[命題1.7の証明] $\|I'(u)\|_{E^*}=\sup_{\|v\|_E\neq 0}\dfrac{\langle I'(u),v\rangle_{E^*,E}}{\|v\|_E}$ より, 任意の $u\in\widetilde{U}$ に対して

$$\|v(u)\|_E=\frac{5}{3}\|I'(u)\|_{E^*},$$
$$\langle I'(u),v(u)\rangle_{E^*,E}>\frac{4}{3}\|I'(u)\|_{E^*}^2$$

なる $v(u)\in E$ が存在する. また $u\in\widetilde{U}$ に対して, ある $\epsilon_u>0$ が存在して

(1.19)
$$B_E(u,\epsilon_u)\subset\widetilde{U},$$
$$w\in B_E(u,\epsilon_u)\Longrightarrow\begin{cases}\|v(u)\|_E\leqq 2\|I'(w)\|_{E^*}\\ \langle I'(w),v(u)\rangle_{E^*,E}\geqq\|I'(w)\|_{E^*}^2\end{cases}$$

が成立する. $\{B_E(u,\epsilon_u);\ u\in\widetilde{U}\}$ は $\widetilde{U}$ の開被覆であり, $\widetilde{U}$ はパラコンパクト(paracompact)[*2]. よって $\{B_E(u,\epsilon_u);\ u\in\widetilde{U}\}$ の局所有限細分 $\{\mathcal{V}_\alpha;\ \alpha\in\Lambda\}$ が存在する. 各 $\alpha\in\Lambda$ に対して $\mathcal{V}_\alpha\subset B_E(u,\epsilon_u)$ なる $u\in\widetilde{U}$ が存在するので, そのような u を1つ選び u_α とかく.

$\rho_\alpha,\widetilde{\rho}_\alpha:\widetilde{U}\to\mathbb{R}$ を

$$\rho_\alpha(u)=\mathrm{dist}\,(u,\widetilde{U}\setminus\mathcal{V}_\alpha),$$
$$\widetilde{\rho}_\alpha(u)=\frac{\rho_\alpha(u)}{\sum_{\alpha\in\Lambda}\rho_\alpha(u)}$$

---

*2 $\widetilde{U}$ は距離空間. 距離空間はパラコンパクトであった.

とおくと，$\{\widetilde{\rho}_\alpha(u);\ \alpha\in\Lambda\}$ は $\{\mathcal{V}_\alpha;\ \alpha\in\Lambda\}$ に付随した局所 Lipschitz 連続な 1 の分解である．そこで

$$X(u)=\sum_{\alpha\in\Lambda}\widetilde{\rho}_\alpha(u)v(u_\alpha)$$

とおけば $X(u)$ は局所 Lipschitz 連続であり(1.7)-(1.8)をみたすことがわかる．

実際，任意の $u\in\widetilde{U}$ に対して $u\in\mathcal{V}_\alpha$ なる α は有限個 $\alpha_1,\cdots,\alpha_k$ であり，各 α_j に対して $u\in\mathcal{V}_{\alpha_j}\subset B_E(u_{\alpha_j},\epsilon_{u_{\alpha_j}})$ であるから(1.19)より

$$\begin{aligned}\|X(u)\|_E&\leqq\sum_{j=1}^k\widetilde{\rho}_{\alpha_j}(u)\|v(u_{\alpha_j})\|_E\\&\leqq\sum_{\alpha\in\Lambda}\widetilde{\rho}_\alpha(u)2\|I'(u)\|_{E^*}\\&=2\|I'(u)\|_{E^*}.\end{aligned}$$

同様に

$$\begin{aligned}\langle I'(u),X(u)\rangle_{E^*,E}&=\sum_{j=1}^k\widetilde{\rho}_{\alpha_j}(u)\langle I'(u),v(u_{\alpha_j})\rangle_{E^*,E}\\&\geqq\sum_{j=1}^k\widetilde{\rho}_{\alpha_j}(u)\|I'(u)\|_{E^*}^2\\&=\|I'(u)\|_{E^*}^2.\end{aligned}$$

よって成立する． ∎

問1　$I\in C^1(E,\mathbb{R})$ を $b=\inf_{u\in E}I(u)>-\infty$ をみたす汎関数とする．このとき

(i)　$I(u_n)\to b\quad(n\to\infty)$,

(ii)　$\|I'(u_n)\|_{E^*}(\|u_n\|_E+1)\to0\quad(n\to\infty)$

をみたす点列 $(u_n)_{n=1}^\infty\subset E$ が存在することを定理 1.3，命題 1.4 の証明を精密化することにより示せ．(i),(ii)をみたす点列は Palais-Smale-Cerami 列(Palais-Smale-Cerami sequence)と呼ばれる．Cerami [49]を参照のこと．

§1.3　峠の定理とその一般化

次に $I(u)\in C^1(U,\mathbb{R})$ のグラフの形状を読み取ることにより $I(u)$ の臨界点の存在を示すことができる例をあげよう．もっとも親しみやすいものは次の Ambrosetti-Rabinowitz[3]による**峠の定理**(Mountain Pass Theorem)である．

定理 1.9 (峠の定理)　E を Banach 空間，$I(u)\in C^1(E,\mathbb{R})$ とし，次を仮定する(図 1.2)．

(i)　$I(0)\leqq 0$.

(ii)　ある $\rho_0>0$, $\delta_0>0$ が存在して $\|u\|_E=\rho_0$ をみたすすべての $u\in E$ に対して

$$I(u)\geqq\delta_0.$$

(iii)　ある $e_0\in E$ が存在し

$$\|e_0\|_E>\rho_0 \quad \text{かつ} \quad I(e_0)\leqq 0.$$

このとき

$$\Gamma=\{\gamma(s)\in C([0,1],E);\ \gamma(0)=0,\ \gamma(1)=e_0\},$$
$$b=\inf_{\gamma\in\Gamma}\max_{s\in[0,1]}I(\gamma(s)) \tag{1.20}$$

とおくと

$$b\geqq\delta_0 \tag{1.21}$$

であり，$(PS)_b$-条件が成立するならば，b は $I(u)$ の臨界値である．すなわち

$$I'(u)=0,\quad I(u)=b$$

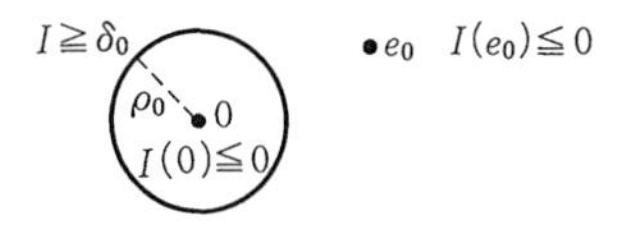

図 1.2　峠の定理における汎関数の性質

をみたす $u\in E$ が存在する. □

上の定理の条件(i)-(iii)について説明をしよう.

$$[I \leqq c]_E = \{u \in E;\, I(u) \leqq c\},$$
$$[d \leqq I]_E = \{u \in E;\, d \leqq I(u)\},$$
$$[d \leqq I \leqq c]_E = [d \leqq I]_E \cap [I \leqq c]_E$$

なる記号を用いる. 定理の条件(i)-(iii)により次が従う.

1°　$c\in(0,\delta_0)$ に対して $0,\, e_0\in[I\leqq c]_E$ であるが $\partial B_E(0,\rho_0)\cap[I\leqq c]_E=\varnothing$ なので, $0,\, e_0$ は $[I\leqq c]_E$ の同一の弧状連結成分に属さない.

2°　$c>\delta_0$ が十分大のとき, 0 と e_0 は $[I\leqq c]_E$ の同一の弧状連結成分に属している. (例えば 0 と e_0 を直線 $\gamma(s)=se_0$ でつなぎ $c=\max_{s\in[0,1]} I(\gamma(s))$ とおけばよい.)

(1.20)で与えられるミニマックス値 b は

$c<b \Longrightarrow 0$ と e_0 は $[I\leqq c]_E$ の同じ弧状連結成分に属さない,

$c>b \Longrightarrow 0$ と e_0 は $[I\leqq c]_E$ の同じ弧状連結成分に属する,

をみたし, $[I\leqq c]_E$ 内で $0,\, e_0$ が同一の弧状連結成分に属するか否かの境界の値となり, 臨界値であることが期待される.

定理1.3と同じ方針の証明を定理1.9に与えよう. 以下に $I(u)\in C^1(E,\mathbb{R})$ は定理1.9の仮定(i)-(iii)をみたすとする. $(PS)_b$-条件は証明の最終段階においてのみ用いる.

次の3段階に証明を分ける.

Step 1: (1.21)の証明.

Step 2: $(PS)_b$-列の構成.

Step 3: 結論.

Step 1: (1.21)の証明.

次の補題より(1.21)は明らか.

補題 1.10　任意の $\gamma\in\Gamma$ に対して

$$\max_{s\in[0,1]} I(\gamma(s)) \geqq \delta_0.$$

[証明]　任意の $\gamma\in\Gamma$ に対して $\gamma([0,1])\cap\partial B_E(0,\rho_0)\neq\varnothing$ であるので $z_0\in$

$\gamma([0,1])\cap\partial B_E(0,\rho_0)$ が存在する．仮定(ii)により $\inf_{u\in\partial B_E(0,\rho_0)} I(u)\geqq\delta_0$ であるから

$$\max_{s\in[0,1]} I(\gamma(s))\geqq I(z_0)\geqq\inf_{u\in\partial B_E(0,\rho_0)} I(u)\geqq\delta_0.$$

∎

Step 2: $(PS)_b$-列の構成.

次の命題により $(PS)_b$-列が構成できる．

命題 1.11　$I(u)\in C^1(E,\mathbb{R})$ は定理 1.9 の仮定(i)-(iii)をみたすとする．$\gamma_\epsilon\in\Gamma$ が

$$\max_{s\in[0,1]} I(\gamma_\epsilon(s))\leqq b+\epsilon$$

をみたすならば，次をみたす $u_\epsilon\in E$ が存在する．

(i)　$b\leqq I(u_\epsilon)\leqq\max_{s\in[0,1]} I(\gamma_\epsilon(s))\leqq b+\epsilon$.

(ii)　$\|I'(u_\epsilon)\|_{E^*}\leqq 2\sqrt{\epsilon}$.

(iii)　$\mathrm{dist}\,(u_\epsilon,\gamma_\epsilon([0,1]))\equiv\inf_{s\in[0,1]}\|u_\epsilon-\gamma_\epsilon(s)\|_E<\sqrt{\epsilon}$.

［証明］（第1段）E での常微分方程式の定義:

命題 1.4 と同様のアイデアにより証明を行う．まず E 上での常微分方程式を定める．

$$K=\{u\in E;\, I'(u)=0\},\quad \widetilde{E}=E\setminus K$$

とおく．また

$$N_{\sqrt{\epsilon}}(\gamma_\epsilon([0,1]))=\{u\in E;\, \mathrm{dist}\,(u,\gamma_\epsilon([0,1]))<\sqrt{\epsilon}\}$$

とかく．以下では

$$d=\max_{s\in[0,1]} I(\gamma_\epsilon(s))-b$$

とおく．$\gamma_\epsilon(s)$ に対する仮定より $d\in[0,\epsilon]$ である．

次を仮定してよい．

$$N_{\sqrt{\epsilon}}(\gamma_\epsilon([0,1]))\cap[b\leqq I\leqq b+d]_E\subset\widetilde{E}. \tag{1.22}$$

もし(1.22)が成立しないならば，$I'(u)=0$ をみたす $u\in N_{\sqrt{\epsilon}}(\gamma_\epsilon([0,1]))\cap[b\leqq I\leqq b+d]$ が存在するのでそれを u_ϵ とおけばよい．

次の初期値問題を $y\in\gamma_\epsilon([0,1])$ に対して考える．命題 1.4 のときとは異な

りカットオフ関数 $f(\varphi(u))$, $g(I(u))$ を導入する必要がある.

$$\frac{d\eta}{dt} = -f(\varphi(\eta))g(I(\eta))\frac{X(\eta)}{\|X(\eta)\|_E}, \tag{1.23}$$

$$\eta(0;y) = y. \tag{1.24}$$

以下で(1.23)の右辺が $N_{\sqrt{\epsilon}}(\gamma_\epsilon([0,1]))\cap[I\leqq b+d]_E$ 上で局所 Lipschitz 連続であるように f,φ,g を定める.

まず $X(u)$ は $\widetilde{E}$ 上定義された $I(u)$ の擬勾配ベクトル場とする. $\varphi(u)$ は

$$\varphi(u) = \frac{\mathrm{dist}\,(u,K)}{\mathrm{dist}\,(u,K)+\mathrm{dist}\,(u,[b\leqq I]_E)}$$

により定義された $N_{\sqrt{\epsilon}}(\gamma_\epsilon([0,1]))\cap[I\leqq b+d]_E$ 上の Lipschitz 連続な関数. $f:\mathbb{R}\to[0,1]$ は

$$f(s) = \begin{cases} 1, & s\geqq 1, \\ 0, & s\leqq 1/2 \end{cases}$$

をみたす Lipschitz 連続関数であり, これらの合成 $f(\varphi(u))$ は, K で 0, $N_{\sqrt{\epsilon}}(\gamma_\epsilon([0,1]))\cap[b\leqq I\leqq b+d]_E$ で 1 の値をとる Lipschitz 連続関数である. また $g:\mathbb{R}\to[0,1]$ は

$$g(s) = \begin{cases} 1, & s\geqq b, \\ 0, & s\leqq 0 \end{cases}$$

をみたす Lipschitz 連続関数とする.

以上のように定義すると(1.23)の右辺は $N_{\sqrt{\epsilon}}(\gamma_\epsilon([0,1]))\cap[I\leqq b+d]_E$ 上の局所 Lipschitz 連続写像であり

(1.25)

$$(1.23)\text{の右辺} = \begin{cases} -\dfrac{X(\eta)}{\|X(\eta)\|_E}, & \eta\in N_{\sqrt{\epsilon}}(\gamma_\epsilon([0,1]))\cap[b\leqq I\leqq b+d]_E, \\ 0, & \eta\in N_{\sqrt{\epsilon}}(\gamma_\epsilon([0,1]))\cap[I\leqq 0]_E \end{cases}$$

をみたしている.

（第2段）$\eta(t;y)$ の性質:

命題1.4の証明と同様に任意の $y\in\gamma_\epsilon([0,1])$ に対して $\eta(t;y)$ $(t\in[0,\sqrt{\epsilon}])$ を考える．(1.23)-(1.24)の定め方より

$$\frac{d}{dt}I(\eta(t;y)) \leqq -\frac{1}{2}f(\varphi(\eta))g(I(\eta))\|I'(\eta)\|_{E^*} \leqq 0, \tag{1.26}$$

$$\left\|\frac{d\eta}{dt}(t;y)\right\|_E = f(\varphi(\eta))g(I(\eta)) \leqq 1. \tag{1.27}$$

特に(1.26), (1.27)により $\eta(t;y)$ はすべての $y\in\gamma_\epsilon([0,1])$ に対して $[0,\sqrt{\epsilon}]$ 上定義され，$N_{\sqrt{\epsilon}}(\gamma_\epsilon([0,1]))\cap[I\leqq b+d]$ にとどまる．

（第3段）$\eta(\sqrt{\epsilon};\gamma_\epsilon(s))\in\mathit{\Gamma}$ であること:

さらに(1.23)の定め方より

$$\begin{aligned} &\eta(t;\gamma_\epsilon(0)) = \eta(t;0) = 0 && \forall t\in[0,\sqrt{\epsilon}], \\ &\eta(t;\gamma_\epsilon(1)) = \eta(t;e_0) = e_0 && \forall t\in[0,\sqrt{\epsilon}] \end{aligned} \tag{1.28}$$

が成り立つ．また $y=\gamma_\epsilon(s)$ として写像 $\eta(t;\gamma_\epsilon(s)):[0,\sqrt{\epsilon}]\times[0,1]\to E$ は解の初期値に関する連続依存性により連続である．したがって

$$\widetilde{\gamma}(s) = \eta(\sqrt{\epsilon};\gamma_\epsilon(s)) : [0,1]\to E$$

とおくと(1.28)により $\widetilde{\gamma}\in\mathit{\Gamma}$.

（第4段）結論:

ミニマックス値 b の定義により第3段において定義された $\widetilde{\gamma}(s)$ に対して

$$b \leqq \max_{s\in[0,1]} I(\widetilde{\gamma}(s)).$$

特に $s_0\in[0,1]$ が存在し $I(\widetilde{\gamma}(s_0))\geqq b$. ここで $y_0=\gamma_\epsilon(s_0)$ とおこう．$I(\eta(t;y_0))$ は単調非増加であるから

$$\eta(t;y_0)\in[b\leqq I\leqq b+d]_E \qquad \forall t\in[0,\sqrt{\epsilon}].$$

f,φ,g の構成方法より

$$f(\varphi(\eta(t;y_0)))g(I(\eta(t;y_0))) = 1 \qquad \forall t\in[0,\sqrt{\epsilon}].$$

であるから(1.26)により

$$\frac{1}{2}\int_0^{\sqrt{\epsilon}} \|I'(\eta(t;y_0))\|_{E^*}\,dt \leqq -\int_0^{\sqrt{\epsilon}} \frac{d}{dt}I(\eta(t;y_0))\,dt$$
$$= I(\eta(0;y_0)) - I(\eta(\sqrt{\epsilon};y_0))$$
$$\leqq \epsilon.$$

したがって，ある $t_0 \in [0,\sqrt{\epsilon}]$ が存在して

$$\|I'(\eta(t_0;y_0))\|_{E^*} \leqq 2\sqrt{\epsilon}.$$

よって $u_\epsilon = \eta(t_0;y_0)$ が求めるものである． ∎

$(PS)_b$-列の構成：$(\gamma_\epsilon)_{\epsilon>0} \subset \Gamma$ を

$$\max_{s\in[0,1]} I(\gamma_\epsilon(s)) \to b \quad (\epsilon \to 0)$$

をみたす列とする．命題1.11により

$$b \leqq I(u_\epsilon) \leqq b+\epsilon,$$
$$\|I'(u_\epsilon)\|_{E^*} \leqq 2\sqrt{\epsilon}$$

をみたす点列 $(u_\epsilon) \subset E$ が存在する．$\epsilon = 1/n$ とした $(u_{1/n})$ は明らかに $(PS)_b$-列．

Step 3：結論．

$(PS)_b$-条件が成立しているのでStep 2で構成した $(u_{1/n})$ は強収束部分列をもち，その極限 $u_0 \in E$ は

$$I(u_0) = b \quad かつ \quad I'(u_0) = 0$$

をみたす．以上により定理1.9の証明が完結した． ∎

この定理の応用は§2.4において与える．

注意1.12　定理1.9では汎関数 $I(u)$ が E 全体で定義されていると仮定しているが，開集合 U の上で与えられた汎関数 $I(u) \in C^1(U,\mathbb{R})$ に対しても同様の議論が展開できる．$U \subset E$ が連結であり，0，$e_0 \in U$，$B_E(0,\rho_0) \subset U$，さらに定理1.9の仮定(i)-(iii)が成立するとすると

$$b = \inf_{\gamma\in\Gamma}\max_{s\in[0,1]} I(\gamma(s)),$$
$$\Gamma = \{\gamma \in C([0,1],U);\ \gamma(0) = 0,\ \gamma(1) = e_0\}$$

とおくとき

$$\liminf_{\mathrm{dist}\,(u,\partial U)\to 0} I(u) > b$$

が成立するならば $(PS)_b$-条件のもとで b は $I(u)$ の臨界値である．証明はほとんど同様である．なお後述の §1.4(c)を参考のこと．

次に定理1.9とまったく同じアイデアにより証明できる存在定理をひとつあげよう．

定理 1.13　E を Banach 空間，$I(u)\in C^1(E,\mathbb{R})$ とする．E の余次元1の閉部分空間 F と $e\in E\setminus F$ が存在し，次の(i)，(ii)が成立すると仮定する．

(i)　$\delta_0 \equiv \inf_{u\in F} I(u) > -\infty$.

(ii)　$I(e)<\delta_0$ かつ $I(-e)<\delta_0$.

このとき

$$\Gamma = \{\gamma(s)\in C([0,1],E);\ \gamma(0)=-e,\ \gamma(1)=e\},$$
$$b = \inf_{\gamma\in\Gamma}\max_{s\in[0,1]} I(\gamma(s))$$

とおくと

$$b \geqq \delta_0$$

であり，$(PS)_b$-条件が成立するならば，b は $I(u)$ の臨界値である．　□

この定理の証明は読者に任せたい．

問2　定理1.13を証明せよ．

問3　$I\in C^1(E,\mathbb{R})$ は定理1.9の条件(i)-(iii)をみたすとし，(1.20)によりミニマックス値 b を定める．このとき問1の(i)，(ii)をみたす点列 $(u_n)_{n=1}^{\infty}\subset E$ が存在することを示せ．

峠の定理の一般化

次に峠の定理の一般化というべき次のミニマックス定理を述べよう．

定理 1.14　Banach 空間 E は $E=V\oplus F$ と直和分解され，$\dim V<\infty$ と

する．$I(u)\in C^1(E,\mathbb{R})$ とし，$e\in F\setminus\{0\}$，$\|e\|_E=1$，$0<\rho_0<r_0$，$R_0>0$ に対して

$$Q=\{re+v;\ 0\leqq r\leqq r_0,\, v\in V,\, \|v\|_E\leqq R_0\},$$
$$S=\{w\in F;\ \|w\|_E=\rho_0\}$$

とおき，次を仮定する．

(1.29)　ある $\delta_0>0$ が存在して　$I(w)\geqq\delta_0\ \ \forall w\in S.$

(1.30)　$I(u)\leqq 0\ \ \forall u\in\partial Q\equiv\{re+v;\ r\in\{0,r_0\}$ あるいは $\|v\|_E=R_0\}.$

このとき

$$\Gamma=\{\gamma\in C(Q,E);\ \gamma(u)=u\ \ \forall u\in\partial Q\},$$
$$b=\inf_{\gamma\in\Gamma}\max_{u\in Q}I(\gamma(u))$$

とおくと

(1.31)
$$b\geqq\delta_0$$

であり，さらに $(PS)_b$-条件が成立するならば，b は $I(u)$ の臨界値である．□

定理1.14 において $V=\{0\}$ とすると峠の定理(定理1.9)が得られることに注意しよう．

条件 $0<\rho_0<r_0$ により，2つのリング ∂Q と S は図1.3のように交叉しており，条件(1.29),(1.30)はそれぞれのリングのうえで $I(u)$ が δ_0 以上あるいは0以下であることを要求している．

ここで b は次のようにも特徴づけられることに注意しておこう．

1°　$c<b$ のとき ∂Q は $[I\leqq c]_U$ 内で可縮でない．

2°　$c>b$ のとき ∂Q は $[I\leqq c]_U$ 内で可縮．

条件(1.29),(1.30)は一見微分方程式に対応した汎関数に対しては非常に確かめにくい条件のように思われるかもしれないが，ハミルトン系の周期軌道の存在問題等において広範な応用をもつ．これらの応用の一端を第3章において述べる．

定理1.14 の証明を与えよう．定理1.9 の証明と同様に3段階からなる．

Step 1:（1.31）の証明．

Step 2:$(PS)_b$-列の構成．

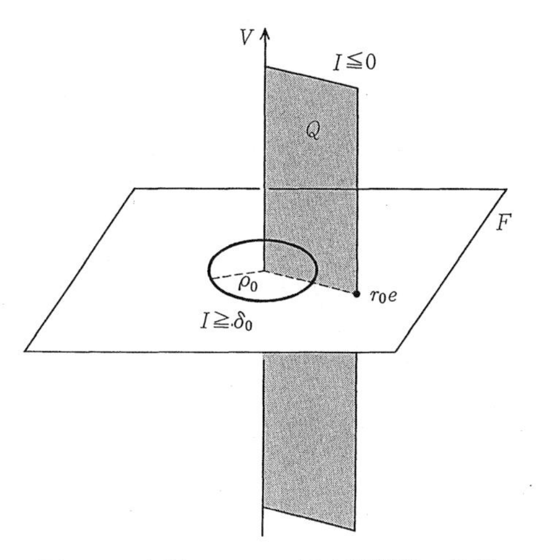

図 1.3　定理 1.14 における汎関数の性質

Step 3：結論.

Step 1：(1.31)の証明.

まず次の ∂Q と S の交叉に関する補題を用意しよう.

補題 1.15　任意の $\gamma\in\Gamma$ に対して

$$\gamma(Q)\cap S\neq\varnothing.$$

□

証明に先だって Brouwer の不動点定理より次が従うことに注意しよう. Brouwer の写像度, 不動点定理等に関しては, 増田[136], [137], ミルナー[140], Hirsch [98], Schwartz [168]等を参照されたい.

命題 1.16　$B^N=\{x\in\mathbb{R}^N;\ |x|\leqq 1\}$, $S^{N-1}=\{x\in\mathbb{R}^N;\ |x|=1\}$ とする. $f: B^N\to\mathbb{R}^N$ を

$$f(x)=x \qquad \forall x\in S^{N-1}$$

をみたす連続写像とする. このとき f の像 $f(B^N)$ は B^N を含む. すなわち $B^N\subset f(B^N)$.

□

[補題 1.15 の証明]　$P_V: E=V\oplus F\to V$, $P_F: E=V\oplus F\to F$ を射影とし,

$$\Phi(r,v)=(\|P_F(\gamma(re+v))\|_E,\ P_V(\gamma(re+v)))$$

により写像 $\Phi:\widetilde{Q}=[0,r_0]\times B_V(0,R_0)\to\mathbb{R}\oplus V$ を定める. このとき $re+v\in$

Q に対して

$$\gamma(re+v) \in S \iff \Phi(r,v) = (\rho_0, 0)$$

である．$\gamma(u)=u\ \forall u \in \partial Q$ により $\Phi(r,v)=(r,v)\ \forall (r,v) \in \partial\widetilde{Q}$ が成立すること，また $\widetilde{Q}$ と $B^{\dim V+1}$ は同相であることに注意すると命題1.16により $\widetilde{Q} \subset \Phi(\widetilde{Q})$．$0<\rho_0<r_0$ より $(\rho_0,0) \in \widetilde{Q}$ であるから $\Phi(r_0,v_0)=(\rho_0,0)$ をみたす $(r_0,v_0) \in \widetilde{Q}$ が少なくとも1つ存在する．したがって $\gamma(r_0e+v_0) \in \gamma(Q) \cap S$ であり，$\gamma(Q) \cap S \neq \varnothing$． ∎

［(1.31)の証明］　補題1.15により任意の $\gamma \in \Gamma$ に対して $z_0 \in \gamma(Q) \cap S$ が存在する．定理1.14の仮定(1.29)を用いると

$$\max_{u \in Q} I(\gamma(u)) \geqq I(z_0) \geqq \inf_{w \in S} I(w) \geqq \delta_0.$$

$\gamma \in \Gamma$ は任意であるから(1.31)が成立． ∎

Step 2：$(PS)_b$-列の構成．

命題1.11と同様に次が成立する．

命題1.17　$\gamma_\epsilon \in \Gamma$ が

$$\max_{u \in Q} I(\gamma_\epsilon(u)) \leqq b+\epsilon$$

をみたすならば，次をみたす $u_\epsilon \in E$ が存在する．

（i）　$b \leqq I(u_\epsilon) \leqq \max_{u \in Q} I(\gamma_\epsilon(u))$．

（ii）　$\|I'(u_\epsilon)\|_{E^*} \leqq 2\sqrt{\epsilon}$．

（iii）　$\mathrm{dist}\,(u_\epsilon, \gamma_\epsilon(Q)) \equiv \inf_{u \in Q} \|u_\epsilon - \gamma_\epsilon(u)\|_E \leqq \sqrt{\epsilon}$．

［証明］　E での初期値問題(1.23)-(1.24)を $y \in \gamma_\epsilon(Q)$ に対して考えれば，命題1.17の証明は命題1.11とまったく同様である． ∎

$(PS)_b$-列の構成：$(\gamma_\epsilon(u))_{\epsilon>0} \subset \Gamma$ を $\max_{u \in Q} I(\gamma_\epsilon(u)) \to b\ (\epsilon \to 0)$ をみたすように選び，γ_ϵ に対して命題1.17により与えられる $(u_\epsilon)_{\epsilon>0} \subset E$ を考えれば $u_{1/n}$ は $(PS)_b$-列である．

Step 3：結論．

$(PS)_b$-条件が成立するので，Step 2で構成した $(PS)_b$-列は強収束部分列をもつ．さらにその極限 $u_0 \in E$ は $I'(u_0)=0$，$I(u_0)=b$ をみたし，b は $I(u)$

の臨界値となる．以上で定理 1.14 の証明が完結した． ∎

以上により一般化された峠の定理が証明された．この証明の議論を用いれば定理 1.13 の一般化である次の定理が得られる．証明は読者に任せたい．

定理 1.18　Banach 空間 E は $E=V\oplus F$ と直和分解され $\dim V<\infty$ とする．$I(u)\in C^1(E,\mathbb{R})$ は次の(i),(ii)をみたすとする．

(i)　$\delta_0\equiv\inf_{u\in F}I(u)>-\infty$.

(ii)　ある $\rho_0>0$ が存在し

$$\max_{u\in V,\|u\|_E=\rho_0}I(u)<\delta_0.$$

このとき

$$\begin{aligned}D&=\{u\in V;\ \|u\|_E\leqq\rho_0\},\\ \Gamma&=\{\gamma\in C(D,E);\ \gamma(u)=u\ \forall u\in\partial D\},\\ b&=\inf_{\gamma\in\Gamma}\max_{u\in D}I(\gamma(u))\end{aligned}$$

とおくと

$$b\geqq\delta_0$$

であり，さらに $(PS)_b$-条件が成立するならば，b は $I(u)$ の臨界値である．□

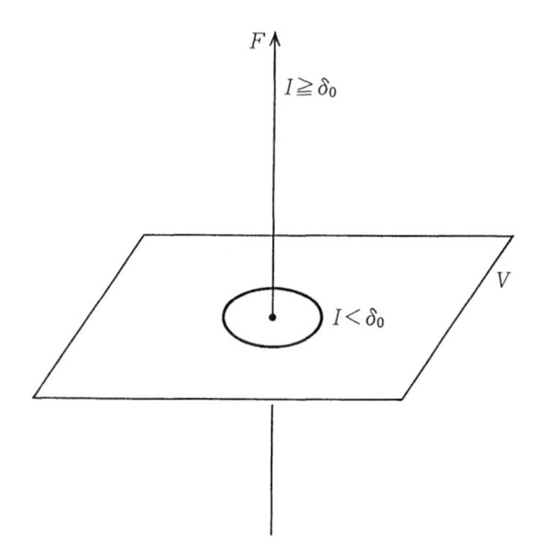

図 1.4　定理 1.18 における汎関数の性質

問4　定理1.18を証明せよ．

先ほどの証明の方法は次のような一般的なミニマックスの状況でも用いることができる．

定理1.19　E を Banach 空間，$I(u)\in C^1(E,\mathbb{R})$ とする．さらに Q をコンパクト距離空間，$Q_0\subset Q$ を閉集合，$\gamma_0\in C(Q_0,E)$ とし

$$\Gamma=\{\gamma(u)\in C(Q,E);\ \gamma(s)=\gamma_0(s)\ \ \forall s\in Q_0\}$$

とする．次を仮定する．

（i）　$b=\inf_{\gamma\in\Gamma}\max_{s\in Q}I(\gamma(s))$，$d=\max_{s\in Q_0}I(\gamma_0(s))$ とおくと　$d<b$．

（ii）　$(PS)_b$-条件が成立する．

以上の仮定のもとで，b は $I(u)$ の臨界値である．　□

この定理の証明も読者に任せたい．もちろん命題1.11，1.17と同様に仮定（i）のもとで $(PS)_b$-列の存在がいえる．仮定（i）は補題1.15のように，次をみたす集合 $S\subset E$ が存在することにより示される場合が多い(図1.5)．

1°　$\gamma(Q)\cap S\neq\varnothing\quad\forall\gamma\in\Gamma$．

2°　$\inf_{u\in S}I(u)>d\equiv\max_{s\in Q_0}I(\gamma_0(s))$．

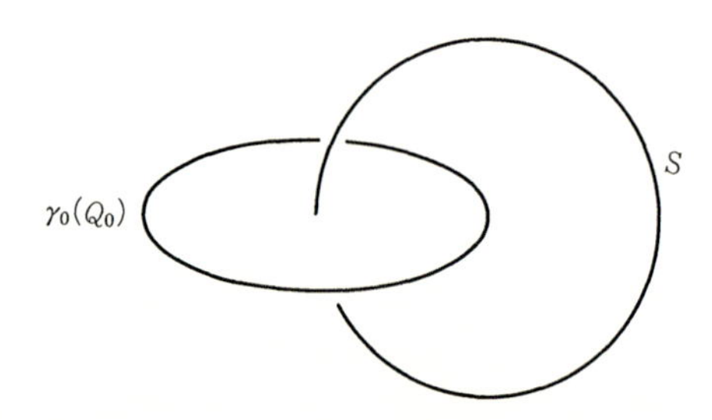

図1.5　1°をみたす Q, Q_0, S の例：　$E=\mathbb{R}^3$，$Q=\{(x,y);\ x^2+y^2\leqq 1\}$，$Q_0=\partial Q$，$\gamma_0(x,y)=(x,y,0)$，$S=\{(0,y,z);\ (y-1)^2+z^2=1\}$．

第2章からの応用においては，各問題の非線形性にあわせて汎関数，Q, Q_0, Γ, S 等を選ぶこととなる．なお峠の定理とその一般化とは異なる設定での応用例を第6章において与える．

§1.4 諸注意

(a) 弱下半連続性

§1.2 において最小点の存在を示すのに Palais–Smale 条件と勾配流を用いたが，次の弱下半連続性を用いる方法も非常に有効である．

定義 1.20 E を Banach 空間，$K \subset E$ を空でない閉凸集合とする．$I(u)$: $K \to \mathbb{R}$ とする．

(i) 強収束する任意の点列 $(u_n)_{n=1}^{\infty} \subset K$ ($u_n \to u_0$ とする)に対して

$$I(u_0) \leqq \liminf_{n \to \infty} I(u_n)$$

が成立するとき $I(u)$ は**下半連続**(lower semi-continuous)であるという．

(ii) 弱収束する任意の点列 $(u_n)_{n=1}^{\infty} \subset K$ ($u_n \rightharpoonup u_0$ とする)に対して

$$I(u_0) \leqq \liminf_{n \to \infty} I(u_n)$$

が成立するとき $I(u)$ は**弱下半連続**(weakly lower semi-continuous)であるという． □

定義より直ちに従う性質をあげておこう．

補題 1.21

(i) $I(u)$ が連続ならば下半連続．

(ii) $I(u)$, $J(u)$ が(弱)下半連続ならば $I(u)+J(u)$ も(弱)下半連続． □

$I(u)$ が連続であっても弱下半連続とは限らないことに注意する．

例 1.22 無限次元 Hilbert 空間において汎関数 $I(u) = -\|u\|_E^2$ は連続であるが弱下半連続でない． □

次にみるように汎関数の凸性は弱下半連続性の判定方法として有効である．

定義 1.23 $K \subset E$ を空でない凸集合とする．$I: K \to \mathbb{R}$ が次をみたすとき**凸**(convex)であるという．

$$I(tu_1+(1-t)u_2) \leqq tI(u_1)+(1-t)I(u_2) \qquad \forall u_1, u_2 \in K,\ \forall t \in [0,1].$$

また次が成立するとき**狭義凸**(strictly convex)であるという．

$$I(tu_1+(1-t)u_2) < tI(u_1)+(1-t)I(u_2) \qquad \forall u_1 \neq u_2,\ \forall t \in (0,1). \quad □$$

問5　$I(u)$ が Hilbert 空間 E の凸部分集合 K 上定義された C^2-級関数とする.

$$I''(u)(h,h) \geqq 0 \qquad \forall u \in K,\ \forall h \in E$$

がみたされるならば $I(u)$ は K 上凸であること，また

$$I''(u)(h,h) > 0 \qquad \forall u \in K,\ \forall h \neq 0$$

がみたされるならば $I(u)$ は K 上狭義凸であることを示せ.

凸関数に関しては汎関数のとる値として $+\infty$ を許して $I: K \to \mathbb{R} \cup \{\infty\}$ で考えるのが自然であるが，ここでは煩雑さを避けるために $I: K \to \mathbb{R}$ で考えることとする．なお凸性の定義より

$$(1.32) \quad I\Big(\sum_{j=1}^{\ell} \theta_j x_j\Big) \leqq \sum_{j=1}^{\ell} \theta_j I(x_j) \qquad \forall x_j \in K,\ \forall \theta_j \geqq 0:\ \sum_{j=1}^{\ell} \theta_j = 1$$

が成立している．また，K の部分集合 A に対してその**凸包**(convex hull) $\mathrm{conv}\, A$ を次で定義する.

$$\mathrm{conv}\, A = \Big\{ \sum_{j=1}^{\ell} \theta_j x_j;\ \theta_j \geqq 0,\ \sum_{j=1}^{\ell} \theta_j = 1,\ x_j \in A \Big\}.$$

(1.32)により

$$(1.33) \qquad I(v) \leqq \sup_{u \in A} I(u) \qquad \forall v \in \mathrm{conv}\, A$$

が成り立つ.

命題 1.24　E を Banach 空間，$K \subset E$ を空でない閉凸集合，$I(u): K \to \mathbb{R}$ を下半連続かつ凸とする．このとき $I(u)$ は弱下半連続である.

［証明］　$(u_n)_{n=1}^{\infty} \subset K$，$u_n \rightharpoonup u_0$ としよう．部分列 $(u_{n_j})_{j=1}^{\infty}$ をとり次が成立するとしてよい．$\lim_{j\to\infty} I(u_{n_j}) = \liminf_{n\to\infty} I(u_n)$．Mazur の定理により次のような $(v_k)_{k=1}^{\infty} \subset K$ が選べる.

$$v_k \in \mathrm{conv}\{u_{n_j};\ j \geqq k\},$$

$$v_k \to u_0 \quad \text{(強収束)}.$$

$A = \{u_{n_j};\ j \geqq k\}$ に対して(1.33)を用いると

$$I(v_k) \leqq \sup\{I(u_{n_j});\ j \geqq k\}.$$

したがって $v_k \to u_0$ より

$$I(u_0) \leqq \liminf_{k\to\infty} I(v_k) \leqq \lim_{k\to\infty} \sup\{I(u_{n_j});\ j \geqq k\}$$
$$= \lim_{j\to\infty} I(u_{n_j}) = \liminf_{n\to\infty} I(u_n).$$ ∎

弱下半連続関数に対する最小点の存在定理を述べよう．

定理 1.25 E を回帰的 Banach 空間，$K \subset E$ を空でない閉凸集合，$I(u)$: $K \to \mathbb{R}$ を弱下半連続関数．K が有界でない場合はさらに

$$\liminf_{u\in K,\ \|u\|_E\to\infty} I(u) = \infty \tag{1.34}$$

を仮定する．このとき $\inf_{u\in K} I(u) > -\infty$ であり，$\inf_{u\in K} I(u)$ は達成される．すなわち，ある $u_0 \in K$ が存在して

$$I(u_0) = \inf_{u\in K} I(u).$$

［証明］ $(u_n)_{n=1}^{\infty} \subset K$ を最小化列，すなわち $I(u_n) \to \inf_{u\in K} I(u)$ をみたす列とする．仮定(1.34)のもとでは $(u_n)_{n=1}^{\infty}$ は有界である．E は回帰的であるから弱収束部分列 $u_{n_j} \rightharpoonup u_0$ が選べる．K は閉かつ凸であるから $u_0 \in K$ であり，$I(u)$ の弱下半連続性より

$$I(u_0) \leqq \liminf_{j\to\infty} I(u_{n_j}) = \inf_{u\in K} I(u).$$

したがって $I(u_0) = \inf_{u\in K} I(u)$．よって $\inf_{u\in K} I(u) > -\infty$ であり $\inf_{u\in K} I(u)$ は達成される． ∎

応用上重要な弱下半連続な汎関数の例をひとつ上げよう．

補題 1.26 $\Omega \subset \mathbb{R}^N$ を有界領域とし，$g(x,s)$: $\overline{\Omega} \times \mathbb{R} \to \mathbb{R}$ を定理 0.13(ii)の仮定をみたすものとする．このとき

$$I(u) = \frac{1}{2}\|u\|_{H_0^1(\Omega)}^2 - \int_\Omega G(x,u)\,dx$$

とおくと $I(u)$: $H_0^1(\Omega) \to \mathbb{R}$ は弱下半連続．ただし，$G(x,s) = \int_0^s g(x,\tau)\,d\tau$ である．

［証明］ $u \mapsto \|u\|_{H_0^1(\Omega)}^2$ は連続な凸関数であるので，命題 1.24 により弱下半連続である．一方，定理 0.13(ii)により $u \mapsto \int_\Omega G(x,u)\,dx$ は弱連続．し

たがって補題1.21(ii)よりこれらの和である $I(u)$ は弱下半連続. ∎

(b) 勾配流

今まで最小化法，ミニマックス法を $(PS)_b$-列を構成するための方法として，(1.11)-(1.12)，(1.23)-(1.24)等の解 $\eta(t;u)$ を用いて説明してきた．この $\eta(t;u)$ を**勾配流**(deformation flow)と呼ぶ．次にみるように，(PS)-条件と $[a,b]$ に臨界値が存在しないという仮定のもとで勾配流により $[I\leqq b]_E$ を $[I\leqq a]_E$ に連続変形することができる．

定理 1.27　$I(u)\in C^1(E,\mathbb{R})$ は区間 $[a,b]$ に臨界値をもたず，またすべての $c\in[a,b]$ に対して $(PS)_c$-条件をみたすとする．このとき次をみたす連続写像

$$f(t,u):[0,1]\times[I\leqq b]_E\to[I\leqq b]_E$$

が存在する．

(i)　$f(0,u)=u \qquad \forall u\in[I\leqq b]_E$.

(ii)　$f(t,u)=u \qquad \forall(t,u)\in[0,1]\times[I\leqq a]_E$.

(iii)　すべての $u\in[I\leqq b]_E$ に対して $I(f(t,u))$ は t の非増加関数.

(iv)　$f(1,u)\in[I\leqq a]_E \qquad \forall u\in[I\leqq b]_E$. □

位相空間 X において $A\subset X$ に対して次をみたす連続写像 $f:[0,1]\times X\to X$ が存在するとき A は X の**強変形レトラクト**(strong deformation retract)であるという．

$$\begin{aligned} f(0,u)&=u && \forall u\in X,\\ f(t,u)&=u && \forall t\in[0,1],\ \forall u\in A,\\ f(1,u)&\in A && \forall u\in X. \end{aligned}$$

特に定理1.27の仮定のもとでは $[I\leqq a]_E$ は $[I\leqq b]_E$ の強変形レトラクトである．

［定理1.27の証明］（第1段）$\|I'(u)\|_{E^*}\geqq\epsilon_0\ \forall u\in[a\leqq I\leqq b]_E$ なる $\epsilon_0>0$ が存在すること．

$\inf_{u\in[a\leqq I\leqq b]}\|I'(u)\|_{E^*}=0$ とすると $\|I'(u_n)\|_{E^*}\to 0$ なる $(u_n)\subset[a\leqq I\leqq b]$ が存在する．必要ならば部分列をとり $I(u_n)\to c\in[a,b]$ とすると，$(PS)_c$-条件

が成立していることより (u_n) は強収束部分列をもつ．その極限 $u_0\in E$ は明らかに臨界点であり c は臨界値．これは区間 $[a,b]$ 内に臨界値が存在しないという仮定に反する．

（第2段） E での常微分方程式の定義と性質．

第1段により命題1.7を用いれば $[a\leqq I\leqq b]$ 上定義された局所 Lipschitz 連続な擬勾配ベクトル場 $X(u)$ が存在し，ある $\epsilon_0>0$ に対して

$$\|X(u)\|_E \geqq \epsilon_0 \qquad \forall u\in[a\leqq I\leqq b] \tag{1.35}$$

が成立する．ここで $u\in[a\leqq I\leqq b]$ に対して E での初期値問題

$$\frac{d\eta}{dt}=-\frac{X(\eta)}{\|X(\eta)\|_E}, \tag{1.36}$$

$$\eta(0;u)=u \tag{1.37}$$

を考える．

(1.35)により(1.36)の右辺は $[a\leqq I\leqq b]$ 上定義される．(1.36)-(1.37)の解 $\eta(t;u)$ はその存在範囲で

$$\begin{aligned}
\left\|\frac{d\eta}{dt}\right\|_E &\leqq 1,\\
\frac{d}{dt}I(\eta(t;u)) &= \left\langle I'(\eta),\frac{d\eta}{dt}\right\rangle_{E^*,E}\\
&= -\frac{1}{\|X(u)\|_E}\langle I'(u),X(\eta)\rangle_{E^*,E}\\
&\leqq -\frac{1}{2}\|I'(\eta)\|_{E^*}\\
&\leqq -\frac{\epsilon_0}{2} \qquad (1.38)
\end{aligned}$$

をみたす．したがって(1.36)-(1.37)の解 $\eta(t;u)$ は $\eta(t;u)\in[a\leqq I\leqq b]$ である限り延長可能である．また(1.38)より特に $I(\eta(t;u))\leqq I(u)-\dfrac{\epsilon_0}{2}t$ が従うので，時間 $2(b-a)/\epsilon_0$ 以内に $\eta(t;u)$ は $[I\leqq a]_E$ に到達する．ゆえに $T(u)\in[0,2(b-a)/\epsilon_0]$ が存在し $I(\eta(T(u);u))=a$ が成り立つ．

（第3段） $u\mapsto T(u)$ の連続性．

$T(u)$ は $I(\eta(T(u);u))=a$ の解であり，(1.38)により特に

$$\left.\frac{d}{dt}\right|_{t=T(u)} I(\eta(t;u)) \neq 0$$

が従うので，陰関数定理により $T(u)$ の連続性が従う．

（第4段）　$f\colon [0,1]\times[I \leqq b] \to [I \leqq b]$ の定義．

次のように $f(t,u)$ を定める．

$$f(t,u) = \begin{cases} \eta(T(u)t;\, u), & \forall u \in [a \leqq I \leqq b]_E, \\ u, & \forall u \in [I < a]_E. \end{cases}$$

このとき $\eta(t;u)$ の連続性より $f(t,u)$ の連続性は明らかであり，定理の性質(ｉ)-(iv)をみたす．　∎

定理1.27により $-\infty < a < b < \infty$ に対して $[I \leqq a]_E$ が $[I \leqq b]_E$ の強変形レトラクトでないならば，$[a,b]$ 内に臨界値または $(PS)_c$-条件が崩れる c が存在する．定理1.3の $c_0 \equiv \inf I(u) > -\infty$，定理1.9の仮定(ｉ)-(iii)，定理1.14の仮定(1.29)-(1.30)はいずれも $\epsilon > 0$ に対して $[I \leqq b-\epsilon]_E$ が $[I \leqq b+\epsilon]$（定理1.3では $[I \leqq c_0-\epsilon]_U$ が $[I \leqq c_0+\epsilon]_U$）の強変形レトラクトでないことを保証する条件である．

$(PS)_c$-条件が成立し，c が臨界値でないとすると，ある $\epsilon_0 > 0$，$\delta_0 > 0$ が存在して

$$u \in [c-\delta_0 \leqq I \leqq c+\delta_0]_E \Longrightarrow \|I'(u)\|_{E^*} \geqq \epsilon_0$$

が成立することより，定理1.27とまったく同様に次の定理も示されることに注意しておこう．

定理1.28　$I(u) \in C^1(E,\mathbb{R})$ は $c \in \mathbb{R}$ に対して $(PS)_c$-条件をみたし，c は $I(u)$ の臨界値でないとする．このとき，ある $\epsilon > 0$ が存在し，$b = c+\epsilon$，$a = c-\epsilon$ に対して定理1.27の結論が成立する．　□

この定理を用いても上記の定理1.3, 1.9, 1.14等を証明できる．

(c)　境界をもった領域上定義された汎関数

定理1.3を除いて主に今まで Banach 空間 E 全体で定義された汎関数 $I(u) \in C^1(E,\mathbb{R})$ を扱ってきた．$U \subset E$ を空でない開集合，$I(u) \in C^1(U,\mathbb{R})$

としても注意1.12で述べたように

$$(1.39)\qquad \liminf_{u\in U,\ \mathrm{dist}(u,\partial U)\to 0} I(u) > b \equiv \inf_{\gamma\in\Gamma}\max_{s\in Q} I(\gamma(s))$$

の仮定のもとで b が臨界値であることが定理1.9, 1.14と類似の条件のもとで示すことができる.

境界 ∂U 付近での $I(u)$ の挙動に(1.39)あるいは他の何らかの条件を課さないと b は必ずしも臨界値とならない. このことは次の例からも明らか.

例1.29 $E=\mathbb{R}^2$, $U=\{(x,y);\ y>-2x^2+1\}$ とし, $I(x,y): U\to\mathbb{R}$ を $I(x,y)=y$ により定める. $Q=[-1,1]$, $Q_0=\{-1,1\}$, $\gamma_0(s)=(s,0)$,

$$\Gamma=\{\gamma(s)\in C([-1,1],U);\ \gamma(s)=\gamma_0(s)\quad \forall s\in Q_0\}$$

とおくと $E=U$ とした定理1.19の条件をみたしているが, $b\equiv\inf_{\gamma\in\Gamma}\max_{s\in Q} I(\gamma(s))$ $=1$ は $I(u)$ の臨界値ではない. □

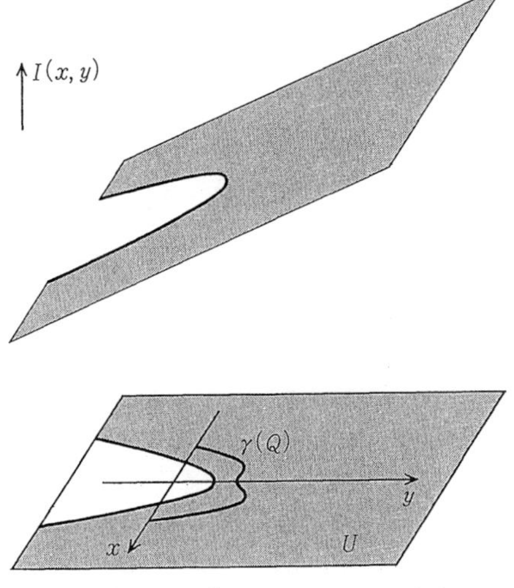

図1.6 例1.29での $I(x,y)$

ミニマックス値と境界での値の大小関係を与える条件(1.39)以外に, ミニマックス値 b が臨界値であることを保証する条件として ∂U での $I'(u)$ の方向に関する Majer [129]による条件がある.

ここでは正確な結果ではなく簡単にアイデアを紹介しよう*3．開集合 $U \subset E$ は C^1-級関数 $\Phi\colon E \to \mathbb{R}$ を用いて

$$U = \{u \in E;\ \Phi(u) < 0\}$$

とあらわされ

$$\Phi'(u) \neq 0 \qquad \forall\, u \in \partial U$$

が成立しているとする．$I(u)$ は $\overline{U}$ の近傍上に C^1-級に拡張されているとし，U の境界 ∂U 上で次の条件を仮定する．

$$I'(u) \neq -\lambda\Phi'(u) \qquad \forall\,\lambda \geqq 0,\ \forall\, u \in \partial U. \tag{1.40}$$

この条件のもとで定理1.9，1.14等の類似が $I\colon U \to \mathbb{R}$ に対しても成立し，U 内で臨界点を求めることができる．

条件(1.40)の果たす役割を説明しよう．臨界点の存在を示すためにはやはり勾配流を用いる．境界をもつ集合 U 上で議論を行う場合，勾配流 $\eta(t;u)$ により U が不変となる必要がある．すなわち

$$\eta(t;U) \subset U \qquad \forall\, t \geqq 0. \tag{1.41}$$

勾配流 $\eta(t;u)$ は擬勾配ベクトル場 $X(u)$ より常微分方程式

$$\frac{d\eta}{dt} = -\frac{X(\eta)}{\|X(\eta)\|},$$
$$\eta(0;u) = u$$

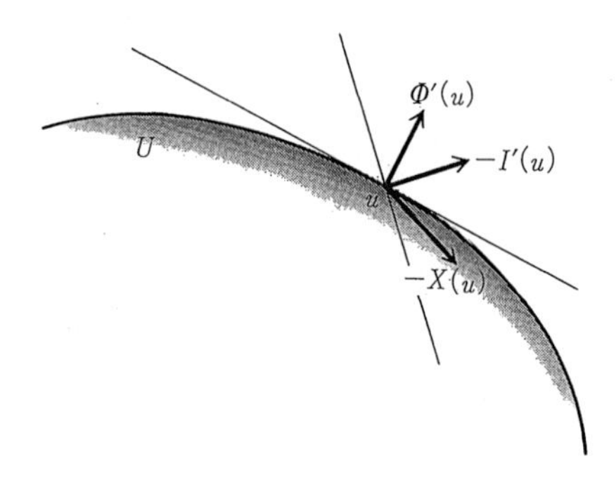

図 **1.7**　擬勾配ベクトル $X(u)$ のえらび方

*3　Majer [129]では非常に一般的な設定で述べられており，一種の Lyusternik-Schnirelman のカテゴリー理論が展開されている．

を解いて得られる．解(1.40)のもとでは境界上で $-X(u)$ が内向きとなるように擬勾配ベクトル場 $X(u)$ を選ぶことができる．図1.7を参照して頂きたい．条件(1.40)のもとでは各 $u\in\partial U$ に対して

$$\langle \Phi'(u), -X\rangle < 0,$$
$$\langle -I'(u), -X\rangle > 0$$

なるベクトル X が必ず存在する．このような擬勾配ベクトル場より勾配流 $\eta(t;u)$ を構成すると(1.41)がみたされる．詳しくは Majer [129]を，応用例としては Majer–Terracini [130], [131], [132]を参照して頂きたい．

(d) 制限つき変分問題

今まで Banach 空間 E あるいはその開集合上定義された汎関数 $I(u)$ について論じてきた．ここでは E 内の超曲面上定義されたあるいは曲面上に制限された汎関数について考えよう．

議論は本来 Banach 多様体あるいは Finsler 多様体上で一般的に展開すべきものであるが，本書で用いるものは Hilbert 空間の単位球面のみであるから，一般性を失うが Hilbert 空間の単位球面あるいはその開部分集合上定義された汎関数を扱うことにする．一般の Hilbert 多様体，Banach 多様体，Finsler 多様体については，Chang [51]，Lang [114]，Schwartz [168]，Palais [148]を参照されたい．

E を Hilbert 空間，$\|\cdot\|_E$，$(\cdot\,,\cdot)_E$ をそのノルム，内積とする．

$$S = \{u\in E;\ \|u\|_E = 1\}$$

を E の単位球面とし S の開部分集合 U(もちろん $U=S$ でもよい)上定義された汎関数 $J: U\to\mathbb{R}$ について考える．

まず J の S 上の微分の定義から始めよう．

(i) $v\in S$ に対して v での接平面を

$$T_vS = \{h\in E;\ (h,v)_E = 0\}$$

により定める．T_vS は E の閉部分空間．E でのノルム，内積を T_vS にも導入する．

(ii) $J: U\to\mathbb{R}$ に対して $v\in U$ での $h\in T_vS$ 方向の微分を

$$J'(v)h = \lim_{s\to 0} \frac{J(\alpha(s)) - J(\alpha(0))}{s}$$

で定める．ここで $\alpha: \mathbb{R} \to S$ は $\alpha(0) = v$，$\dot{\alpha}(0) = h$ をみたす C^1-級の曲線．また $J'(v)$ のノルムを

$$\|J'(v)\|_{(T_vS)^*} = \sup_{\substack{h\in T_vS \\ \|h\|_E=1}} |J'(v)h|$$

で定める．なお $J(v)$ が C^1-級写像 $\widetilde{J}: \widetilde{U} \to \mathbb{R}$ に拡張できるとき，$J(v)$ は C^1-級であるという．ここで $\widetilde{U}$ は U を含む E の開集合である．U 上の C^1-級関数全体のなす集合を $C^1(U, \mathbb{R})$ とかく．

(iii)　$v \in U$ が J の**臨界点**であるとは

$$J'(v) = 0$$

すなわち

$$J'(v)h = 0 \qquad \forall h \in T_vS$$

が成り立つときをいう．

(iv)　$c \in \mathbb{R}$ が**臨界値**とは，ある臨界点 $v \in U$ が存在して $c = J(v)$ が成り立つことをいう．また $c \in \mathbb{R}$ が臨界値でないとき**正則値**という．

(v)　$c \in \mathbb{R}$ に対して $(v_j)_{j=1}^{\infty} \subset U$ が $J(v)$ の $(PS)_c$-列であるとは

$$J(v_j) \to c,$$
$$\|J'(v_j)\|_{(T_{v_j}S)^*} \to 0$$

が成立することをいう．

(vi)　任意の $(PS)_c$-列 $(v_j)_{j=1}^{\infty}$ が強収束部分列をもつとき，すなわち，ある $v_0 \in U$ が存在して

$$v_j \to v_0 \quad \text{strongly in } E$$

が成立するとき，$J(v)$ は $(PS)_c$-条件をみたすという．また任意の $c \in \mathbb{R}$ に対して $(PS)_c$-条件が成立するとき，$J(v)$ は (PS)-条件をみたすという．

$J: U \to \mathbb{R}$ が E での開集合 $\widetilde{U}(\supset U)$上へ C^1-級写像 $\widetilde{J}: \widetilde{U} \to \mathbb{R}$ に拡張できるとき，言い換えれば $J(v)$ が $\widetilde{J}: \widetilde{U} \to \mathbb{R}$ の U への制限であるとき(ii)-(iii)を見やすい形に書き換えてみよう．$\widetilde{J}'(v)$ により $\widetilde{J}$ の E での微分をあ

らわす[*4]. 以下では $E^*=E$ と同一視し $\widetilde{J}'(u)\in E$ と見なす.

(ii′) まず

$$J'(v)h=\widetilde{J}'(v)h \qquad \forall\, h\in T_vS$$

が成立する. さらに

$$h\mapsto \widetilde{J}'(v)h-(\widetilde{J}'(v)v)(v,h)_E;\ E\to\mathbb{R}$$

を考えると T_vS 上では $J'(v)h$ と一致し, さらに $\mathrm{span}\{v\}=(T_vS)^\perp$ 上では 0 であるので

$$\|J'(v)\|_{(T_vS)^*}=\|\widetilde{J}'(v)-(\widetilde{J}'(v)v)v\|_{E^*}.$$

(iii′) $v\in U$ が J の S 上の臨界点であるための必要十分条件は

$$\widetilde{J}'(v)=(\widetilde{J}'(v)v)v.$$

これは, ある $\lambda\in\mathbb{R}$ が存在して

$$\widetilde{J}'(v)=\lambda v$$

が成立することと同値である. $\lambda\ (=(\widetilde{J}'(v)v))$ は Lagrange の乗数と呼ばれる.

問 6 上の(ii′), (iii′)を確かめよ.

$J(v)\in C^1(U,\mathbb{R})$ に対して S 上の勾配流が S 上の常微分方程式

$$\frac{d\eta}{dt}=-\varphi(\eta)\frac{X(\eta)}{\|X(\eta)\|_E} \tag{1.42}$$

を解くことにより構成できる. ここで $X(v)$ は

$$X(v)\in T_vS,$$
$$J'(v)X(v)\geqq\|J'(v)\|^2_{(T_vS)^*},$$
$$\|X(v)\|_E\leqq 2\|J'(v)\|_{(T_vS)^*}$$

をみたす局所 Lipschitz 連続なベクトル場——すなわち S 上の擬勾配ベクトル場——であり, $\varphi(\eta)$ はカットオフ関数である. $J(v)$ の拡張 $\widetilde{J}(v):\widetilde{U}\to\mathbb{R}$

*4 厳密には S 上の微分と E 内の微分を区別すべきであるが, 本書では混乱の恐れがないように気をつけて同じ記号を用いる.

を利用すると，$\widetilde{J}(v)$ が C^2-級のとき

$$X(v)=\widetilde{J}'(v)-(\widetilde{J}'(v)v)v$$

が擬勾配ベクトル場を与える．

このようにして構成される勾配流を用いることにより，最小化法，ミニマックス法を (PS)-条件のもとで適用できる．ここではのちに用いる命題1.4，定理1.3，定理1.27に対応するものをあげるに止めよう．以下では $u,v\in S$ に対して S での距離 $\mathrm{dist}_S(u,v)$ を

$$\mathrm{dist}_S(u,v)=\inf\{\int_0^1\|\dot{\alpha}(s)\|_E\,ds;\ \ \alpha(s)\in C^1([0,1],S),\ \alpha(0)=u,\ \alpha(1)=v\}$$

により定義する．

$$\|u-v\|_E\leqq \mathrm{dist}_S(u,v)$$

が成り立っている．また S の部分集合 $A\subset S$ と $v\in S$ に対して

$$\mathrm{dist}_S(v,A)=\inf_{u\in A}\mathrm{dist}_S(v,u)$$

とする．

命題1.30　$J(v)\in C^1(U,\mathbb{R})$ とし $c_0=\inf_{v\in U}J(v)>-\infty$ とする．$U\neq S$ のときはさらに

$$\liminf_{u\in U,\ \mathrm{dist}_S(u,\partial U)\to 0}J(u)>c_0 \tag{1.43}$$

を仮定する．このとき $\epsilon\in(0,d-c_0)$，$v_\epsilon\in U$ が

$$J(v_\epsilon)<c_0+\epsilon$$

をみたすとすると次を満足する $u_\epsilon\in U$ が存在する．

(i)　$J(u_\epsilon)\leqq J(v_\epsilon)<c_0+\epsilon$.

(ii)　$\|J'(u_\epsilon)\|_{(T_{u_\epsilon}S)^*}\leqq 2\sqrt{\epsilon}$.

(iii)　$\mathrm{dist}_S(u_\epsilon,v_\epsilon)\leqq\sqrt{\epsilon}$.　□

特にこの命題より次が成立する．

系1.31　$J(v)\in C^1(U,\mathbb{R})$ とし $c_0=\inf_{v\in U}J(v)>-\infty$ とする．$U\neq S$ のときはさらに(1.43)を仮定する．このとき

$$J(v_j)\to c_0,\quad \|J'(v_j)\|_{(T_{v_j}S)^*}\to 0$$

をみたす最小化列が存在する．　□

定理 1.32 $J(v)\in C^1(U,\mathbb{R})$ とし $c_0=\inf_{v\in U}J(v)>-\infty$ とする．$U\neq S$ のときはさらに(1.43)を仮定する．このとき $J(u)$ が $(PS)_{c_0}$-条件をみたすならば $c_0=\inf_{u\in U}J(u)$ は達成される．すなわち，ある $u_0\in U$ が存在し

$$J'(u_0)=0 \quad \text{かつ} \quad J(u_0)=c_0$$

が成立する． □

次の定理では $c\in\mathbb{R}$ に対して

$$[J\leqq c]_U=\{u\in U;\ J(v)\leqq c\}$$

とかく．

定理 1.33 $J(v)\in C^1(U,\mathbb{R})$ は区間 $[a,b]$ に臨界値をもたず，またすべての $c\in[a,b]$ に対して $(PS)_c$-条件をみたすとする．さらに $U\neq S$ のときは

$$\liminf_{v\in U,\ \mathrm{dist}_S(v,\partial U)\to 0} J(v)>b$$

を仮定する．このとき次をみたす連続写像

$$f(t,v):\ [0,1]\times[J\leqq b]_U\to[J\leqq b]_U$$

が存在する．

(i) $f(0,v)=v \qquad \forall v\in[J\leqq b]_U$.

(ii) $f(t,v)=v \qquad \forall (t,v)\in[0,1]\times[J\leqq a]_U$.

(iii) すべての $v\in[J\leqq b]_U$ に対して $J(f(t,v))$ は t の非増加関数．

(iv) $f(1,v)\in[J\leqq a]_U \qquad \forall v\in[J\leqq b]_U$.

特に(i)-(iv)により，$[J\leqq a]_U$ は $[J\leqq b]_U$ の強変形レトラクトである． □

もちろん S 上でもミニマックス法を展開できる．一例を第5章で与える．

(e) 臨界点の Morse 指数

この章の最後に臨界点の Morse 指数について簡単に述べる．ここでは E を Hilbert 空間，$U\subset E$ を開集合とし，C^2-級の汎関数 $I(u)\in C^2(U,\mathbb{R})$ について考える．

臨界点の近傍における汎関数の挙動を見るのに有用な量として Morse 指数を導入しよう．$u_0\in U$ を $I(u)$ の臨界点とする．2次形式

$$E\times E\to\mathbb{R};\ (h_1,h_2)\mapsto I''(u_0)(h_1,h_2)$$

が負定値となる E の部分空間の最大次元を **Morse 指数**(Morse index)と呼び $\mathrm{index}\, I''(u_0)$ とかく．すなわち

$$\mathrm{index}\, I''(u_0) = \{\max H;\ H \subset E \text{ は次をみたす部分空間}$$
$$I''(u_0)(h,h) < 0\ \ \forall h \in H \setminus \{0\}\}.$$

また $I''(u_0)$ より定まる次の線形作用素 $A\colon E \to E$ が同型であるとき u_0 は**非退化**(non-degenerate)であるという．

$$I''(u_0)(h_1,h_2) = (Ah_1,h_2)_E \qquad \forall h_1,h_2 \in E.$$

$\mathrm{id}\colon E \to E$ を恒等写像とするとき，$u_0 \in U$ が非退化な臨界点ならば，u_0 の近傍から 0 の近傍への微分同型写像 φ および E での射影作用素 P が存在して u_0 の近傍において

$$I(u) = I(u_0) + \|P\varphi(u)\|_E^2 - \|(\mathrm{id}-P)\varphi(u)\|_E^2 \tag{1.44}$$

が成立し，Morse 指数 $\mathrm{index}\, I''(u_0)$ と射影作用素 P の核の次元は一致する．

$$\mathrm{index}\, I''(u_0) = \dim \mathrm{Ker}\, P.$$

したがって，非退化臨界点 u_0 のまわりの $I(u)$ の挙動は Morse 指数により決定される．

この章で述べた最小化法，ミニマックス法により得られる臨界点について，非退化であることは一般に期待できないが，Morse 指数は次のように評価できる．

まず最小化法については次が成立する．

定理 1.34　定理 1.3 の仮定に加えて，$I(u)$ を C^2-級とする．このとき，$I(u_0) = \inf_{u \in U} I(u)$ をみたす $u_0 \in U$ が存在して

$$\mathrm{index}\, I''(u_0) = 0$$

をみたす．　□

ミニマックス法については定理 1.19 の設定で述べよう．

定理 1.35　$I(u) \in C^2(E,\mathbb{R})$ とする．さらに Q を境界 ∂Q をもつ k 次元コンパクト多様体とする．$\gamma_0(u) \in C(\partial Q, E)$ とし

$$\Gamma = \{\gamma(u) \in C(Q,E);\ \gamma(s) = \gamma_0(s)\ \forall s \in \partial Q\}$$

とおく．次を仮定する．

(i) $b=\inf_{\gamma\in\Gamma}\max_{s\in Q} I(\gamma(s))$, $d=\max_{s\in\partial Q} I(\gamma_0(s))$ とおくと $d<b$.

(ii) $(PS)_b$-条件が成立する.

このとき次をみたす $u_0\in E$ が存在する.

1° $I(u_0)=b$,

2° $I'(u_0)=0$,

3° $\mathrm{index}\, I''(u_0)\leqq k$. □

E の単位球面 S 上，あるいは開集合 U 上定義された汎関数 $I(u)$ についても

$$\liminf_{u\in U,\ \mathrm{dist}(u,\partial U)\to 0} I(u) > b$$

等の仮定をおけば同様の結果が成立する.

定理 1.35 において，Q として $[0,1]$ あるいは定理 1.14 における Q をとると，峠の定理(定理 1.9)とその一般化(定理 1.14)の状況になることに注意しよう. したがって次が成り立つ.

系 1.36 定理 1.9(あるいは定理 1.14)の仮定に加えて $I(u)$ を C^2-級とすると，Morse 指数が 1(あるいは $\dim V+1$)以下の臨界点が存在する. □

上の定理の証明については，定理 1.34 は最小値をとる u_0 において

$$I''(u_0)(h,h)\geqq 0 \qquad \forall h\in E$$

が成立することによりしたがう. 定理 1.35 についてはまず $I(u)$ が Morse 関数[*5]のときに示し，一般の $I(u)$ に対しては Morse 関数で $I(u)$ を近似することにより行われる. Morse 関数による近似については Marino-Prodi [133]を，定理 1.35 および関連する話題については Ghoussoub [84], Schwartz [168], Bahri-Lions [19], Lazer-Solimini [115], Coffman [56], Viterbo [192], Tanaka [184]等を参照されたい.

定理 1.35 はミニマックス法で与えられる臨界点の情報を与え，いろいろな応用をもつ. 応用のひとつを第 6 章において与える.

臨界点が非退化な場合は，(1.44)で見たように臨界点の近傍での $I(u)$ の

*5 臨界点がすべて非退化である関数を Morse 関数と呼ぶ.

挙動はMorse指数により決定できるが，退化した場合は，Morse指数のみでは不十分であり，さらに幾何的な量を用いる必要がある．Hofer [99], [100], Dancer [63]，Pucci-Serrin [152], [153], [154]，Ghoussoub-Preiss [85], Chang [51]，Mawhin-Willem [138]等を参照されたい．特にChang [51], Mawhin-Willem [138]では臨界点u_0での次の**臨界群**(critical group) $C_k(I,u_0)$が導入され，臨界点の多重存在等に応用されている．

$$C_k(I,u_0)=H_k([I\leqq b],[I\leqq b]\setminus\{u_0\};\,G)\qquad k\in\mathbb{Z}.$$

ここで$b=I(u_0)$であり，$H_*(-;G)$はGを係数とする特異ホモロジー群をあらわす．

2 楕円型方程式への応用

この章では第1章で述べた最小化法，ミニマックス法を次の楕円型方程式に応用する．

$$(2.1)\qquad -\Delta u = g(x,u) \quad \text{in } \Omega,$$

$$(2.2)\qquad u = 0 \quad \text{on } \partial\Omega.$$

ここで $\Omega \subset \mathbb{R}^N$ は滑らかな境界をもった有界領域，$g(x,u): \overline{\Omega}\times\mathbb{R}\to\mathbb{R}$ は与えられた連続関数である．(2.1)-(2.2)の形の楕円型方程式は数理物理，化学反応等を記述する非線形発展方程式の定常状態をあらわす方程式として様々な状況において現れる．

非線形楕円型方程式(2.1)-(2.2)の解 $u(x)$ の存在を変分法の枠組みで論じるには，これを何らかの汎関数の臨界点を求める問題に帰着する必要がある．通常よく用いられ，かつ物理的にも重要なものは次の形の汎関数である．

$$I(u) = \int_\Omega \frac{1}{2}|\nabla u|^2 - G(x,u)\,dx, \qquad G(x,u) = \int_0^u g(x,\tau)\,d\tau.$$

以下では，方程式の非線形項 $g(x,u)$ の性質が汎関数 $I(u)$ にいかに反映され，それによって第1章で述べた最小化法，峠の定理を始めとするミニマックス法がどのように適用されるかを見るのが主眼となる．

この章では Ω が有界で (PS)-条件が成り立つ場合を扱い，のちに第4章において $\Omega=\mathbb{R}^N$ であり (PS)-条件の成り立たない場合を考える．

§2.1　変分法的定式化と準備

非線形楕円型方程式(2.1)-(2.2)の解の存在を考えよう．$g(x,s)=\pm s^3+f(x)$ 等をモデルとした状況を考え，非線形性が汎関数の性質にいかに反映されるかを見ていくが，まずは一般的に設定しよう．

本章を通じて非線形項 $g(x,s)$ は次の条件をみたすとする．

(**g1**)　$g(x,s)\in C(\overline{\Omega}\times\mathbb{R},\mathbb{R})$.

(**g2**)　$N=1,2$ のとき $p\in[1,\infty)$，$N\geqq 3$ のとき $p\in\left[1,\dfrac{N+2}{N-2}\right)$ として，ある C_1, $C_2>0$ に対して

$$|g(x,s)|\leqq C_1|s|^p+C_2 \qquad \forall x\in\overline{\Omega},\ \forall s\in\mathbb{R}.$$

注意 2.1　上では $g(x,s)$ に対して連続性を仮定したが，より一般に Carathéodory 関数であっても同様な議論ができる．しかし煩雑さを避けるために(g1)，(g2)のもとで(2.1)-(2.2)を扱う．

ここで

$$G(x,s)=\int_0^s g(x,\tau)\,d\tau, \tag{2.3}$$

$$I(u)=\frac{1}{2}\int_\Omega|\nabla u|^2\,dx-\int_\Omega G(x,u(x))\,dx \tag{2.4}$$

とおく．定理 0.13 により $I(u)$ は $H_0^1(\Omega)$ 上 C^1-級であり

$$I'(u)h=\int_\Omega\nabla u\nabla h\,dx-\int_\Omega g(x,u)h\,dx \qquad \forall u,\ h\in H_0^1(\Omega)$$

が成立する．$I(u)$ が(2.1)-(2.2)に対応する汎関数となる．

実際，もし $u(x)\in H_0^1(\Omega)$ が $I(u)$ の臨界点ならば次が成立する．

$$\int_\Omega\nabla u\nabla h-g(x,u)h\,dx=0 \qquad \forall h\in H_0^1(\Omega). \tag{2.5}$$

(2.5)はすべての $h\in C_0^\infty(\Omega)$ に対して成立するので，$u(x)$ は超関数の意味で(2.1)をみたしている．また $u(x)\in H_0^1(\Omega)$ であるから H^1 におけるトレースの意味で，$u(x)$ は境界条件(2.2)をみたしている．(2.5)をみたす

$u(x) \in H_0^1(\Omega)$ を(2.1)-(2.2)の**弱解**(weak solution)と呼ぼう．以上みたように，$u(x) \in H_0^1(\Omega)$ に対して

$$u(x) \text{ は } I(u) \text{ の臨界点} \iff u(x) \text{ は(2.1)-(2.2)の弱解}$$

が成立している．いつ弱解が C^2-級の古典解になるかは重要であるが，(g1)を若干強めて $g(x,s)$ が $\overline{\Omega}\times\mathbb{R}$ 上局所 Hölder 連続であることを仮定すればよいことが知られている．本書では主に弱解の存在を扱う．

Ω が有界領域であったので Poincaré の不等式(補題 0.9)に注意すると，$H_0^1(\Omega)$ 上の 2 つのノルム

$$(2.6)\qquad \begin{aligned} \|u\| &= \left(\int_\Omega |\nabla u|^2\,dx\right)^{1/2}, \\ \|u\|_{H^1(\Omega)} &= \left(\int_\Omega |\nabla u|^2 + |u|^2\,dx\right)^{1/2} \end{aligned}$$

は同値である．この章では $H_0^1(\Omega)$ 上のノルムとして $\|\cdot\|$ を採用する．対応する内積は

$$(2.7)\qquad (u,v) = \int_\Omega \nabla u \nabla v\,dx$$

である．$L^{p+1}(\Omega)$ のノルムも記号の煩雑さを避けるために

$$\|u\|_{p+1} = \left(\int_\Omega |u|^{p+1}\,dx\right)^{\frac{1}{p+1}}$$

とかく．

また(g2)の仮定 $p \in \left[1, \dfrac{N+2}{N-2}\right)$ $(N \geqq 3)$ により定理 0.13(ii)が成立し，

$$u_n \rightharpoonup u_0 \quad \text{weakly in } H_0^1(\Omega)$$

ならば

$$g(x,u_n) \to g(x,u_0) \quad \text{strongly in } L^{\frac{p+1}{p}}(\Omega)$$

が成立することに注意しておこう．

汎関数 $I(u)$ の臨界点の存在を論じる．その際，Dirichlet 条件のもとでの $-\Delta$ の固有値 $0 < \lambda_1 < \lambda_2 \leqq \lambda_3 \leqq \cdots$ が重要な役割をはたす．ここで $-\Delta$ の固有値についてまとめておこう．

$-\Delta$ の固有値の性質: 固有値問題

$$(2.8)\qquad \begin{aligned} -\Delta u &= \lambda u \quad \text{in } \Omega, \\ u &= 0 \quad \text{on } \partial\Omega \end{aligned}$$

は Ω が有界領域のとき可算個の固有値

$$(2.9)\qquad 0 < \lambda_1 < \lambda_2 \leqq \lambda_3 \leqq \cdots, \quad \lambda_j \to \infty$$

をもつ．ここで固有値は多重度にしたがって番号付けをし，各固有値にひとつの固有関数 $e_j(x)$ が対応することとする．

固有関数系 $\{e_j(x);\ j \in \mathbb{N}\}$ は

$$(2.10)\qquad \boldsymbol{(}e_i, e_j\boldsymbol{)} = \delta_{ij} \qquad \forall i, j \in \mathbb{N}$$

が成立するように正規化されているものとする[*1]．このとき

$$\int_\Omega e_i e_j\,dx = \frac{1}{\lambda_i}\delta_{ij} = \begin{cases} \dfrac{1}{\lambda_i}, & i = j, \\ 0, & i \neq j \end{cases}$$

である．

固有関数系 $\{e_j(x);\ j \in \mathbb{N}\}$ を用いて $u(x) \in H_0^1(\Omega)$ を

$$(2.11)\qquad u(x) = \sum_{j=1}^{\infty} a_j e_j(x), \quad a_j = \boldsymbol{(}u, e_j\boldsymbol{)}$$

と固有関数展開すると

$$(2.12)\qquad \boldsymbol{|}u\boldsymbol{|}^2 = \sum_{j=1}^{\infty} a_j^2,$$

$$(2.13)\qquad \|u\|_2^2 = \sum_{j=1}^{\infty} \frac{1}{\lambda_j} a_j^2$$

が成立する．(2.13)より特に

$$(2.14)\qquad \lambda_1 \|u\|_2^2 \leqq \boldsymbol{|}u\boldsymbol{|}^2 \qquad \forall u \in H_0^1(\Omega)$$

が従い，Poincaré の不等式(0.8)を成立させる最良の C_Ω は $\sqrt{\dfrac{1}{\lambda_1}}$ で与えられる．

---

*1　ここで δ_{ij} は $i=j$ のとき 1，$i \neq j$ のとき 0 をあらわす．

また第1固有値 λ_1 は多重度1であり，次のように特徴付けられる．また対応する固有関数は定符号である．

$$\lambda_1 = \inf_{u \in H_0^1(\Omega),\, u \neq 0} \frac{|\!|\!| u |\!|\!|^2}{\|u\|_2^2}. \tag{2.15}$$

また $\|\cdot\|_{H^1(\Omega)}$ と $|\!|\!|\cdot|\!|\!|$ は同値であったので，(g2)および Sobolev の埋め込み定理0.6から

$$\|u\|_{p+1} \leqq C_{p+1,\Omega} |\!|\!| u |\!|\!| \qquad \forall u \in H_0^1(\Omega) \tag{2.16}$$

をみたす定数 $C_{p+1,\Omega} > 0$ が存在する．

次節以降では，非線形項 $g(x,s)$ の $|s| \sim \infty$ での増大度と解の存在，非存在を対応する汎関数 $I(u)$ を通じて論じる．次の3つの場合を主に述べる．

(i) $\displaystyle \lim_{|s|\to\infty} \frac{g(x,s)}{s} < \lambda_1$.

(ii) $\displaystyle \lim_{|s|\to\infty} \frac{g(x,s)}{s} \in (\lambda_1, \lambda_2)$.

(iii) $\displaystyle \lim_{|s|\to\infty} \frac{g(x,s)}{s} = \infty$.

最後に第2章で用いる記号をまとめておこう．

第2章での記号

(i) $H_0^1(\Omega)$ でのノルム，内積は(2.6)，(2.7)で定まる $|\!|\!|\cdot|\!|\!|$, $(\!(\cdot,\cdot)\!)$ を用いる．また対応する $H^{-1}(\Omega) = (H_0^1(\Omega))^*$ のノルムを $|\!|\!|\cdot|\!|\!|_{H^{-1}}$ とかく．

(ii) $u \in L^r(\Omega)$ $(1 < r < \infty)$ に対して

$$\|u\|_r = \left(\int_\Omega |u|^r \, dx\right)^{1/r}.$$

(iii) $\displaystyle G(x,s) = \int_0^s g(x,\tau)\, d\tau$, $\displaystyle I(u) = \frac{1}{2} |\!|\!| u |\!|\!|^2 - \int_\Omega G(x,u)\, dx$.

(iv) $-\Delta u = \lambda u$, $u|_{\partial\Omega} = 0$ の固有値を $\lambda_1 < \lambda_2 \leqq \lambda_3 \leqq \cdots$ とかく．固有値は多重度にあわせて番号付けし，各固有値に対応する固有関数を $e_j(x)$ とかく．固有関数は $(\!(e_i, e_j)\!) = \delta_{ij}$ が成立するように正規化する．またこのとき $\displaystyle \int_\Omega e_i e_j \, dx = \frac{1}{\lambda_i} \delta_{ij}$ が成立している．

§2.2　最小化法の応用

仮定(g1), (g2)に加えて次の条件を仮定する.

(g3)　ある $\delta>0$, $R_0>0$ に対して

$$\frac{g(x,s)}{s} \leqq \lambda_1-\delta \qquad \forall x\in\overline{\Omega},\ \forall |s|\geqq R_0.$$

この条件は $g(x,s)$ が $|s|\sim\infty$ において $\lambda_1 s$ よりも早く増大しないことを要求している. これらの仮定のもとで次が成立する.

定理 2.2　(g1), (g2), (g3)のもとで $I(u)$ は最小点をもち, (2.1)-(2.2)は少なくとも1つ弱解をもつ.　□

(g1)-(g3)をみたす $g(x,s)$ の例を上げよう.

例 2.3　$h(s):\mathbb{R}\to\mathbb{R}$ を(g2)および

$$\limsup_{s\to\pm\infty}\frac{h(s)}{s}<\lambda_1$$

をみたす連続関数とする. このとき任意の $f(x)\in C(\overline{\Omega})$ (実は $f(x)\in H^{-1}(\Omega)$ でもよい)に対して $g(x,s)=h(s)+f(x)$ としたとき, (2.1)-(2.2)は弱解をもつ. 特に $h(s)=\lambda s$ $(\lambda<\lambda_1)$, $h(s)=-|s|^{p-1}s+\mu s$ $(1<p<\infty$ $(N=1,2)$, $1<p<\dfrac{N+2}{N-2}$ $(N\geqq 3)$, $\mu\in\mathbb{R})$ に適用できる.　□

注意 2.4　例2.3において $\displaystyle\lim_{s\to\pm\infty}\frac{h(s)}{s}=\lambda_1$ とできない. 実際 $h(s)=\lambda_1 s$ を考えれば

$$-\Delta u=\lambda_1 u+f(x) \text{ in } \Omega, \qquad u=0 \text{ on } \partial\Omega$$

が解をもつための必要十分条件は第1固有関数 $e_1(x)$ に対して $\displaystyle\int_\Omega fe_1dx=0$ が成立することである.

最小化法(定理1.3)を適用して定理2.2を示そう. まず(g3)により適当な $C>0$ に対して

$$g(x,s)\leqq(\lambda_1-\delta)s+C \qquad \forall x\in\overline{\Omega},\ \forall s\geqq 0$$

が成立する. したがって

$$G(x,s)=\int_0^s g(x,\tau)\,d\tau \leqq \frac{1}{2}(\lambda_1-\delta)s^2+Cs$$
$$\leqq \frac{1}{2}(\lambda_1-\frac{\delta}{2})s^2+\frac{C^2}{\delta} \qquad \forall x\in\overline{\Omega},\ \forall s\geqq 0.$$

$s\leqq 0$ に対しても同様に議論すると，適当な $C'>0$ に対して次が成立する．

$$(2.17) \qquad G(x,s)\leqq \frac{1}{2}(\lambda_1-\frac{\delta}{2})s^2+C' \qquad \forall x\in\overline{\Omega},\ \forall s\in\mathbb{R}.$$

上式より次が従う．

補題 2.5

$$(2.18) \qquad I(u)\geqq \frac{\delta}{4\lambda_1}\|u\|^2-C'|\Omega| \qquad \forall u\in H_0^1(\Omega).$$

［証明］ (2.17)および(2.14)により任意の $u\in H_0^1(\Omega)$ に対して

$$I(u)\geqq \frac{1}{2}\|u\|^2-\frac{1}{2}(\lambda_1-\frac{\delta}{2})\|u\|_2^2-C'|\Omega|$$
$$\geqq \frac{1}{2}\|u\|^2-\frac{1}{2\lambda_1}(\lambda_1-\frac{\delta}{2})\|u\|^2-C'|\Omega|$$
$$=\frac{\delta}{4\lambda_1}\|u\|^2-C'|\Omega|.$$

■

上の補題により直ちに

$$(2.19) \qquad \inf_{u\in H_0^1(\Omega)} I(u)\geqq -C'|\Omega|$$

が従う．ゆえに定理 1.3 を適用するためには (PS)-条件を確かめればよい．

命題 2.6　条件(g1)，(g2)，(g3)のもと，$I(u)$ は (PS)-条件をみたす．

［証明］ $(u_n)_{n=1}^\infty\subset H_0^1(\Omega)$ を $(PS)_c$-列とする．すなわち

$$I(u_n)\to c, \qquad \|I'(u_n)\|_{H^{-1}}\to 0.$$

この $(u_n)_{n=1}^\infty$ が強収束部分列をもつことをいえばよい．まず(2.18)により

$$\limsup_{n\to\infty}\|u_n\|^2\leqq \frac{4\lambda_1}{\delta}\limsup_{n\to\infty}(I(u_n)+C'|\Omega|)=\frac{4\lambda_1}{\delta}(c+C'|\Omega|).$$

ゆえに，ある $M>0$ が存在して $\|u_n\|\leqq M$．したがって，部分列 (u_{n_j}) を選ぶと

$$u_{n_j} \rightharpoonup u_0 \quad \text{weakly in } E$$

とできる．この収束は実は強収束となる．すなわち，任意の $c\in\mathbb{R}$ に対して $(PS)_c$-条件が成立する． ∎

(u_{n_j}) が強収束することを導く議論はこれからさき繰り返し用いることになるので，次に補題の形で述べておこう．

補題 2.7　$g(x,s)$ は定理 0.13(ii)の仮定をみたす Carathéodory 関数とし，$(u_j)_{j=1}^{\infty}\subset H_0^1(\Omega)$ は(2.3)-(2.4)で定義される $I(u)$ に対して

$$I'(u_j)\to 0 \quad \text{strongly in } H^{-1}(\Omega), \tag{2.20}$$

$$u_j \rightharpoonup u_0 \quad \text{weakly in } H_0^1(\Omega) \tag{2.21}$$

をみたしているとする．このとき

$$u_j \to u_0 \quad \text{strongly in } H_0^1(\Omega)$$

が成立する．

［証明］　$\epsilon_j=\|I'(u_j)\|\to 0$ とおくと，任意の $h\in H_0^1(\Omega)$ に対して

$$|I'(u_j)h|\leqq \epsilon_j\|h\|.$$

すなわち

$$\left|(u_j,h)-\int_\Omega g(x,u_j)h\,dx\right|\leqq \epsilon_j\|h\| \qquad \forall\, h\in H_0^1(\Omega). \tag{2.22}$$

$h=u_j$ とおくと

$$\left|\|u_j\|^2-\int_\Omega g(x,u_j)u_j\,dx\right|\leqq \epsilon_j\|u_j\|. \tag{2.23}$$

(2.21)により $\|u_j\|$ の有界性，$u_j\to u_0$ strongly in $L^{p+1}(\Omega)$ が従う．これより定理 0.13(ii)により

$$g(x,u_j)\to g(x,u_0) \quad \text{strongly in } L^{(p+1)/p}(\Omega)$$

が成り立つ．したがって(2.23)より

$$\lim_{j\to\infty}\|u_j\|^2=\int_\Omega g(x,u_0)u_0\,dx. \tag{2.24}$$

また(2.22)において $h=u_0$ とおき $j\to\infty$ とすると

$$\|u_0\|^2 = \int_\Omega g(x, u_0)u_0\,dx. \tag{2.25}$$

(2.24), (2.25)により $\lim_{j\to\infty}\|u_j\|^2 = \|u_0\|^2$. したがって

$$\|u_j - u_0\|^2 = \|u_j\|^2 + \|u_0\|^2 - 2(u_j, u_0) \to \lim_{j\to\infty}\|u_j\|^2 - \|u_0\|^2 = 0.$$

よって $u_j \to u_0$ は強収束. ■

[定理 2.2 の証明]　(2.19), 命題 2.6 により定理 1.3 を適用できる. したがって $\inf_{u\in H_0^1(\Omega)} I(u)$ は達成される. ■

注意 2.8　補題 2.5 により

$$\liminf_{\|u\|\to\infty} I(u) = \infty$$

が従うことに注意すると, 定理 1.25, 補題 1.26 を用いて定理 2.2 を示すこともできる. 注意 2.14 も参照のこと.

得られる解の一意性については $I(u)$ の凸性を用いるのが自然な方法である. ここでは次の形で述べておく.

定理 2.9　(g1), (g2)を仮定する. さらに

$$s \mapsto \lambda_1 s - g(x, s);\ \mathbb{R} \to \mathbb{R}$$

は各 $x \in \overline{\Omega}$ に対して狭義の単調増加関数とする. このとき(2.1)-(2.2)の弱解は一意的である.

[証明]　$I(u)$ が仮定のもとで狭義凸であることを示すことができるが, ここではより直接的な方法で一意性を示そう.

(2.1)-(2.2)は 2 つの弱解 $u_1(x)$, $u_2(x)$ をもつとしよう. このとき任意の $h \in H_0^1(\Omega)$ に対して

$$(u_1, h) = \int_\Omega g(x, u_1)h\,dx, \tag{2.26}$$

$$(u_2, h) = \int_\Omega g(x, u_2)h\,dx \tag{2.27}$$

が成り立つ. (2.27) − (2.26) により

$$(u_2-u_1,h)-\int_\Omega (g(x,u_2)-g(x,u_1))h\,dx=0.$$

特に $h=u_2-u_1$ とおけば

$$\|u_2-u_1\|^2-\int_\Omega (g(x,u_2)-g(x,u_1))(u_2-u_1)\,dx=0.$$

ここで(2.14)を用いると

$$\lambda_1\int_\Omega |u_2-u_1|^2\,dx-\int_\Omega (g(x,u_2)-g(x,u_1))(u_2-u_1)\,dx\leqq 0.$$

したがって

$$\int_\Omega ((\lambda_1u_2-g(x,u_2))-(\lambda_1u_1-g(x,u_1)))(u_2-u_1)\,dx\leqq 0.$$

よって仮定より $s\mapsto\lambda_1s-g(x,s)$ が狭義の単調増加関数であることに注意すると，$u_2=u_1$ でなければならない． ∎

問1　定理2.9の仮定のもとで $I(u)$ が狭義凸であることを示せ．

定理2.9は $g(x,s)=-|s|^{p-1}s+f(x)$ 等に応用できる．特に，$N=1,2$ のとき $1<p<\infty$，$N\geqq 3$ のとき $1<p<\dfrac{N+2}{N-2}$ とすると，$g(x,s)=-|s|^{p-1}s+f(x)$ とした(2.1)-(2.2)は任意の $f(x)$ に対して一意的な弱解をもち，その弱解は最小化法により求めることができる．

問2　(i)　汎関数 $I(u)=\|u\|_2^2$ を $L^p(\Omega)$ $(1<p<\infty)$ 上で考える．$I: L^p(\Omega)\to\mathbb{R}$ が C^1-級でありかつ (PS)-条件をみたす p は2に限られることを示せ．
(ii)　$I(u)=\|\nabla u\|_2^2$ についても同様の考察を $W_0^{1,p}(\Omega)$ においておこなえ．

§2.3　非線形項が線形の増大度をもつ場合

次に $|s|$ が大きいとき $g(x,s)/s$ が $-\Delta$ の第1，第2固有値の間 (λ_1,λ_2) にとどまる場合を考えよう．ここでは(g1)，(g2)に加えて次を仮定する．

(g4)　ある $\delta>0$, $R_0>0$ が存在して $|s|\geqq R_0$ をみたす任意の $s\in\mathbb{R}$ および任意の $x\in\overline{\Omega}$ に対して

$$\lambda_1+\delta\leqq\frac{g(x,s)}{s}\leqq\lambda_2-\delta.$$

このとき次が成立する.

定理 2.10　(g1), (g2), (g4)を仮定する. このとき(2.1)-(2.2)は少なくとも1つ弱解をもつ. □

定理1.13を用いて定理2.10を示そう.

まず(g4)より, 適当な定数 $C_3, C_4>0$ に対して

$$(\lambda_1+\delta)s-C_3\leqq g(x,s)\leqq(\lambda_2-\delta)s+C_4\qquad\forall x\in\overline{\Omega},\ \forall s\geqq 0,$$
$$(\lambda_1+\delta)s+C_3\geqq g(x,s)\geqq(\lambda_2-\delta)s-C_4\qquad\forall x\in\overline{\Omega},\ \forall s\leqq 0$$

が成立する. これより定数をとりかえると

(2.28)

$$\frac{1}{2}(\lambda_1+\frac{\delta}{2})s^2-C_3'\leqq G(x,s)\leqq\frac{1}{2}(\lambda_2-\frac{\delta}{2})s^2+C_4'\qquad\forall x\in\overline{\Omega},\ \forall s\in\mathbb{R}$$

が成立することに注意する.

$-\Delta u=\lambda u$, $u|_{\partial\Omega}=0$ の第1固有関数 $e_1(x)$ に対して

$$F=\{u\in H_0^1(\Omega);\ (\!(u,e_1)\!)=0\}$$

とおくと F は $H_0^1(\Omega)$ の余次元1の部分空間であり, (2.11)-(2.13)に注意すると, $-\Delta u=\lambda u$, $u|_{\partial\Omega}=0$ の第2固有値 λ_2 に対して

(2.29)
$$\lambda_2\|u\|_2^2\leqq\|\!|u|\!\|^2\qquad\forall u\in F$$

が成立する.

この F, $e=Re_1$ $(R\gg1)$ に対して定理1.13の仮定が成立していることをみよう.

1°　$\delta_0\equiv\inf_{u\in F}I(u)>-\infty$ であること.

(2.28)-(2.29)を用いると任意の $u\in F$ に対して

$$I(u)=\frac{1}{2}\|\!|u|\!\|^2-\int_\Omega G(x,u)\,dx$$

$$\geqq \frac{1}{2}\|u\|^2-\frac{1}{2}(\lambda_2-\frac{\delta}{2})\|u\|_2^2-C_4'|\Omega|$$

$$\geqq \frac{1}{2}\|u\|^2-\frac{1}{2\lambda_2}(\lambda_2-\frac{\delta}{2})\|u\|^2-C_4'|\Omega|$$

$$=\frac{\delta}{4\lambda_2}\|u\|^2-C_4'|\Omega|.$$

したがって $\inf_{u\in F} I(u)\geqq -C_4'|\Omega|>-\infty$.

2°　$I(\pm Re_1)\to-\infty$ $(R\to\pm\infty)$ が成立すること.

(2.28)を用い，$\|e_1\|^2=\lambda_1\|e_1\|_2^2$ に注意すると

$$\begin{aligned}I(\pm Re_1)&=\frac{1}{2}\|\pm Re_1\|^2-\int_\Omega G(x,\pm Re_1)\,dx\\&\leqq \frac{1}{2}\|e_1\|^2R^2-\frac{1}{2}(\lambda_1+\frac{\delta}{2})\|e_1\|_2^2R^2+C_3'|\Omega|\\&=\frac{1}{2}\|e_1\|^2R^2-\frac{1}{2}(\lambda_1+\frac{\delta}{2})\frac{1}{\lambda_1}\|e_1\|^2R^2+C_3'|\Omega|\\&=-\frac{\delta}{4\lambda_1}\|e_1\|^2R^2+C_3'|\Omega|\\&\to-\infty\qquad(R\to\infty).\end{aligned}$$

[定理2.10の証明]　R を大にとり $I(\pm Re_1)<\delta_0$ とすれば $e=Re_1$ に対して定理1.13の仮定(i)，(ii)が成立する．一方，次の命題により $I(u)$ は (PS)-条件をみたす．よって定理1.13により $I(u)$ は臨界点をもつ．　∎

さて $I(u)$ が (PS)-条件をみたすことを示そう．若干条件を一般的にして，$|s|$ が大のとき $g(x,s)/s$ がある $(\lambda_\ell+\delta,\lambda_{\ell+1}-\delta)$ 内に属していれば($\delta>0$，λ_ℓ，$\lambda_{\ell+1}$ は $-\Delta$ の隣り合う固有値)，(PS)-条件が成立していることを示す．

命題2.11　$g(x,s)$ は(g1)，(g2)および次の条件を仮定する．

(g5)　ある $\delta>0$，$\ell\in\mathbb{N}\cup\{0\}$，$R_0>0$ に対して

$$\lambda_\ell+\delta\leqq\frac{g(x,s)}{s}\leqq\lambda_{\ell+1}-\delta\qquad\forall x\in\overline{\Omega},\ \forall|s|\geqq R_0. \tag{2.30}$$

ただし $\ell=0$ のときは $\dfrac{g(x,s)}{s}\leqq\lambda_1-\delta$ と(2.30)を解釈する．

このとき次が成立する．

（i）　ある $M_0>0$ が存在し $u\in H_0^1(\Omega)$ に対して

(2.31) $$\| I'(u)\|_{H^{-1}} \leqq 1 \Longrightarrow \| u\| \leqq M_0.$$

（ii）　$I(u)$ は (PS)-条件をみたす.

(g5)において $\ell=0$ とすると(g3)にほかならず，命題 2.11 は定理 2.2 の状況でも適用できることに注意しておこう.

［証明］（i）$\ell\geqq 1$ の場合を考えよう．まず(2.30)より適当な定数 $C_5>0$ が存在して

$$\left|g(x,s)-\frac{\lambda_\ell+\lambda_{\ell+1}}{2}s\right| \leqq \left(\frac{\lambda_{\ell+1}-\lambda_\ell}{2}-\frac{\delta}{2}\right)|s|+C_5 \qquad \forall x\in\overline{\Omega},\ \forall s\in\mathbb{R}.$$

したがって

(2.32)

$$\left\|g(x,u)-\frac{\lambda_\ell+\lambda_{\ell+1}}{2}u\right\|_2 \leqq \left(\frac{\lambda_{\ell+1}-\lambda_\ell}{2}-\frac{\delta}{2}\right)\|u\|_2+C_5|\Omega|^{1/2} \qquad \forall u\in H_0^1(\Omega)$$

が成立する.

λ_j に対応する固有関数 $e_j(x)$ に対して

$$V=\mathrm{span}\{e_1,\cdots,e_\ell\},$$
$$F=\{u\in H_0^1(\Omega);\ (u,e_j)=0\ \forall j=1,\cdots,\ell\}$$

とおく．このとき(2.11)-(2.13)に注意すると

(2.33) $$\lambda_\ell\|u\|_2^2 \geqq \| u\|^2 \qquad \forall u\in V,$$

(2.34) $$\lambda_{\ell+1}\|u\|_2^2 \leqq \| u\|^2 \qquad \forall u\in F$$

が成立する.

$u\in H_0^1(\Omega)$ に対して

$$u_-=\sum_{j=1}^{\ell}(u,e_j)e_j\in V,$$
$$u_+=u-u_-\in F$$

とおく．u_-, u_+ はそれぞれ u の V および F への射影であり，(2.10)-(2.13)より

(2.35) $$(u_-,u_+)=0,\quad \| u\|^2=\| u_-\|^2+\| u_+\|^2,$$

$$(2.36)\qquad \int_\Omega u_-u_+\,dx = 0, \quad \|u\|_2^2 = \|u_-\|_2^2 + \|u_+\|_2^2$$

が成立する．

$u\in H_0^1(\Omega)$ が $\|I'(u)\|_{H^{-1}} \leqq 1$ をみたすとしよう．テスト関数として $-u_-+u_+$ を採用すると $|I'(u)(-u_-+u_+)| \leqq \|-u_-+u_+\|$．ここで(2.35)を用いると $\|-u_-+u_+\| = \|u\|$ であるから

$$-\|u_-\|^2 + \|u_+\|^2 - \int_\Omega g(x,u)(-u_-+u_+)\,dx \leqq \|u\|.$$

変形すると

$$\begin{aligned}-\|u_-\|^2 + \|u_+\|^2 - \frac{\lambda_\ell+\lambda_{\ell+1}}{2}\int_\Omega u(-u_-+u_+)\,dx \\ -\int_\Omega\left(g(x,u) - \frac{\lambda_\ell+\lambda_{\ell+1}}{2}u\right)(-u_-+u_+)\,dx \leqq \|u\|.\end{aligned}$$

すなわち

$$\begin{aligned}-\|u_-\|^2 + \|u_+\|^2 - \frac{\lambda_\ell+\lambda_{\ell+1}}{2}\int_\Omega u(-u_-+u_+)\,dx \\ -\left\|g(x,u) - \frac{\lambda_\ell+\lambda_{\ell+1}}{2}u\right\|_2 \|-u_-+u_+\|_2 \leqq \|u\|.\end{aligned}$$

(2.36), (2.32)を用いて

$$\begin{aligned}-\|u_-\|^2 + \frac{\lambda_\ell+\lambda_{\ell+1}}{2}\|u_-\|_2^2 + \|u_+\|^2 - \frac{\lambda_\ell+\lambda_{\ell+1}}{2}\|u_+\|_2^2 \\ -\left(\left(\frac{\lambda_{\ell+1}-\lambda_\ell}{2} - \frac{\delta}{2}\right)\|u\|_2 + C_5|\Omega|^{1/2}\right)\|-u_-+u_+\|_2 \leqq \|u\|.\end{aligned}$$

(2.36)より $\|-u_-+u_+\|_2^2 = \|u\|_2^2 = \|u_-\|_2^2 + \|u_+\|_2^2$ が従うことに注意すると

$$-\|u_-\|^2 + \left(\lambda_\ell + \frac{\delta}{2}\right)\|u_-\|_2^2 + \|u_+\|^2 - \left(\lambda_{\ell+1} - \frac{\delta}{2}\right)\|u_+\|_2^2 \leqq C_5|\Omega|^{1/2}\|u\|_2 + \|u\|.$$

(2.33), (2.34)により

$$\frac{\delta}{2\lambda_\ell}\|u_-\|^2 + \frac{\delta}{2\lambda_{\ell+1}}\|u_+\|^2 \leqq \left(\frac{C_5|\Omega|^{1/2}}{\lambda_1^{1/2}} + 1\right)\|u\|.$$

したがって

$$\frac{\delta}{2\lambda_{\ell+1}}\|u\|^2 \leqq \left(\frac{C_5|\Omega|^{1/2}}{\lambda_1^{1/2}}+1\right)\|u\|.$$

よって $M_0=\dfrac{2\lambda_{\ell+1}}{\delta}\left(\dfrac{C_5|\Omega|^{1/2}}{\lambda_1^{1/2}}+1\right)$ に対して(i)の結論が成立する.

$\ell=0$ の場合は

$$\frac{g(x,s)}{s} \leqq \lambda_1-\delta$$

に注意すれば, $\|I'(u)\|_{H^{-1}} \leqq 1$ のとき $|I'(u)u| \leqq \|u\|$ により直ちに(i)の結論が導かれる. 詳しくは読者に任せたい.

(ii) $c\in\mathbb{R}$ を任意の数とし, $(u_n)_{n=1}^\infty \subset H_0^1(\Omega)$ を $(PS)_c$-列とする. n が十分大のとき $\|I'(u_n)\|_{H^{-1}} \leqq 1$ が成立するので(i)から $(u_n)_{n=1}^\infty$ は $H_0^1(\Omega)$ での有界点列である. したがって部分列をとり $u_{n_j} \rightharpoonup u_0$ weakly in $H_0^1(\Omega)$ とできる. 補題2.7によりこの収束は強収束である. よって (PS)-条件が成立する. ■

定理2.10では $|s|$ が大きいとき $\dfrac{g(x,s)}{s}$ が λ_1, λ_2 の間にとどまる場合を考えたが, 定理1.13の代わりに定理1.18を用いると $\lambda_\ell, \lambda_{\ell+1}$ の間にとどまる場合(g5)を扱うことができる.

定理2.12 (g1), (g2), (g5)を仮定する. このとき(2.1)-(2.2)は少なくとも1つ弱解をもつ. □

証明は読者に任せたい.

注意2.13 注意2.4と同様に, (g5)において $\delta=0$ とすると(2.1)-(2.2)は一般に解をもたない.

注意2.14 命題2.11(i)により, 条件(g5)のもとで次が成立していることに注意しておこう.

$$I'(u)=0 \Longrightarrow \|u\| \leqq M_0. \tag{2.37}$$

すなわち, (g5)(あるいは(g3), (g4))のもとでは(2.1)-(2.2)の弱解はアプリオリ評価をもつ. このことを用いると定理2.2, 2.10, 2.12はSchauderの不動点定理あるいはLeray-Schauderの写像度を用いても示すことができる. Leray-Schauderの写像度に関しては増田[136], Schwartz [168]を参照されたい.

問3　Leray-Schauder の写像度あるいは Schauder の不動点定理を用いて，定理 2.2，定理 2.10，定理 2.12 を証明せよ．

次の節では，(2.37)の形のアプリオリ評価が成立しない場合を扱う．

§2.4　非線形項が線形より大きな増大度をもつ場合

この節では，$g(x,s)=|s|^{p-1}s$ $\left(1<p<\dfrac{N+2}{N-2},\ N\geqq 3\right)$ をモデルとして，$\displaystyle\lim_{s\to\infty}\frac{g(x,s)}{s}=\infty$ なる場合に(2.1)-(2.2)を考えよう．ここでは $g(x,0)\equiv 0$ を仮定して 0 でない解の存在を示そう．以下では 0 でない解を非自明解と呼ぶ．$g(x,0)\equiv 0$ でない場合についてはのちに簡単に言及する．

注意 2.15　§2.2，§2.3 で扱った状況においても，$g(x,0)\equiv 0$ を仮定して非自明解の存在を議論できる．Amann-Zehnder [1]，Castro-Lazer [48]，Chang [50]等の文献を参考にされたい．

さて $g(x,s)=|s|^{p-1}s$ の場合，(2.1)-(2.2)は Sobolev の埋め込み定理(定理 0.6)および Poincaré の不等式(0.8)より導かれる次の不等式

$$\|u\|_{p+1}\leqq C_{p+1,\Omega}\,|\!|\!|u|\!|\!| \qquad \forall u\in H_0^1(\Omega) \tag{2.38}$$

と深い関係がある．その様子を見てみよう．

(2.38)における最良の定数((2.38)をみたす最小の定数)を $A_{p+1,\Omega}$ とかく．次のように $A_{p+1,\Omega}$ は書き表される．

$$A_{p+1,\Omega}=\sup_{u\neq 0,\,u\in H_0^1(\Omega)}\frac{\|u\|_{p+1}}{|\!|\!|u|\!|\!|}. \tag{2.39}$$

これは

$$A_{p+1,\Omega}=\sup_{u\in H_0^1(\Omega),\ |\!|\!|u|\!|\!|=1}\|u\|_{p+1} \tag{2.40}$$

あるいは

$$A_{p+1,\Omega}^{-1}=\inf_{u\in H_0^1(\Omega),\ |\!|\!|u|\!|\!|=1}\frac{1}{\|u\|_{p+1}} \tag{2.41}$$

とも書き換えることができる.

さて,(2.40)の上限あるいは(2.41)の下限を達成する関数が存在するならば,その関数は次のように特徴付けられる.

定理 2.16 $u_0(x) \in H_0^1(\Omega)$ により(2.40)の上限が達成されたとする.このとき $u_0(x)$ は Ω 内で定符号となる.必要ならば $-u_0(x)$ を考え Ω において $u_0(x)>0$ とすると,適当な定数 $\lambda>0$ が存在して $v(x)=\lambda u_0(x)$ は次をみたす.

$$-\Delta v = v^p \quad \text{in } \Omega, \tag{2.42}$$

$$v = 0 \quad \text{on } \partial\Omega, \tag{2.43}$$

$$v > 0 \quad \text{in } \Omega. \tag{2.44}$$

[証明] $u_0(x) \in H_0^1(x)$ において(2.40)が達成されたとする.$u_1(x)=|u_0(x)|$ とおくと

$$\| u_1 \| = \| u_0 \|, \quad \|u_1\|_{p+1} = \|u_0\|_{p+1}$$

であるから $u_1(x)$ も(2.40)の上限を達成している.

制約条件 $\| u \|^2=1$ のもとで $u_1(x)$ が $f(u)=\|u\|_{p+1}^{p+1}=\int_\Omega |u|^{p+1}\,dx$ の極値を達成しているので,§1.4(d)と同様に議論すると

$$f'(u_1) = (f'(u_1)u_1)u_1.$$

すなわち

$$\int_\Omega u_1^p h\,dx = \int_\Omega u_1^{p+1}\,dx(u_1, h) \qquad \forall h \in H_0^1(\Omega). \tag{2.45}$$

$v(x)=A_{p+1,\Omega}^{-\frac{p+1}{p-1}} u_1$ とおくと(2.45)より

$$\int_\Omega v^p h\,dx = (v, h) \qquad \forall h \in H_0^1(\Omega).$$

すなわち $v(x)$ は(2.42)-(2.43)の弱解(実は古典解)であり Ω において $v(x) \geqq 0$ かつ $v(x) \not\equiv 0$.したがって,最大値原理により Ω において $v(x)>0$.これより $u_0(x)$ は定符号である.ゆえに $\lambda=A_{p+1,\Omega}^{-\frac{p+1}{p-1}}$ に対して $v=\lambda u_0$ または $v=-\lambda u_0$ が成立し,$v(x)$ は(2.42)-(2.44)をみたす. ∎

では,(2.40)の上限あるいは(2.41)の下限は達成されるのであろうか?

そして，(2.42)-(2.43)の解は(2.40)の上限に対応するものに限られるのであろうか？　前者の答は肯定的であり，後者は否定的である．ここではまず，(2.42)-(2.44)を一般的にした状況で解の存在を峠の定理等を用いて示し，次節の(a)，(b)において，峠の定理と(2.40)，(2.41)の関係，そして(2.40)の上限に対応しない(2.42)-(2.44)の解について述べる．

$g(x,s)$ に対して(g1)，(g2)および以下を仮定する．

(g6)　$g(x,0)\equiv 0$ かつ x について一様に

$$\limsup_{s\to 0}\frac{g(x,s)}{s}<\lambda_1.$$

すなわち，ある $\delta>0$，$r_0>0$ が存在して

$$\frac{g(x,s)}{s}\leqq \lambda_1-\delta \qquad \forall x\in\overline{\Omega},\ \forall s\in[-r_0,0)\cup(0,r_0]. \tag{2.46}$$

(g7)　ある $\mu>2$，$R_0>0$ が存在して

$$0<\mu G(x,s)\leqq sg(x,s) \qquad \forall x\in\overline{\Omega},\ \forall |s|\geqq R_0. \tag{2.47}$$

このとき次が成立する．

定理 2.17　仮定(g1)，(g2)，(g6)，(g7)のもとで(2.1)-(2.2)は少なくとも1つ非自明解 $u(x)$ をもつ．さらに $u(x)$ は次のミニマックスで特徴付けられる臨界値 b をもつ．

$$b=\inf_{\gamma\in\Gamma}\max_{s\in[0,1]}I(\gamma(s)). \tag{2.48}$$

ここで

$$\Gamma=\{\gamma(s)\in C([0,1],H_0^1(\Omega));\ \gamma(0)=0,\ \gamma(1)=e_0\}$$

であり，$e_0(x)\in H_0^1(\Omega)$ は $I(e_0)<0$ をみたす関数．　□

上の定理の仮定をみたす $g(x,s)$ の例を上げよう．

例 2.18　$N=1,2$ においては $1<p<\infty$，$N\geqq 3$ においては $1<p<\dfrac{N+2}{N-2}$ とするとき

$$g(x,s)=\lambda s+|s|^{p-1}s$$

は $\lambda<\lambda_1$ に対して定理2.17の仮定をみたす．(g7)における μ は $2<\mu<p+1$ をみたすように選べばよい．($\lambda\leqq 0$ のときは $\mu=p+1$ でもよい．)　□

この定理を定理 1.9 の応用として示そう．その前に(g7)について述べる．(g7)は Rabinowitz の優線形増大条件(superlinear growth condition)と呼ばれ，以下に見るように，$s\to\pm\infty$ で $|s|^\mu$ 以上のオーダーで $G(x,s)$ が増大することを保証する．実際，(g7)を変形すると，$s\geqq R_0$ に対して

$$\frac{\mu}{s}\leqq\frac{g(x,s)}{G(x,s)}\qquad\forall x\in\overline{\Omega}.$$

s について積分すると

$$\mu(\log s-\log R_0)\leqq\log G(x,s)-\log G(x,R_0).$$

よって，ある $C>0$ が存在して

$$G(x,s)\geqq Cs^\mu\qquad\forall s\geqq R_0.$$

$s\leqq -R_0$ においても同様の不等式が成立するので，定数 $C_6, C_7>0$ が存在して

$$G(x,s)\geqq C_6|s|^\mu-C_7\qquad\forall x\in\overline{\Omega},\ \forall s\in\mathbb{R}\tag{2.49}$$

が成立する．特に $\dfrac{g(x,s)}{s}\geqq\mu\dfrac{G(x,s)}{s^2}\to\infty\ (|s|\to\infty)$ が従う．

［定理 2.17 の証明］　定理 1.9 の仮定(i),(ii),(iii) および (PS)-条件が成立することを確かめればよい．

(i) $I(0)=0$ が成立することは明らか．

(ii) ある $\rho_0>0$，$\delta_0>0$ が存在して $\|u\|=\rho_0$ をみたす任意の $u\in H_0^1(\Omega)$ に対して

$$I(u)\geqq\delta_0\tag{2.50}$$

が成立すること．

(g2)および(g6)により $C>0$ が存在して次が成立する．

$$sg(x,s)\leqq\left(\lambda_1-\frac{\delta}{2}\right)|s|^2+C|s|^{p+1}\qquad\forall x\in\overline{\Omega},\ \forall s\in\mathbb{R}.$$

これより

$$G(x,s)\leqq\frac{1}{2}\left(\lambda_1-\frac{\delta}{2}\right)|s|^2+\frac{C}{p+1}|s|^{p+1}$$

が成立する．したがって任意の $u\in H_0^1(\Omega)$ に対して

$$I(u) \geqq \frac{1}{2}\|u\|^2 - \frac{1}{2}(\lambda_1 - \frac{\delta}{2})\|u\|_2^2 - \frac{C}{p+1}\|u\|_{p+1}^{p+1}.$$

(2.14), (2.16)を用いると

$$\geqq \frac{1}{2}\|u\|^2 - \frac{1}{2\lambda_1}(\lambda_1 - \frac{\delta}{2})\|u\|^2 - \frac{C}{p+1}C_{p+1,\Omega}^{p+1}\|u\|^{p+1}$$

$$= \frac{\delta}{4\lambda_1}\|u\|^2 - \frac{C}{p+1}C_{p+1,\Omega}^{p+1}\|u\|^{p+1}.$$

ここで $\rho_0 > 0$ を

$$\frac{\delta}{4\lambda_1}\rho_0^2 - \frac{C}{p+1}C_{p+1,\Omega}^{p+1}\rho_0^{p+1} > 0$$

となるように十分小さくとると(2.50)が成立している.

(iii) ある $e_0(x) \in H_0^1(\Omega)$ が存在して

(2.51)　$$\|e_0\| > \rho_0 \quad かつ \quad I(e_0) < 0$$

が成立すること.

$v_0(x) \in H_0^1(\Omega)$ を任意の 0 でない元とする. (2.49)を用いて $I(Rv_0)$ を計算すると

$$I(Rv_0) = \frac{1}{2}\|Rv_0\|^2 - \int_\Omega G(x, Rv_0(x))\,dx$$

$$\leqq \frac{1}{2}\|Rv_0\|^2 - C_6\|Rv_0\|_\mu^\mu + C_7|\Omega|$$

$$\to -\infty \qquad (R \to \infty).$$

したがって十分大きな $R > 0$ に対して $e_0 = Rv_0(x)$ とおけば(2.51)をみたす.

(PS)-条件が成立することは次の補題により確かめられる. よって定理1.9により $I(u)$ は δ_0 以上の臨界値をもつ. 対応する臨界点は臨界値が 0 でないので非自明である. ∎

補題 2.19　仮定(g1), (g2), (g7)のもとで $I(u)$ は (PS)-条件をみたす.

［証明］　$(u_n)_{n=1}^\infty \subset H_0^1(\Omega)$ を $(PS)_c$-列とする. すなわち

$$I(u_n) \to c, \quad \|I'(u_n)\|_{H^{-1}} \to 0$$

とする. 十分大なる n に対して $I(u_n) \leqq c+1$, $\|I'(u_n)\| \leqq 1$ となるので,

$|I'(u_n)u_n| \leqq \| I'(u_n) \|_{H^{-1}} \| u_n \| \leqq \| u_n \|$ より

$$\frac{1}{2}\| u_n \|^2 - \int_\Omega G(x,u_n)\,dx \leqq c+1, \tag{2.52}$$

$$\left| \| u_n \|^2 - \int_\Omega u_n g(x,u_n)\,dx \right| \leqq \| u_n \|. \tag{2.53}$$

$(2.52) - \dfrac{1}{\mu} \times (2.53)$ を計算すると

$$\left(\frac{1}{2}-\frac{1}{\mu}\right)\| u_n \|^2 - \frac{1}{\mu}\int_\Omega (\mu G(x,u_n) - u_n g(x,u_n))\,dx \leqq c+1+\frac{1}{\mu}\| u_n \|.$$

(g7)によりある定数 $C>0$ に対して

$$\mu G(x,s) - sg(x,s) \leqq C \qquad \forall x \in \overline{\Omega},\ \forall s \in \mathbb{R}$$

が成立するので

$$\left(\frac{1}{2}-\frac{1}{\mu}\right)\| u_n \|^2 - \frac{1}{\mu}C|\Omega| \leqq c+1+\frac{1}{\mu}\| u_n \|.$$

したがって $(u_n)_{n=1}^\infty$ は $H_0^1(\Omega)$ での有界点列．よって弱収束する部分点列 $u_{n_j} \rightharpoonup u_0$ を選ぶことができる．この部分点列が強収束することは補題 2.7 による． ∎

以上により(2.1)-(2.2)の非自明解が求められたが，若干仮定を強めることにより正値解の存在が示せるので次にそれをみよう．

定理 2.20 (g1)，(g2)，(g6)，(g7)を仮定し，さらに $g(x,s)$ は $\overline{\Omega}\times\mathbb{R}$ 上局所 Lipschitz 連続であるとする．このとき(2.1)-(2.2)は少なくとも 1 つ正値解をもつ．

［証明］ $\bar{g}(x,s) : \overline{\Omega}\times\mathbb{R} \to \mathbb{R}$ を次により定義する．

$$\bar{g}(x,s) = \begin{cases} g(x,s), & s \geqq 0, \\ 0, & s < 0. \end{cases}$$

$g(x,0) \equiv 0$ であったので，$\bar{g}(x,s)$ は $\overline{\Omega}\times\mathbb{R}$ 上局所 Lipschitz 連続である．

$$\bar{G}(x,s) = \int_0^s \bar{g}(x,\tau)\,d\tau,$$

$$\bar{I}(u) = \frac{1}{2}\|u\|^2 - \int_\Omega \bar{G}(x,u)\,dx \in C^1(H_0^1(\Omega),\mathbb{R})$$

とおくと，定理2.17の証明がわずかの変更ののちに適用できる——(iii)を示す際の $v_0(x)$ を $v_0(x) \geqq 0$，$v_0(x) \not\equiv 0$ とする等——，したがって次の非自明解 $u(x)$ が存在する.

$$-\Delta u = \bar{g}(x,u) \quad \text{in } \Omega, \tag{2.54}$$

$$u = 0 \quad \text{on } \partial\Omega. \tag{2.55}$$

以下，Ω において $u(x) > 0$ が成り立つことを示す．最初に $\bar{g}(x,s)$ が局所 Lipschitz 連続であることにより，$u(x)$ は古典解であることに注意する.

まず Ω 内で $u(x) \geqq 0$ であることを示す.

$$D = \{x \in \Omega;\ u(x) < 0\}$$

とおく．$\bar{g}(x,s)$ の定義より D において

$$-\Delta u = 0 \quad \text{in } D,$$

$$u = 0 \quad \text{on } \partial D$$

が成立する．したがって最大値原理より D 内で $u \equiv 0$．これは D の定義に反する．よって Ω 内で $u(x) \geqq 0$．一方，$s \geqq 0$ に対して $\bar{g}(x,s) = g(x,s)$ であるから，以上により(2.1)-(2.2)は非自明な非負の解 $u(x)$ をもつことがわかった.

次に

$$g_+(x,s) = \max\{g(x,s),0\}, \quad g_-(x,s) = \max\{-g(x,s),0\}$$

とおく．この $g_\pm(x,s)$ はともに正の局所 Lipschitz 連続関数であり，$g(x,s) = g_+(x,s) - g_-(x,s)$，$g_\pm(x,0) \equiv 0$．(2.54)-(2.55)より $u(x)$ は次の非自明な非負の解である.

$$-\Delta u + \frac{g_-(x,u)}{u}u = g_+(x,u) \quad \text{in } \Omega, \tag{2.56}$$

$$u = 0 \quad \text{on } \partial\Omega. \tag{2.57}$$

もし $g_+(x,u) \equiv 0$ ならば(2.56)-(2.57)により $u \equiv 0$ が従うので，$g_+(x,u) \geqq 0$ かつ $g_+(x,u) \not\equiv 0$．したがって最大値原理を再び用いると，Ω において $u(x) > 0$．よって(2.1)-(2.2)は正値解をもつ. ∎

実は正値解の存在のためには(g6)が必要であることをみておこう.

定理 2.21　$N=1,2$ のとき $1<p<\infty$, $N\geqq 3$ のとき $1<p<\dfrac{N+2}{N-2}$ とする. $\lambda\in\mathbb{R}$ に対して

$$-\Delta u = \lambda u + u^p \quad \text{in } \Omega, \tag{2.58}$$

$$u = 0 \quad \text{on } \partial\Omega \tag{2.59}$$

を考える. (2.58)-(2.59)が正値解をもつための必要十分条件は $\lambda<\lambda_1$ である.

[証明]　$\lambda<\lambda_1$ のとき(2.58)-(2.59)が正値解をもつことは定理2.20により示されている. ここでは正値解が存在するならば, $\lambda<\lambda_1$ でなければならないことを示そう.

$u(x)$ を(2.58)-(2.59)の正値解とする. $e_1(x)$ を $-\Delta$ の Dirichlet 境界条件のもとでの第1固有関数, すなわち

$$-\Delta e_1 = \lambda_1 e_1 \quad \text{in } \Omega, \tag{2.60}$$

$$e_1 = 0 \quad \text{on } \partial\Omega \tag{2.61}$$

をみたすものとする. $e_1(x)$ は Ω 内で符号を変えないので $e_1(x)>0$ としてよい. (2.58)との積をとり Ω 上で積分すると

$$\int_\Omega (-\Delta u - \lambda u) e_1\, dx = \int_\Omega u^p e_1\, dx.$$

部分積分を行い(2.60)-(2.61)を用いると

$$(\lambda_1 - \lambda)\int_\Omega u e_1\, dx = \int_\Omega u^p e_1\, dx.$$

上式中の2つの被積分関数はともに正であるので, (2.58)-(2.59)が正値解をもつためには $\lambda<\lambda_1$ でなければならない. ∎

$g(x,s)=\lambda s+|s|^{p-1}s$ $(\lambda\geqq\lambda_1)$ 等の場合, 正値解が存在しないことは定理2.21から従うが, 正値解以外の非自明解は存在しないだろうか? 答えは肯定的であり, $\lambda_k\leqq\lambda<\lambda_{k+1}$ とすると

$$V = \mathrm{span}\{e_1, e_2, \cdots, e_k\},$$

$$F = \{u\in H_0^1(\Omega);\ (u, e_j) = 0\ \ j=1,2,\cdots,k\},$$

$$e = e_{k+1}$$

に対して定理1.14を適用することができ，少なくとも1つの非自明な解の存在がいえる．同様な議論は第3章においても繰り返すのでここでは省略する．

実は非線形項が奇関数であること，すなわち

(**g8**)　$g(x,-s)=-g(x,s) \qquad \forall\, x\in\overline{\Omega},\ \forall\, s\in\mathbb{R}$

を仮定すると，さらに強い存在結果が得られる．

定理 2.22　(g1)，(g2)，(g7)，(g8)の仮定のもとで(2.1)-(2.2)は $I(u_n)\to\infty$ $(n\to\infty)$ をみたす弱解の列 $(u_n(x))_{n=1}^{\infty}$ をもつ．　□

条件(g7)のもとでは(2.49)を用いると

$$
\begin{aligned}
I(u) &\leqq \frac{1}{2}\|u\|^2 - C_6\|u\|_\mu^\mu + C_7|\Omega| \\
&\leqq \frac{1}{2}\|u\|^2 + C_7|\Omega| \qquad \forall\, u\in H_0^1(\Omega).
\end{aligned}
$$

これより $I(u_n)\to\infty$ $(n\to\infty)$ から $\|u_n\|\to\infty$ が従う．特に(2.37)の形のアプリオリ評価は(g7)のもとでは成り立たない．

定理2.22の証明は対応する汎関数 $I(u)$ が偶関数であることを用いて行われる．Rabinowitz [155]，[159]，Struwe [180]等を参考にして頂きたい．ここでは，空間次元が1で $g(x,s)=|s|^{p-1}s$ $(1<p<\infty)$ の場合に無限個の解が存在する様子を見るに止めよう．$\Omega=(0,1)$ として一般性を失わないので次を考える．

$$-u''=|u|^{p-1}u \quad \text{in } (0,1), \tag{2.62}$$

$$u(0)=u(1)=0. \tag{2.63}$$

定理2.20を用いることにより(2.62)-(2.63)の正値解 $u_1(x)\in C^2([0,1])$ が存在することがわかる．$u_1(x)$ を $\mathbb{R}$ 上に次のように拡張する．

$$
\widetilde{u}_1(x)=\begin{cases}
u_1(x), & x\in[0,1],\\
-u_1(2-x), & x\in(1,2],\\
\widetilde{u}_1(x-2n), & x\in[2n,2n+2]\ (n\in\mathbb{Z}\setminus\{0\}).
\end{cases}
$$

拡張された $\widetilde{u}_1(x)$ が $\mathbb{R}$ 上 C^2-級であり，$\mathbb{R}$ 上で(2.62)をみたしていること

は容易に確かめることができる.

$n\in\mathbb{N}$ に対して

$$u_n(x)=n^{\frac{2}{p-1}}\widetilde{u}_1(nx)$$

とおこう(図2.1). $u_n(x)$ が(2.62)-(2.63)をみたしていることは直ちに確かめられる. このことより(2.62)-(2.63)は可算無限個の解 $\{\pm u_n(x);\ n\in\mathbb{N}\}$ をもつことがわかる. さらに

$$I(u)=\frac{1}{2}\|u\|^2-\frac{1}{p+1}\int_0^1|u|^{p+1}\,dx$$

に対して

$$\begin{aligned}I(u_n)&=\frac{1}{2}\int_0^1|u_n'|^2\,dx-\frac{1}{p+1}\int_0^1|u_n|^{p+1}\,dx\\&=\frac{1}{2}n^{2\frac{p+1}{p-1}}\int_0^1|u_1'|^2\,dx-\frac{1}{p+1}n^{2\frac{p+1}{p-1}}\int_0^1|u_1|^{p+1}\,dx\\&=n^{2\frac{p+1}{p-1}}I(u_1)\to\infty\qquad(n\to\infty)\end{aligned}$$

が成立していることにも注意しておこう.

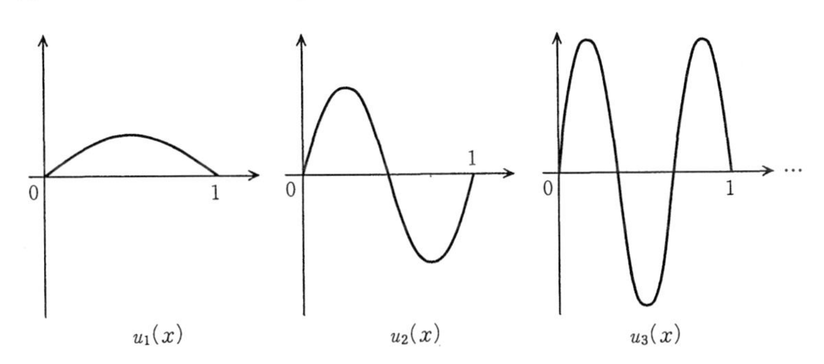

図2.1　(2.62)-(2.63)の解 $u_n(x)$

$g(x,s)$ が奇関数であることを仮定しない場合も, (2.1)-(2.2)は無限個の解をもつことが予想されているが, 未だに証明されていない. 特別な場合として

(2.64)　　$$-\Delta u=|u|^{p-1}u+f(x)\quad\text{in }\Omega,$$

(2.65)　　$u=0 \quad \text{on } \partial\Omega$

の解の存在について述べておこう．次の定理が Bahri-Lions [19] によって得られている．

定理 2.23　$N=1,2$ のとき $1<p<\infty$，また $N\geqq 3$ のとき $1<p<\dfrac{N}{N-2}$ とする．このとき任意の $f(x)\in H^{-1}(\Omega)$ に対して(2.64)-(2.65)は少なくとも可算個の弱解 $(u_n)_{n=1}^{\infty}$ をもち $I(u_n)\to\infty$ をみたす．□

なお Bahri-Berestycki [16]，Struwe [177]，Rabinowitz [157], [159] の第10章，Bahri-Lions [19]，Sugimura [181]，Tanaka [184] も参照のこと．$\dfrac{N}{N-2}\leqq p<\dfrac{N+2}{N-2}$ の場合は未解決である．

このように $g(x,s)=|s|^{p-1}s+f(x)$ の場合は解集合は非常に複雑であり，最小化法で一意的な弱解が求まる $g(x,s)=-|s|^{p-1}s+f(x)$ の場合とは対照的である．

§2.5　諸注意

(a)　$-\boldsymbol{\Delta u}=\boldsymbol{u^p}$ に対する最小化法とミニマックス法

$g(x,s)=|s|^{p-1}s$ のときにミニマックス値(2.48)と(2.40)の上限(あるいは(2.41)の下限)の関係を述べよう．ここでは $1<p<\infty$ $(N=1,2)$，$1<p\leqq\dfrac{N+2}{N-2}$ $(N\geqq 3)$ としよう．のちに第4章でも同様の議論を行うので，記号を若干変更して

(2.66)　　$$B_{p+1,\Omega}=\inf_{v\in H_0^1(\Omega),\,\|v\|=1}\left(\frac{1}{\|v\|_{p+1}^{p+1}}\right)^{\frac{2}{p-1}},$$

(2.67)　　$$b_{p+1,\Omega}=\inf_{\gamma\in\Gamma}\max_{s\in[0,1]}I(\gamma(s))$$

とかこう．ここで

$$I(u)=\frac{1}{2}\|u\|^2-\frac{1}{p+1}\|u\|_{p+1}^{p+1},$$

$$\Gamma=\{\gamma(s)\in C([0,1],\ H_0^1(\Omega));\ \gamma(0)=0,\ \gamma(1)=e_0\}$$

であり，$e_0(x)\in H_0^1(\Omega)$ は $I(e_0)<0$ をみたす関数．

まず次が成立する.

命題 2.24 (2.66)-(2.67)で定義された $B_{p+1,\Omega}$, $b_{p+1,\Omega}$ に対して

$$b_{p+1,\Omega}=\left(\frac{1}{2}-\frac{1}{p+1}\right)B_{p+1,\Omega}$$

が成立する.

[証明] $\|v\|=1$ をみたす $v\in H_0^1(\Omega)$ を任意にとり関数

$$[0,\infty)\to\mathbb{R};\ t\mapsto I(tv)=\frac{1}{2}t^2-\frac{1}{p+1}\|v\|_{p+1}^{p+1}t^{p+1} \tag{2.68}$$

を考えよう. この関数は $I(0\cdot v)=0$, $\lim_{t\to\infty}I(tv)=-\infty$ をみたし, $t_{max}=\|v\|_{p+1}^{-(p+1)/(p-1)}$ において最大値

$$I(t_{max}v)=\left(\frac{1}{2}-\frac{1}{p+1}\right)\|v\|_{p+1}^{-2(p+1)/(p-1)}$$

をとる. ここで

$$U=\{tv;\ v\in H_0^1(\Omega),\ \|v\|=1,\ 0\leqq t<\|v\|_{p+1}^{-(p+1)/(p-1)}\},$$
$$M=\partial U=\{\|v\|_{p+1}^{-(p+1)/(p-1)}v;\ v\in H_0^1(\Omega),\ \|v\|=1\}$$

とおくと

1° $u\in U\setminus\{0\}\Longrightarrow I(u)>0$.

2° $u\in M\Longrightarrow I(u)\geqq\left(\frac{1}{2}-\frac{1}{p+1}\right)\inf_{\|v\|=1}\|v\|_{p+1}^{-2(p+1)/(p-1)}$
$$=\left(\frac{1}{2}-\frac{1}{p+1}\right)B_{p+1,\Omega}>0.$$

特に

3° $\inf_{w\in M}I(w)=\left(\frac{1}{2}-\frac{1}{p+1}\right)\inf_{\|v\|=1}\|v\|_{p+1}^{-2(p+1)/(p-1)}=\left(\frac{1}{2}-\frac{1}{p+1}\right)B_{p+1,\Omega}$.

以上に注意して $b_{p+1,\Omega}=\left(\frac{1}{2}-\frac{1}{p+1}\right)B_{p+1,\Omega}$ を以下に示す. 最初に $b_{p+1,\Omega}\geqq\left(\frac{1}{2}-\frac{1}{p+1}\right)B_{p+1,\Omega}$ を示す.

まず性質1° よりミニマックス値を定義する Γ の定義中の e_0 は $\overline{U}$ に属さないことに注意しよう. したがって任意の $\gamma\in\Gamma$ に対して, ある $s_0\in[0,1]$ が存在して $\gamma(s_0)\in M$. したがって

$$\max_{s\in[0,1]} I(\gamma(s)) \geqq I(\gamma(s_0)) \geqq \inf_{w\in M} I(w) = \left(\frac{1}{2}-\frac{1}{p+1}\right)B_{p+1,\Omega}.$$

$\gamma\in\Gamma$ は任意であるから $b_{p+1,\Omega}\geqq\left(\dfrac{1}{2}-\dfrac{1}{p+1}\right)B_{p+1,\Omega}$.

次に $b_{p+1,\Omega}\leqq\left(\dfrac{1}{2}-\dfrac{1}{p+1}\right)B_{p+1,\Omega}$ を示す．任意の $w\in M$ に対して図 2.2 のような $\mathrm{span}\{w,e\}$ 内の道 $\gamma_w(s)\in\Gamma$ を考えれば明らかに

$$\max_{s\in[0,1]} I(\gamma_w(s)) = I(w).$$

よって

$$\begin{aligned} b_{p+1,\Omega} &= \inf_{\gamma\in\Gamma}\max_{s\in[0,1]} I(\gamma(s)) \\ &\leqq \inf_{w\in M}\max_{s\in[0,1]} I(\gamma_w(s)) \\ &= \inf_{w\in M} I(w) \\ &= \left(\frac{1}{2}-\frac{1}{p+1}\right)B_{p+1,\Omega}. \end{aligned}$$

以上により示された． ∎

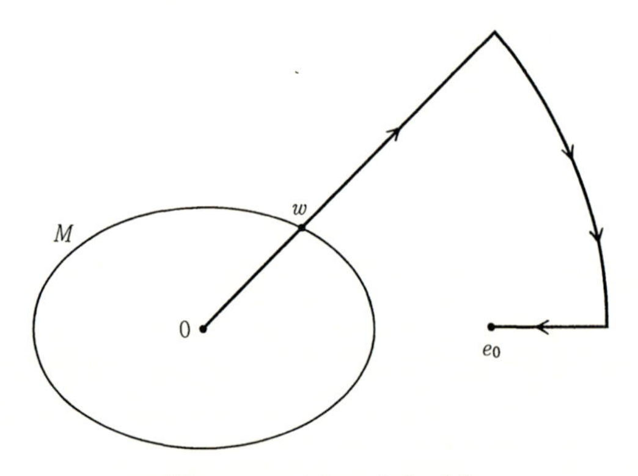

図 2.2　$\gamma_w(x)$ のえらび方

注意 2.25　$I(tv)$ の最大値を与える t_{max} は $I'(tv)v=0$ をみたす唯一の $t>0$ であることに注意すると，M は次のようにかける．

$$M = \{u\in H_0^1(\Omega)\setminus\{0\};\ I'(u)u=0\}.$$

この M は $I(u)$ の **Nehari 多様体**と呼ばれる．$I(u)$ の 0 以外の臨界点はすべて M 上にある．

命題 2.24，定理 2.17 により次は明らか．

定理 2.26 $N=1,2$，$1<p<\infty$ あるいは $N\geqq 3$，$1<p<\dfrac{N+2}{N-2}$ とすると

$$\inf_{\|v\|=1}\frac{1}{\|v\|_{p+1}}$$

は達成される．□

上の定理 2.26 はもちろん定理 1.32 を用いて示すこともできる．その際，単位球面 $S=\{u\in H_0^1(\Omega);\ \|u\|=1\}$ 上に制限された汎関数

$$v\mapsto\frac{1}{\|v\|_{p+1}};\ S\to\mathbb{R}$$

に対して (PS)-条件を確かめる必要がある．第 4 章においてそのための議論を与える．

(b) $-\Delta u=u^p$ の正値解の一意性，非一意性

(2.42)-(2.44) の解の一意性，非一意性は Ω の形状に左右される．Ω が球

$$\Omega=\{x\in\mathbb{R}^N;\ |x|<1\}$$

の場合，Gidas-Ni-Nirenberg [86], [87]，C. Li [116], [117] の議論により解は球対称となり，常微分方程式を解析することにより一意性が得られる．

一方，$N\geqq 2$ において Ω が円環

$$\Omega_R=\{x\in\mathbb{R}^N;\ R<|x|<R+1\}\qquad(R>0)$$

であるとき，$R>0$ が十分大であるならば (2.42)-(2.44) の正値解は一意的でないこと，さらに $R\to\infty$ のとき本質的に異なる*2 正値解の個数は無限大へと増加していくことが知られている．この結果は $N=2$ のとき Coffman [55]，$N\geqq 4$ のとき Y. Y. Li [119]，そして $N=3$ のとき Byeon [46] によ

*2 座標軸に関する回転で移りあうものは同一視して数える．

る．

ここでは解が一意でないことを証明しよう．解としてまず球対称なものを求めるのが自然である．

$$H^1_{0,rad}(\Omega_R) = \{u \in H^1_0(\Omega_R);\ u(x) = u(|x|) \text{ は } |x| \text{ の関数}\}$$

とし

$$M_R = \inf_{u \in H^1_{0,rad}(\Omega_R),\, u \neq 0} \frac{\|u\|}{\|u\|_{p+1}}$$

とおくと M_R は球対称な解に対応する．また

$$m_R = \inf_{u \in H^1_0(\Omega_R),\, u \neq 0} \frac{\|u\|}{\|u\|_{p+1}}$$

も正値解に対応し，$m_R \leqq M_R$ をみたす．もし

$$m_R < M_R \tag{2.69}$$

ならば(2.42)-(2.44)は2つの正値解をもつこととなる．次が成立する．

補題 2.27

(i)　$M_R \to \infty$ $(R \to \infty)$.

(ii)　$\sup_{R \geqq 1} m_R < \infty$.　□

系 2.28　$R>0$ が十分大きいとき(2.69)が成立する．特に(2.42)-(2.44)は少なくとも2つの正値解をもつ．　□

［補題2.27(i)の証明］　極座標を用いて計算する．以下では σ_{N-1} により $N-1$ 次元単位球面の表面積をあらわす．

$$\begin{aligned}\|u\|^2 &= \int_{S^{N-1}} \int_R^{R+1} |u_r|^2 r^{N-1}\,drdS \\ &\geqq \sigma_{N-1} R^{N-1} \int_R^{R+1} |u_r|^2\,dr,\end{aligned}$$

$$\begin{aligned}\|u\|_{p+1}^{p+1} &= \int_{S^{N-1}} \int_R^{R+1} |u|^{p+1} r^{N-1}\,drdS \\ &\leqq \sigma_{N-1} (R+1)^{N-1} \int_R^{R+1} |u|^{p+1}\,dr\end{aligned}$$

により

$$M_R \geqq \sigma_{N-1}^{\frac{1}{2}-\frac{1}{p+1}} R^{\frac{1}{2}} (R+1)^{-\frac{1}{p+1}} \inf_{u \in H^1_{0,rad}(\Omega_R), u \neq 0} \frac{\left(\int_R^{R+1} |u_r|^2 \, dr\right)^{\frac{1}{2}}}{\left(\int_R^{R+1} |u|^{p+1} \, dr\right)^{\frac{1}{p+1}}}.$$

上式の右辺にあらわれる下限は

$$\inf_{u \in H^1_0(0,1), u \neq 0} \frac{\left(\int_0^1 |u_r|^2 \, dr\right)^{\frac{1}{2}}}{\left(\int_0^1 |u|^{p+1} \, dr\right)^{\frac{1}{p+1}}}$$

に等しく，特に R に依存しない．よって $M_R \to \infty$ $(R \to \infty)$. ∎

(ii)を示すために次に注意しよう．

注意 2.29 $D \subset \widetilde{D}$ のとき $u \in H^1_0(D)$ に対して

$$\widetilde{u}(x) = \begin{cases} u(x), & x \in D, \\ 0, & x \in \widetilde{D} \setminus D \end{cases}$$

とおくと $\widetilde{u} \in H^1_0(\widetilde{D})$ となる．u と $\widetilde{u}$ を同一視して $H^1_0(D) \subset H^1_0(\widetilde{D})$ と見なすことができる．

[補題 2.27(ii)の証明] D を半径 $\dfrac{1}{2}$ の球の内部とする．D は Ω_R に含まれるよう平行移動することができるので，上の注意から $H^1_0(D) \subset H^1_0(\Omega_R)$ と見なすことができる．よって

$$m_R = \inf_{u \in H^1_0(\Omega_R), u \neq 0} \frac{\|u\|}{\|u\|_{p+1}} \leqq \inf_{u \in H^1_0(D), u \neq 0} \frac{\|u\|}{\|u\|_{p+1}}.$$

したがって m_R は上から有界である． ∎

(c) 臨界指数 $\dfrac{N+2}{N-2}$

今まで Sobolev の埋め込みの臨界指数 $\dfrac{N+2}{N-2}$ よりも小さなオーダーで増加する非線形項のみを扱ってきた．ここでは $N \geqq 3$, $p = \dfrac{N+2}{N-2}$ として

$$(2.70)\qquad B_{\frac{2N}{N-2},\Omega}=\inf_{u\in H_0^1(\Omega),\ |\!|\!|u|\!|\!|=1}\left(\frac{1}{\|v\|_{\frac{2N}{N-2}}}\right)^N$$

が達成されるか否かみてみよう．定理2.16で述べたように(2.70)は次の方程式に対応する．

$$(2.71)\qquad -\Delta u=u^{\frac{N+2}{N-2}}\quad \text{in } \Omega,$$

$$(2.72)\qquad u=0\quad \text{on } \partial\Omega,$$

$$(2.73)\qquad u>0\quad \text{in } \Omega.$$

まず直接計算することにより次のスケール不変性がわかる．

補題2.30　任意の $u\in H^1(\mathbb{R}^N)$, $\lambda>0$ に対して $u_\lambda(x)=\lambda^{\frac{N-2}{2}}u(\lambda x)$ とおくと

1°　$|\!|\!|u_\lambda|\!|\!|=|\!|\!|u|\!|\!|$,

2°　$\|u_\lambda\|_{\frac{2N}{N-2}}=\|u\|_{\frac{2N}{N-2}}$

が成立する．　□

補題2.30の性質を用いると定理2.26とは対照的な次の定理を示すことができる．

定理2.31

(i)　$\Omega\subset\mathbb{R}^N$ を有界領域とする．(2.70)で定義される $B_{\frac{2N}{N-2},\Omega}$ の値は Ω に依存しない．

(ii)　任意の有界領域 Ω において $B_{\frac{2N}{N-2},\Omega}$ は達成されない．

［証明］　まず Ω が球 $\Omega=B(0,R)=\{x\in\mathbb{R}^N;\ |x|<R\}$ であるときに，$B_{\frac{2N}{N-2},B(0,R)}$ は R によらないことを示す．実際

$$T_R:\ H_0^1(B(0,R))\to H_0^1(B(0,1));\ \ u(x)\mapsto u_R(x)=R^{\frac{N-2}{2}}u(Rx)$$

を用いると補題2.30により

$$B_{\frac{2N}{N-2},B(0,R)}=\inf_{v\in H_0^1(B(0,R)),\ |\!|\!|v|\!|\!|=1}\left(\frac{1}{\|v\|_{\frac{2N}{N-2}}}\right)^N$$

$$= \inf_{v\in H_0^1(B(0,R)),\ \|T_R v\|=1} \left(\frac{1}{\|T_R v\|_{\frac{2N}{N-2}}} \right)^N$$

$$= \inf_{w\in H_0^1(B(0,1)),\ \|w\|=1} \left(\frac{1}{\|w\|_{\frac{2N}{N-2}}} \right)^N$$

$$= B_{\frac{2N}{N-2},B(0,1)}.$$

したがって $B_{\frac{2N}{N-2},B(0,R)}$ は R に依存しない.

次に一般の Ω について考えよう．$0\in\Omega$ として一般性を失わない．$0<r<R$ を $B(0,r)\subset\Omega\subset B(0,R)$ と選べば，注意2.29に注意すると

$$H_0^1(B(0,r))\subset H_0^1(\Omega)\subset H_0^1(B(0,R))$$

と見なせる．これより

$$\inf_{v\in H_0^1(B(0,r)),\ \|v\|=1} \left(\frac{1}{\|v\|_{\frac{2N}{N-2}}} \right)^N \geqq \inf_{v\in H_0^1(\Omega),\ \|v\|=1} \left(\frac{1}{\|v\|_{\frac{2N}{N-2}}} \right)^N$$

$$\geqq \inf_{v\in H_0^1(B(0,R)),\ \|v\|=1} \left(\frac{1}{\|v\|_{\frac{2N}{N-2}}} \right)^N$$

したがって

$$B_{\frac{2N}{N-2},B(0,r)} \geqq B_{\frac{2N}{N-2},\Omega} \geqq B_{\frac{2N}{N-2},B(0,R)}.$$

一方，$B_{\frac{2N}{N-2},B(0,R)}=B_{\frac{2N}{N-2},B(0,1)}$ は R によらないことから，$B_{\frac{2N}{N-2},\Omega}=B_{\frac{2N}{N-2},B(0,1)}$．したがって $B_{\frac{2N}{N-2},\Omega}$ は Ω によらない.

(ii) 背理法を用いる．有界領域 Ω において $B_{\frac{2N}{N-2},\Omega}$ が $u\in H_0^1(\Omega)$ により達成されたとしよう．$R>0$ を十分大にとり $\Omega\subset B(0,R)$ とする.

$$\widetilde{u}(x)=\begin{cases} u(x), & x\in\Omega, \\ 0, & x\in B(0,R)\setminus\Omega \end{cases}$$

とすると，$B_{\frac{2N}{N-2},B(0,R)}=B_{\frac{2N}{N-2},\Omega}$ であるから $\widetilde{u}(x)$ は $B_{\frac{2N}{N-2},B(0,R)}$ を達成するものにもなっている．したがって $B(0,R)$ において定理 2.16 を適用すると

$$\widetilde{u}(x)>0 \quad \text{in } B(0,R)$$

でなければならない．しかし $B(0,R)\backslash\Omega$ において $\widetilde{u}(x)=0$ であるから矛盾．したがって $B_{\frac{2N}{N-2},\Omega}$ は達成されない． ∎

注意 2.32　上の証明において補題 2.30 の性質(スケール不変性)が重要であった．$B(0,r)\subset\Omega$ であるとき $\varphi(x)\in H_0^1(B(0,r))\backslash\{0\}$ に対して

$$u_n(x)=n^{\frac{N-2}{2}}\varphi(nx)$$

とおくと $(u_n)_{n=1}^{\infty}$ は $H_0^1(\Omega)$ で有界ではあるが，$L^{\frac{2N}{N-2}}(\Omega)$ において強収束する部分列をもたない列の例となっていることに注意しておこう．

最後に，(2.71)-(2.73)の解を(2.70)の最小点と限らずに考察した場合に知られている事実を簡単にまとめておこう．Pohozaev [151]により Ω が星形*3のとき(2.71)-(2.73)が解をもたないことが示されている．一方，Ω がある $d>0$ に対して

$$H_d(\Omega,\mathbb{Z}_2)\neq 0 \tag{2.74}$$

をみたすとき(2.71)-(2.73)が解をもつことが Bahri-Coron [20]により示されている．特に $N=3$ においては $\Omega\subset\mathbb{R}^3$ が可縮でなければ(2.74)はみたされる．もちろん得られている解は $B_{\frac{2N}{N-2},\Omega}$ に対応するものではない．また Ω が可縮であっても正値解が存在する例がある．これらの話題に関しては，Bahri [21]，Coron [57]，Ding [68]，Passaseo [149]，Struwe [177](第3章)等を参照されたい．

なお第4，5章において関連する話題として，$\mathbb{R}^N$ での方程式を取り上げ，単位球面上の最小点とは異なる臨界点を求めるミニマックス法を解説する．

---

*3　ある $x_0\in\Omega$ が存在して任意の $x\in\Omega$，$t\in[0,1]$ に対して $tx+(1-t)x_0\in\Omega$ が成り立つとき Ω は星形(star-shaped)であるという．

3 ハミルトン系の周期解

第2章では最小化法，ミニマックス法の応用として非線形楕円型方程式を扱ってきた．この章ではもうひとつの重要な応用例であるハミルトン系の周期解について述べる．

ハミルトン系は解析力学においてあらわれ古典力学における運動を記述する．その解軌道は次の汎関数

$$\int p\,\dot{q} - H(t,p,q)\,dt \tag{3.1}$$

の臨界点として特徴づけられ(最小作用の原理)，いかにも変分的方法が活躍する場と思われる．しかし，歴史的にも古くから最小化法，ミニマックス法等により解が構成されてきたラグランジュ系に対応する汎関数

$$\int \frac{1}{2} \sum_{i,j} a_{ij}(q)\,\dot{q}_i\,\dot{q}_j - V(t,q)\,dt$$

とは異なり，汎関数(3.1)の関数解析的扱いは，種々の困難を伴い，比較的最近まで(3.1)を通じての変分的方法による周期解の構成はなされていなかった．

(3.1)を扱ううえでの難しさの一端は次のようなところに見ることができる．まず前章までに扱った汎関数と異なり汎関数の中に関数空間のノルムに相当するものがなく，(3.1)を扱うのに適した関数空間がはっきりしない．またのちに注意3.6で見るように汎関数(3.1)の特徴のひとつとして，すべ

ての臨界点のMorse指数は無限大となることがあげられる．このことより特に(3.1)に対して第1章で述べた最小化法，ミニマックス法は適用できないことがわかる．

このような難しさにも関わらず，1978年Rabinowitz [156]は(3.1)の有限次元近似とミニマックス法を組み合わせて用いることにより，(3.1)の臨界点を変分的方法により構成することに成功した．さらにBenci-Rabinowitz [27]は有限次元近似を用いずに，直接のミニマックス法により臨界点の構成を可能とした．このようにしてハミルトン系は(関数)解析的手法が適用できる場となり，ハミルトン系の大域的研究は進歩していった．

ハミルトン系と非常に深く関わっているシンプレクティック幾何学*1は近年非常に大きな発展を遂げ，大域的な研究が進んでいる．Rabinowitzの仕事はその突破口のひとつを開いたものであり，シンプレクティック容量(symplectic capacity)，Weinstein予想等の研究において非常に重要である*2．

この章においてはミニマックス法を参照しつつRabinowitzの歴史的な仕事を紹介してゆこう．原論文と同様に予備知識をあまり必要としない有限次元近似を用いることとする．ハイライトは星形の曲面上の周期解の存在証明である．なおこの章の最後にWeinstein予想について簡単に触れる．

§3.1　ハミルトン系

ハミルトン系とは，$p, q \in \mathbb{R}^N$ $(N \geqq 1)$ に対する次のような常微分方程式系である．

$$\text{(HS)} \qquad \begin{cases} \dot{p} = -H_q(t,p,q), \\ \dot{q} = H_p(t,p,q). \end{cases}$$

---

*1　シンプレクティック幾何学については，深谷[82]，McDuff-Salamon [134]，Hofer-Zehnder [104]を参照されたい．

*2　特にHofer-Zehnder [104]を参照のこと．

ここで時間 t に関する微分 $\dfrac{d}{dt}$ は ˙ であらわした．関数

$$H(t,p,q):\mathbb{R}\times\mathbb{R}^N\times\mathbb{R}^N\to\mathbb{R}$$

はハミルトニアンと呼ばれる C^1-級の関数である．重要なハミルトニアンのクラスとして古典的ハミルトニアン，すなわち $H(t,p,q)$ が運動エネルギーと位置エネルギーの和で

$$H(t,p,q)=\frac{1}{2}|p|^2+V(t,q)$$

とかける場合がある．このとき，(HS)の第2方程式は $\dot{q}=p$ となるので，(HS)は

$$\ddot{q}+V_q(t,q)=0$$

となる．この場合はのちに第6章で扱うこととし，ここでは一般的な(HS)を考えてゆく．

(p,q) をまとめて $z=(p,q)$ とかき，I_N を $N\times N$ 単位行列，

$$J=\begin{bmatrix}0 & -I_N\\ I_N & 0\end{bmatrix},$$

$$\nabla=\left(\frac{\partial}{\partial p_1},\cdots,\frac{\partial}{\partial p_N},\frac{\partial}{\partial q_1},\cdots,\frac{\partial}{\partial q_N}\right)$$

とすると，(HS)は次のように書き直すことができる．

(HS) $$\dot{z}=J\nabla H(t,z).$$

以下，この記法を主に用いてゆく．

古典力学において周期運動を求めることは自然なことであり，ここではハミルトニアン $H(t,z)$ が時間 t に周期 T をもつとして，(HS)の T-周期解の存在を考える．記号を簡単にするために $T=2\pi$ とし，

$$H(t+2\pi,z)=H(t,z)\qquad \forall t\in\mathbb{R},\ \forall z\in\mathbb{R}^{2N}$$

のもとで，(HS)の 2π-周期解の存在を考える．

ハミルトン系の特徴的な性質としてハミルトニアン $H(t,z)$ が時間 t に依存しないとき，すなわち $H(t,z)=H(z)$ のとき，$z(t)$ が(HS)の解ならばそのエネルギーは保存される．すなわち

$$H(z(t)) \equiv \text{定数}$$

は解軌道に沿って定数となることがあげられる．実際，$\mathbb{R}^{2N}$ での内積を $(\cdot,\cdot)$ とかくと

$$\begin{aligned}\frac{d}{dt}H(z(t)) &= (\nabla H(z(t)), \dot{z}(t))\\ &= (\nabla H(z), J\nabla H(z))\\ &= 0\end{aligned}$$

が成立している．のちに§3.5において $H(t,z)$ が t に依存しない場合，与えられた定数 C に対して $H(z(t)) \equiv C$ をみたす周期解の存在を扱う．

以下 $S^1 = [0,2\pi]/\{0,2\pi\}$ と見なし，周期 2π をもつ $\mathbb{R}^{2N}$-値の連続関数，C^1-級の関数全体を $C(S^1,\mathbb{R}^{2N})$，$C^1(S^1,\mathbb{R}^{2N})$ であらわし，また p 乗可積分関数全体を $L^p(S^1,\mathbb{R}^{2N})$，そのノルムを

$$\|z\|_p = \left(\int_0^{2\pi}|z(t)|^p\,dt\right)^{1/p}$$

とかく．

§3.2 汎関数と関数空間

(a) (HS)の 2π-周期解に対応する汎関数 $I(z)$

(HS)の 2π-周期解は $z(t) = (p(t), q(t))$ に対する次の汎関数の臨界点として求めることができる．

$$I(z) = \int_0^{2\pi} p\,\dot{q} - H(t, z(t))\,dt. \tag{3.2}$$

どの関数空間を用いるかはのちに厳密に定めることとし，まずこの汎関数の第1項

$$A(z) = \int_0^{2\pi} p\,\dot{q}\;dt$$

を書き直してみよう．$A(z)$ は作用積分(action integral)と呼ばれる．$p(t), q(t)$ をともに周期 2π をもつ C^1-級関数とすると，部分積分により

$$\int_0^{2\pi} \dot{p}\, q\, dt = p(2\pi)q(2\pi) - p(0)q(0) - \int_0^{2\pi} p\, \dot{q}\ dt$$
$$= -\int_0^{2\pi} p\, \dot{q}\ dt$$

であるので

$$A(z) = \int_0^{2\pi} p\, \dot{q}\ dt = \frac{1}{2}\int_0^{2\pi} p\, \dot{q} - \dot{p}\, q\, dt$$
$$= \frac{1}{2}\int_0^{2\pi} (-J\, \dot{z}, z)\, dt$$

とかける．また $A(z)$ に付随した2次形式 $B(z_1, z_2)$ を

$$B(z_1, z_2) = \frac{1}{2}\int_0^{2\pi} (-J\, \dot{z}_1, z_2)\, dt$$

により定義すると上記と同様に

$$B(z_1, z_2) = B(z_2, z_1) \qquad \forall\, z_1, z_2 \in C^1(S^1, \mathbb{R}^{2N}) \tag{3.3}$$

を示すことができる．この記号を用いると

$$I(z) = \frac{1}{2}B(z, z) - \int_0^{2\pi} H(t, z)\, dt$$

とかくことができる．$I(z)$ の微分を形式的に計算してみよう．周期 2π をもつ C^1-級関数 $z(t), \varphi(t)$ に対して(3.3)を用いると

$$I'(z)\varphi = \lim_{s \to 0} \frac{1}{s}(I(z + s\varphi) - I(z))$$
$$= \frac{1}{2}B(z, \varphi) + \frac{1}{2}B(\varphi, z) - \int_0^{2\pi} (\nabla H(t, z(t)), \varphi(t))\, dt$$
$$= B(z, \varphi) - \int_0^{2\pi} (\nabla H(t, z(t)), \varphi(t))\, dt$$
$$= \int_0^{2\pi} (-J\, \dot{z}, \varphi) - (\nabla H(t, z(t)), \varphi(t))\, dt.$$

よって $I'(z) = 0$ ならば

$$\int_0^{2\pi} (J\, \dot{z} + \nabla H(t, z(t)), \varphi)\, dt = 0 \qquad \forall\, \varphi \in C^1(S^1, \mathbb{R}^{2N}).$$

すなわち $z(t)$ は

$$\dot{z} = J\nabla H(t, z(t))$$

をみたし，$z(t)$ は(HS)の 2π-周期解である．

では次に，どの関数空間が $I(z)$ あるいは $A(z)$ を扱うのに自然であるかをみよう．

(b)　$\boldsymbol{A(z)}$ の Fourier 級数表示

$A(z)$ を適切に定義する関数空間を求めるために，まず $A(z)$ を Fourier 級数を用いて表示しよう．$z(t)$ を Fourier 級数展開し

$$z(t) = a_0 + \sum_{n=1}^{\infty} (a_n \cos nt + b_n \sin nt) \tag{3.4}$$

とかく．ここで係数 $a_0, a_1, \cdots, a_n, \cdots, b_1, \cdots, b_n, \cdots$ は $\mathbb{R}^{2N}$ の元である．$A(z)$ に(3.4)を代入すると $J^T = -J$，$J^2 = -I_{2N}$ に注意して

$$\begin{aligned} A(z) &= \frac{\pi}{2} \sum_{n=1}^{\infty} n((Ja_n, b_n) + (-Jb_n, a_n)) \\ &= \pi \sum_{n=1}^{\infty} n(Ja_n, b_n) \\ &= \frac{\pi}{4} \sum_{n=1}^{\infty} n(|Ja_n + b_n|^2 - |Ja_n - b_n|^2). \end{aligned}$$

したがって

$$Ja_n + b_n = 2c_n, \quad Ja_n - b_n = -2d_n.$$

すなわち

$$a_n = -Jc_n + Jd_n, \quad b_n = c_n + d_n \qquad (c_n, d_n \in \mathbb{R}^{2N}) \tag{3.5}$$

と書き換えると Fourier 級数(3.4)は

(3.6)
$$z(t) = a_0 + \sum_{n=1}^{\infty} ((c_n \sin nt - Jc_n \cos nt) + (d_n \sin nt + Jd_n \cos nt))$$

となり，$A(z)$ は

$$A(z) = \pi \sum_{n=1}^{\infty} n(|c_n|^2 - |d_n|^2) \tag{3.7}$$

とかける．同様に

(3.8)

$$z_1(t) = a_{10} + \sum_{n=1}^{\infty}((c_{1n}\sin nt - Jc_{1n}\cos nt) + (d_{1n}\sin nt + Jd_{1n}\cos nt)),$$

(3.9)

$$z_2(t) = a_{20} + \sum_{n=1}^{\infty}((c_{2n}\sin nt - Jc_{2n}\cos nt) + (d_{2n}\sin nt + Jd_{2n}\cos nt))$$

に対して

$$B(z_1, z_2) = \pi \sum_{n=1}^{\infty} n((c_{1n}, c_{2n}) - (d_{1n}, d_{2n}))$$

が成立する．

以上の考察により，$I(z)$ を扱うのに適切な空間を定めることができる．

(c)　関数空間 $(\boldsymbol{E}, \|\cdot\|_E)$

(3.6), (3.8), (3.9)で与えられる $z(t), z_1(t), z_2(t)$ に対して

$$\|z\|_E^2 = \pi|a_0|^2 + \pi\sum_{n=1}^{\infty} n(|c_n|^2 + |d_n|^2),$$

$$(z_1, z_2)_E = \pi(a_{10}, a_{20}) + \pi\sum_{n=1}^{\infty} n((c_{1n}, c_{2n}) + (d_{1n}, d_{2n}))$$

とおき，2π-周期の C^1-級関数全体のなす空間のノルム $\|\cdot\|_E$ に関する完備化を $(E, \|\cdot\|_E)$ とかくことにする．また $A(z)$ の Fourier 級数表示(3.7)にあわせて E の部分空間を次で定義する．ここでは $\mathbb{R}^{2N}$ の標準基底を $e_1, e_2, \cdots, e_{2N}$ とかく．

$$\begin{aligned}
E^0 &= \mathrm{span}\{e_1, e_2, \cdots, e_{2N}\},\\
E_n^+ &= \mathrm{span}\{e_k\sin \ell t - e_{k+N}\cos \ell t,\ e_{k+N}\sin \ell t + e_k\cos \ell t;\\
&\qquad k = 1, 2, \cdots, N,\ \ell = 1, 2, \cdots, n\},\\
E_n^- &= \mathrm{span}\{e_k\sin \ell t + e_{k+N}\cos \ell t,\ e_{k+N}\sin \ell t - e_k\cos \ell t;\\
&\qquad k = 1, 2, \cdots, N,\ \ell = 1, 2, \cdots, n\},
\end{aligned}$$

$$E^+ = \overline{\bigcup_{n=1}^{\infty} E_n^+},$$

$$E^- = \overline{\bigcup_{n=1}^{\infty} E_n^-}.$$

ここで閉包は E のノルム $\|\cdot\|_E$ についてとっている．

E^0, E^+, E^- は E における直和分解を与え，P^0, P^+, P^- により E から E^0, E^+, E^- への直交射影作用素をあらわすと，(3.6)で与えられる $z(t)$ に対して

$$P^0 z = a_0,$$

$$P^+ z = \sum_{n=1}^{\infty} (c_n \sin nt - Jc_n \cos nt),$$

$$P^- z = \sum_{n=1}^{\infty} (d_n \sin nt + Jd_n \cos nt),$$

$$z = P^0 z + P^+ z + P^- z$$

が成立する．以上の準備のもとで次が成立する．

補題 3.1　$A(z)$ および $B(z_1, z_2)$ は E および $E \times E$ 上に一意的に連続に拡張され，次が成立する．

$$A(z) = \|P^+ z\|_E^2 - \|P^- z\|_E^2 \qquad \forall z \in E,$$

$$B(z_1, z_2) = (P^+ z_1, P^+ z_2)_E - (P^- z_1, P^- z_2)_E \qquad \forall z_1, z_2 \in E.$$

また $L^2(S^1, \mathbb{R}^{2N})$ でのノルム，内積を

$$\|z\|_2^2 = \int_0^{2\pi} |z(t)|^2 \, dt, \quad (z_1, z_2)_2 = \int_0^{2\pi} (z_1(t), z_2(t)) \, dt$$

とかくと，E^0, E^+, E^- は $L^2(S^1, \mathbb{R}^{2N})$ においても直交し，$z = z^+ + z^0 + z^- \in E^+ \oplus E^0 \oplus E^-$ に対して

(3.10)
$$\|z\|_2^2 = \|P^0 z\|_2^2 + \|P^+ z\|_2^2 + \|P^- z\|_2^2 \qquad \forall z \in E$$

も成立する．　□

次に実は E は $[0, 2\pi]$ 上の分数べきの Sobolev 空間 $H^{1/2}(S^1, \mathbb{R}^{2N})$ にほかならないことをみよう．$s \in \mathbb{R}$ に対して(3.4)の形にかかれた $z(t)$ の H^s-ノルムを

$$\|z\|_{H^s}^2 = |a_0|^2 + \sum_{n=1}^{\infty} n^{2s}(|a_n|^2 + |b_n|^2)$$

により定義し

$$H^s(S^1, \mathbb{R}^{2N}) = \{z \in L^2(S^1, \mathbb{R}^{2N});\ \|z\|_{H^s} < \infty\}$$

とする．(3.6)の形の級数を(3.4)の形に書き直したとき，(3.5)により各 $n = 1, 2, \cdots$ について $|a_n|^2 + |b_n|^2 = 2(|c_n|^2 + |d_n|^2)$ であるから，ノルム $\|\cdot\|_E$ と $s = \frac{1}{2}$ としたときのノルム $\|\cdot\|_{H^{1/2}}$ は同値であり，E は $H^{1/2}(S^1, \mathbb{R}^{2N})$ と一致する．すなわち

$$E = H^{1/2}(S^1, \mathbb{R}^{2N}) = \{z \in L^2(S^1, \mathbb{R}^{2N});\ \|z\|_{H^{1/2}} < \infty\}.$$

ここで $H^{1/2}(S^1, \mathbb{R}^{2N})$ の $L^p(S^1, \mathbb{R}^{2N})$ への埋め込みについて次にまとめておこう．

補題 3.2　任意の $p \in [1, \infty)$ に対して $H^{1/2}(S^1, \mathbb{R}^{2N})$ は $L^p(S^1, \mathbb{R}^{2N})$ へコンパクトに埋め込まれる．

［証明］　$p \in [2, \infty)$ に対して示せば十分．Fourier 級数表示(3.4)を用いると $p \in [2, \infty)$ に対して $q = \dfrac{p}{p-1} \in (1, 2]$ とおくと，ある $C_p > 0$ が存在して

$$\|z\|_p \leqq C_p \Big(|a_0|^q + \sum_{n=1}^{\infty} (|a_n|^q + |b_n|^q)\Big)^{1/q}$$

が成立する（小松[110]を参照のこと）．以下形式的に $b_0 = 0$ とし，また $n = 0$ のとき $n^r = 1\ (r \in \mathbb{R})$ と解釈すると Hölder の不等式により

$$\sum_{n=0}^{\infty} (|a_n|^q + |b_n|^q) = \sum_{n=0}^{\infty} n^{-q/2} n^{q/2} (|a_n|^q + |b_n|^q)$$
$$\leqq \Big(\sum_{n=0}^{\infty} n^{-\frac{q}{2-q}}\Big)^{\frac{2-q}{2}} \Big(\sum_{n=0}^{\infty} n(|a_n|^2 + |b_n|^2)\Big)^{q/2}$$

が成立する．$\dfrac{q}{2-q} > 1$ より第1項が収束することに注意すると，ある定数 $C_p' > 0$ が存在して

$$\|z\|_p \leqq C_p' \|z\|_{H^{1/2}} \qquad \forall z \in H^{1/2}(S^1, \mathbb{R}^{2N})$$

が成立し，$H^{1/2}(S^1, \mathbb{R}^{2N})$ は $L^p(S^1, \mathbb{R}^{2N})$ に埋め込まれる．この埋め込みがコンパクトであることは読者に任せたい．∎

$\|\cdot\|_E$ と $\|\cdot\|_{H^{1/2}}$ は同値なノルムであったので，補題 3.2 により任意の $p \in$

$[1,\infty)$ に対し，ある定数 $\bar{C}_p>0$ が存在して

$$\|z\|_p \leqq \bar{C}_p\|z\|_E \qquad \forall z \in E \tag{3.11}$$

が成立する．

(d)　$I(z)$ の臨界点の正則性

補題 3.2 に注意すると次の条件のもとで，(3.2)で定義された汎関数 $I(z)$ の第2項

$$K(z)=\int_0^{2\pi} H(t,z(t))\,dt \tag{3.12}$$

は C^1-級かつ $K'(z)$ はコンパクト作用素となる．

(H0)　$H(t,z)$ は t について周期 2π をもち $H(t,z)\in C^1(\mathbb{R}\times\mathbb{R}^{2N},\mathbb{R})$．

(H1)　ある定数 $s\in(1,\infty)$ と C_1, $C_2>0$ が存在して

$$|\nabla H(t,z)| \leqq C_1|z|^s+C_2 \qquad \forall t\in S^1,\ \forall z\in\mathbb{R}^{2N}.$$

より詳しく述べると

補題 3.3　条件(H0)，(H1)のもとで(3.12)により定義された $K(z)$ は E 上 C^1-級であり

$$K'(z)\varphi=\int_0^{2\pi}(\nabla H(t,z(t)),\varphi(t))\,dt \qquad \forall z,\varphi\in E.$$

さらに $z_j \rightharpoonup z_0$ weakly in E のとき次が成立する．

(i)　$K(z_j)\to K(z_0)$．

(ii)　$K'(z_j)\to K'(z_0)$　strongly in E^*．

[証明]　補題 3.2 に注意すれば第0章の定理 0.13 と同様である．　▮

以上により，条件(H0)，(H1)のもとで $I(z)$ が C^1-級となることがわかった．ここでは $I(z)$ の臨界点 $z(t)\in E$ が存在したとして，その正則性を調べる．そのためにまず次の補題が成立することに注意しよう．

補題 3.4　$f(t)\in L^2(S^1,\mathbb{R}^{2N})$ を $\int_0^{2\pi} f(t)\,dt=0$ をみたす関数とする．このとき次をみたす $\tilde{z}\in E^+\oplus E^-$ が一意的に存在する．

$$B(\tilde{z},\varphi)=\int_0^{2\pi}(f(t),\varphi(t))\,dt \qquad \forall \varphi\in E. \tag{3.13}$$

さらに $\tilde{z}\in H^1(S^1,\mathbb{R}^{2N})$ が成立する．

［証明］ $\displaystyle\int_0^{2\pi} f(t)\,dt=0$ および $\tilde{z}\in E^+\oplus E^-$ に注意して Fourier 展開し

$$f(t)=\sum_{n=1}^{\infty}(f_n\sin nt-Jf_n\cos nt)+(g_n\sin nt+Jg_n\cos nt),$$

$$\tilde{z}(t)=\sum_{n=1}^{\infty}(c_n\sin nt-Jc_n\cos nt)+(d_n\sin nt+Jd_n\cos nt)$$

とあらわすことにする．ここで $f_n,\ g_n,\ c_n,\ d_n\in\mathbb{R}^{2N}\ (n=1,2,\cdots)$ である．このとき(3.13)は次と同値となる．

$$-nc_n=f_n,\quad nd_n=g_n\qquad (n=1,2,\cdots).$$

したがって(3.13)をみたす $\tilde{z}\in E^+\oplus E^-$ は一意的．さらに

$$\sum_{n=1}^{\infty}n^2(|c_n|^2+|d_n|^2)=\sum_{n=1}^{\infty}(|f_n|^2+|g_n|^2)<\infty.$$

したがって $\tilde{z}\in H^1(S^1,\mathbb{R}^{2N})$． ■

命題 3.5　仮定(H0)，(H1)のもとで $z(t)\in E$ が $I(z)$ の臨界点とすると，$z(t)\in C^1(S^1,\mathbb{R}^{2N})$ であり，$z(t)$ は(HS)をみたす．

［証明］ $z\in E$ を臨界点とする．補題 3.2 と(H1)により任意の $z\in E$ に対して $\nabla H(t,z(t))\in L^p(S^1,\mathbb{R}^{2N})\ (\forall p\in[1,\infty))$ が成立することに注意する．$I'(z)=0$ により

$$B(z,\varphi)-\int_0^{2\pi}\nabla H(t,z(t))\varphi(t)\,dt=0 \tag{3.14}$$

がすべての $\varphi\in E$ に対して成立している．特に $\varphi\in C^\infty(S^1,\mathbb{R}^{2N})$ と選べば $z(t)$ は超関数の意味で(HS)をみたしていることがわかる．また(3.14)において $\varphi=e_k\ (k=1,2,\cdots,2N)$ と選べば

$$\int_0^{2\pi}\nabla H(t,z(t))\,dt=0 \tag{3.15}$$

がわかる．(3.15)に注意して $f(t)=\nabla H(t,z(t))\in L^2(S^1,\mathbb{R}^{2N})$ として補題 3.4 を用いると

$$B(\tilde{z},\varphi)=\int_0^{2\pi}f(t)\varphi(t)\,dt\qquad \forall\varphi\in E \tag{3.16}$$

をみたす $\widetilde{z}\in E^+\oplus E^-$ が一意的に存在し，$\widetilde{z}\in H^1(S^1,\mathbb{R}^{2N})$ が成り立つことがわかる．$H^1(S^1,\mathbb{R}^{2N})\subset C(S^1,\mathbb{R}^{2N})$ であるから，$\widetilde{z}(t)\in C(S^1,\mathbb{R}^{2N})$．

(3.14)と(3.16)を比較すると

$$B(z-\widetilde{z},\varphi)=0 \qquad \forall\varphi\in E.$$

これより $z-\widetilde{z}\in E^0$．よって $z(t)=\widetilde{z}(t)+c$ $(c\in\mathbb{R}^{2N}=E^0)$ とかける．したがって $z(t)$ も連続となる．よって $\nabla H(t,z(t))\in C(S^1,\mathbb{R}^{2N})$．ゆえに(HS)より $z(t)\in C^1(S^1,\mathbb{R}^{2N})$ が従い，$z(t)$ は(HS)の(古典)解となる． ∎

以上により，$I(z)\in C^1(E,\mathbb{R})$ の臨界点はすべて C^1-級となり(HS)の周期解となる．次節以降では $I(z)$ の臨界点の存在をミニマックス法等により示す．最後に，$I(z)$ の臨界点について次の注意をしておこう．

注意 3.6　若干仮定を強めて $H(t,z)$ を C^2-級とし

$$|\nabla^2 H(t,z)|\leqq C_1|z|^{s-1}+C_2 \qquad \forall t\in S^1,\ \forall z\in\mathbb{R}^{2N}$$

が成立しているとする．このとき $I(z)\in C^2(E,\mathbb{R})$ であり，すべての $z,\varphi\in E$ に対して

$$\begin{aligned}I''(z)(\varphi,\varphi)&=B(\varphi,\varphi)-\int_0^{2\pi}(\nabla^2H(t,z)\varphi,\varphi)\,dt\\&=\|P^+\varphi\|_E^2-\|P^-\varphi\|_E^2-\int_0^{2\pi}(\nabla^2H(t,z)\varphi,\varphi)\,dt\end{aligned}$$

が成立している．ここで第2項がコンパクトな線形作用素に対応することに注意すれば，各 $z\in E$ に対して無限次元の部分空間 $V\subset E$ が存在して

$$I''(z)(\varphi,\varphi)<0 \qquad \forall\varphi\in V\setminus\{0\}$$

が成立することがわかる．特に $z\in E$ を $I(z)$ の臨界点とすると $z(t)$ の Morse 指数は無限大となる．この章の始めに述べたように，定理 1.34，1.35，系 1.36 に注意すると第1章のミニマックス法はすべて直接適用できない．

§3.3　周期解の存在(その1)

この節ではハミルトニアン $H(t,z)$ が $|z|\sim\infty$ のとき2次より大きな増大度をもつときに 2π-周期解の存在を一般化された峠の定理(定理 1.14)の応用として示そう．ここでは，(H0)に加えて次の条件を仮定しよう．

(H1′) ある定数 $s>1$, $C_1, C_2, C_3, C_4>0$ が存在して任意の $t\in S^1$, $z\in\mathbb{R}^{2N}$ に対して

$$|\nabla H(t,z)| \leqq C_1|z|^s + C_2, \tag{3.17}$$

$$C_3|z|^{s+1} - C_4 \leqq H(t,z). \tag{3.18}$$

(H2) $H(t,z)\geqq 0 \quad \forall t\in S^1, \forall z\in\mathbb{R}^{2N}$.

(H3) $|z|\to 0$ のとき $t\in S^1$ について一様に

$$H(t,z) = o(|z|^2).$$

(H4) ある定数 $\mu>2$, $\bar{r}>0$ が存在して任意の $t\in S^1$, $|z|\geqq\bar{r}$ に対して

$$0 < \mu H(t,z) \leqq (\nabla H(t,z), z).$$

(H0), (H1′), (H2)-(H4)のもとでは $z(t)\equiv 0$ は(HS)の自明な 2π-周期解となっている．以下では非自明な 2π-周期解の存在を考える．次の定理が成立する．

定理 3.7 (H0), (H1′), (H2)-(H4)の仮定のもとで，(HS)は少なくとも1つ非自明な 2π-周期解をもつ． □

実は(H1′)をさらに緩めることが可能であり，特に $H(t,z)=H(z)$ が t に依存しないとき(H0), (H2)-(H4)のもとで非自明な周期解の存在を示すことができる(次節の定理 3.11, 3.12)．

$H(t,z)$ に対して(H1), (H1′)等を仮定しないと，$K(z)=\int_0^{2\pi} H(t,z(t))\,dt$ が E 上 well-defined にならない等の困難が生ずる．$H(t,z)$ の適当なカットオフ関数を導入することにより，このような場合を扱うことができる．そのための議論は次の§3.4で述べることとし，ここでは，(H1′)を仮定し議論を続ける．

次の汎関数の0でない臨界点の存在を示せばよい．

$$I(z) = \frac{1}{2}A(z) - \int_0^{2\pi} H(t,z(t))\,dt \in C^1(E,\mathbb{R}).$$

$I(z)$ のグラフの形状について次が読み取れる．

補題 3.8 条件(H0), (H1′), (H2)-(H4)のもとで $e\in E^+$ を $\|e\|_E=1$ をみたすようにとるとき，$0<\rho_0<r_0$ をみたす定数 ρ_0, r_0, $R_0>0$ が存在して

$$Q=\{re+w;\ 0\leqq r\leqq r_0,\ w\in E^0\oplus E^-,\ \|w\|_E\leqq R_0\},$$
$$S=\{z^+\in E^+;\ \|z^+\|_E=\rho_0\}$$

とおくと次が成立する.

（i） ある $\delta_0>0$ が存在して

(3.19) $$I(z)\geqq\delta_0\qquad\forall z^+\in S.$$

（ii） 任意の $re+w\in\partial Q$（すなわち $r\in\{0,r_0\}$ あるいは $\|w\|_E=R_0$）に対して

(3.20) $$I(re+w)\leqq 0.$$ □

証明に先だって次の注意をしておこう. §2.4の(g7)に対する考察と同様に, (H4)から, ある $C_1', C_2'>0$ が存在して

(3.21) $$H(t,z)\geqq C_1'|z|^\mu-C_2'\qquad\forall t\in S^1,\ \forall z\in\mathbb{R}^{2N}$$

が成立する. 特に $H(t,z)$ は2次より大きな増大度をもつことが(H4)よりしたがう. (H1′)と比較して $\mu\leqq s+1$ が成立することがわかる. また(H4)より $C_5>0$ が存在して次が成立する.

(3.22) $$\mu H(t,z)\leqq(\nabla H(t,z),z)+C_5\qquad\forall t\in S^1,\ \forall z\in\mathbb{R}^{2N}.$$

[補題3.8の証明]　（i）(H1′), (H3)により任意の $\epsilon>0$ に対して $C_\epsilon>0$ が存在して

$$H(t,z)\leqq\epsilon|z|^2+C_\epsilon|z|^{s+1}\qquad\forall t\in S^1,\ \forall z\in\mathbb{R}^{2N}$$

が成立する. これより任意の $z^+\in E^+$ に対して

$$\begin{aligned}I(z^+)&=\frac{1}{2}\|z^+\|_E^2-\int_0^{2\pi}H(t,z^+)\,dt\\&\geqq\frac{1}{2}\|z^+\|_E^2-\epsilon\|z^+\|_2^2-C_\epsilon\|z^+\|_{s+1}^{s+1}.\end{aligned}$$

(3.11)を用いると

$$\geqq\frac{1}{2}\|z^+\|_E^2-\epsilon\bar{C}_2^2\|z^+\|_E^2-C_\epsilon\bar{C}_{s+1}^{s+1}\|z^+\|_E^{s+1}.$$

ここで $\epsilon>0$ を $\epsilon\bar{C}_2^2<\dfrac{1}{4}$ をみたすようにとり, 次に $\rho_0>0$ を $\dfrac{1}{4}\rho_0^2-C_\epsilon\bar{C}_{s+1}^{s+1}\rho_0^{s+1}>0$ をみたすように小さくとる.

$$\delta_0=\frac{1}{4}\rho_0^2-C_\epsilon\bar{C}_{s+1}^{s+1}\rho_0^{s+1}>0$$

とおけば(i)が成立する.

(ii) 次に(3.21)を用いると

$$\begin{aligned} I(z) &= \frac{1}{2}\|P^+z\|_E^2 - \frac{1}{2}\|P^-z\|_E^2 - \int_0^{2\pi} H(t,z)\,dt \\ &\leqq \frac{1}{2}\|P^+z\|_E^2 - \frac{1}{2}\|P^-z\|_E^2 - C_1'\|z\|_\mu^\mu - 2\pi C_2'. \end{aligned}$$

ここで $\mu > 2$ により，ある定数 $C > 0$ が存在して

$$\|z\|_2 \leqq C\|z\|_\mu \qquad \forall z \in L^\mu(S^1, \mathbb{R}^{2N})$$

が成立することに注意すると，$z = re + z^0 + z^-$ ($e \in E^+$, $\|e\|_E = 1$, $z^0 \in E^0$, $z^+ \in E^+$) に対して

$$\begin{aligned} \|z\|_\mu^\mu &\geqq C^{-\mu}\|re + z^0 + z^-\|_2^\mu \\ &= C^{-\mu}(r^2\|e\|_2^2 + \|z^0\|_2^2 + \|z^-\|_2^2)^{\mu/2} \\ &\geqq C^{-\mu}(r^2\|e\|_2^2 + \|z^0\|_2^2)^{\mu/2}. \end{aligned}$$

ここで(3.10)を用いた．まとめると

$$I(re + z^0 + z^-) \leqq \frac{1}{2}r^2 - \frac{1}{2}\|z^-\|_E^2 - C_1'C^{-\mu}(r^2\|e\|_2^2 + \|z^0\|_2^2)^{\mu/2} - 2\pi C_2'.$$

よって $r_0 > \rho_0$，$R_0 > 0$ を十分大きくとれば，$r \geqq r_0$ あるいは $\|z^0 + z^-\|_E \geqq R_0$ のとき

$$I(re + z^0 + z^-) \leqq 0$$

が成立．また $r = 0$ のとき(H2)により

$$I(z^0 + z^-) = -\frac{1}{2}\|z^-\|_E^2 - \int_0^{2\pi} H(t,z)\,dt \leqq 0.$$

したがって(ii)が成立する. ∎

上の補題 3.8 により，汎関数 $I(z)$ のグラフは定理 1.14 の仮定(1.29), (1.30)を $F = E^+$，$V = E^0 \oplus E^-$ としてみたしていることがわかる．ただし定理 1.14 では V は有限次元であり，定理 1.14 は直接汎関数 $I(z)$ に適用できない．

$I(z)$ の臨界点の存在を示すために，ここでは次の 2 つのステップをとる．

（i）$I(z)$ の $E_n^- \oplus E^0 \oplus E^+$ への制限

$$I_n(z): E_n^- \oplus E^0 \oplus E^+ \to \mathbb{R}$$

の臨界点 $z_n(t)$ を定理1.14を用いて求める.

（ii）（i）で求めた $z_n(t)$ は強収束する部分列 $z_{n_k} \to z_0$ をもち，極限 z_0 は(HS)の非自明な 2π-周期解であることを示す.

以下

$$E_n = E_n^- \oplus E^0 \oplus E^+$$

とかく. $z(t)$ が制限 $I_n(z): E_n \to \mathbb{R}$ の臨界点であるとは

$$I_n'(z)\varphi = 0 \qquad \forall \varphi \in E_n$$

が成立することを意味する.

上の（i），（ii）を示すために Palais-Smale 条件に関する次の2つの補題が必要となる.

補題 3.9　(H0), (H1′), (H4)のもとで $I_n(z) \in C^1(E_n, \mathbb{R})$ は (PS)-条件をみたす. □

補題 3.10　(H0), (H1′), (H4)のもとで $z_n \in E_n$ を $I_n(z) \in C^1(E_n, \mathbb{R})$ の臨界点で次をみたすものとする.

（i）$I_n'(z_n) = 0$,

（ii）ある $c \in \mathbb{R}$ と部分列 $n_k \to \infty$ が存在して

$$I(z_{n_k}) \to c \qquad (k \to \infty).$$

このとき $z_{n_k}(t)$ は E で強収束する部分列をもち，その極限は

$$I'(z) = 0, \quad I(z) = c$$

をみたす. 特に c は $I(z): E \to \mathbb{R}$ の臨界値である. □

上の2つの補題の証明は共通する部分が多い. ここでは補題3.9の証明を丁寧に述べ，補題3.10は相違点を簡単に述べるに止めよう.

［補題3.9の証明］　$(z_j)_{j=1}^{\infty} \subset E_n$ を $I_n(z) \in C^1(E_n, \mathbb{R})$ に対する $(PS)_c$-列とする. すなわち

$$I_n'(z_j) \to c,$$

$$\|I_n'(z_j)\|_{E_n^*} = \sup_{\varphi \in E_n, \|\varphi\|_E \leqq 1} |I_n'(z_j)\varphi| \to 0$$

とする．また一般性を失わずに

$$(3.23)\qquad I_n(z_j)\in[c-1,c+1],$$

$$(3.24)\qquad \|I_n'(z_j)\|_{E_n^*}\leqq 1\qquad \forall j\in\mathbb{N}$$

を仮定してよい．以下，$(z_j)_{j=1}^{\infty}$ が強収束部分列をもつことを示す．証明は4つのステップよりなる．

Step 1：ある定数 C_6, $C_7>0$ が存在して

$$(3.25)\qquad \|z_j\|_{s+1}^{s+1}\leqq C_6\|z_j\|_E+C_7\qquad \forall j\in\mathbb{N}$$

が成立する．

(3.23), (3.24)により

$$I_n(z_j)-\frac{1}{2}I_n'(z_j)z_j\leqq c+1+\frac{1}{2}\|z_j\|_E.$$

したがって

$$\int_0^{2\pi}-H(t,z_j)+\frac{1}{2}(\nabla H(t,z_j),z_j)\,dt\leqq c+1+\frac{1}{2}\|z_j\|_E.$$

(3.22)を用いると

$$\left(\frac{\mu}{2}-1\right)\int_0^{2\pi}H(t,z_j)\,dt-\frac{1}{2}\pi C_5\leqq c+1+\frac{1}{2}\|z_j\|_E.$$

(3.18)を用いれば，Step 1の結論が従う．

Step 2：$\|z_j\|_E$ は $j\to\infty$ のとき有界にとどまる．

$z_j^+=P^+z_j$，$z_j^-=P^-z_j$，$z_j^0=P^0z_j$ とかく．$|I_n(z_j)z_j^{\pm}|\leqq\|I_n'(z_j)\|_{E_n^*}\|z_j^{\pm}\|_E\leqq\|z_j^{\pm}\|_E$ により

$$(3.26)\qquad \left|\pm\|z_j^{\pm}\|_E^2-\int_0^{2\pi}\nabla H(t,z_j)z_j^{\pm}\,dt\right|\leqq\|z_j^{\pm}\|_E.$$

ここで(3.11)により

$$\begin{aligned}\left|\int_0^{2\pi}\nabla H(t,z_j)z_j^{\pm}\,dt\right| &\leqq\|\nabla H(t,z_j)\|_{\frac{s+1}{s}}\|z_j^{\pm}\|_{s+1}\\ &\leqq\bar{C}_{s+1}\|\nabla H(t,z_j)\|_{\frac{s+1}{s}}\|z_j^{\pm}\|_E.\end{aligned}$$

したがって(3.26)により

$$(3.27) \qquad \|z_j^{\pm}\|_E \leqq \bar{C}_{s+1}\|\nabla H(t, z_j)\|_{\frac{s+1}{s}} + 1.$$

(3.17)および Step 1 より

$$\|\nabla H(t, z_j)\|_{\frac{s+1}{s}} \leqq C_1'\|z_j\|_{s+1}^s + C_2' \leqq C_1'(C_6\|z_j\|_E + C_7)^{\frac{s}{s+1}} + C_2'$$

が成立する．したがって(3.27)より，ある定数 $C_8, C_9 > 0$ が存在して

$$(3.28) \qquad \|z_j^{\pm}\|_E \leqq C_8\|z_j\|_E^{\frac{s}{s+1}} + C_9 \qquad \forall j \in \mathbb{N}.$$

一方，(3.10)および Hölder の不等式より

$$\|z_j^0\|_2 \leqq \|z_j\|_2 \leqq C\|z_j\|_{s+1}$$

が成立するので(3.25)より

$$\|z_j^0\|_2^{s+1} \leqq C^{s+1}(C_6\|z_j\|_E + C_7).$$

(3.28)と合わせると

$$\|z_j^+\|_E^{s+1} + \|z_j^-\|_E^{s+1} + \|z_j^0\|_2^{s+1} \leqq C_8'\|z_j\|_E^s + C_9'.$$

$\|z_j\|_E^2 = \|z_j^+\|_E^2 + \|z_j^-\|_E^2 + \|z_j^0\|_2^2$ であるから，$j \to \infty$ のとき $\|z_j\|_E$ は有界にとどまる．

Step 3: $(z_j)_{j=1}^{\infty}$ は E において弱収束する部分列 $z_{j_k} \rightharpoonup z_0 \in E$ をもつ．

$(z_j)_{j=1}^{\infty}$ の有界性よりあきらか．

Step 4: $z_{j_k} \to z_0$ strongly in E.

$z_0^{\pm} = P^{\pm} z_0$，$z_0^0 = P^0 z_0$ とかく．$\|I_n'(z_{j_k})\|_{E_n^*} \to 0$ より特に

$$(3.29) \qquad I'(z_{j_k})z_{j_k}^{\pm} \to 0,$$

$$(3.30) \qquad I'(z_{j_k})z_0^{\pm} \to 0$$

が成立する．補題3.2と(H1′)により

$$\int_0^{2\pi} \nabla H(t, z_{j_k})z_{j_k}^{\pm}\,dt \to \int_0^{2\pi} \nabla H(t, z_0)z_0^{\pm}\,dt,$$

$$\int_0^{2\pi} \nabla H(t, z_{j_k})z_0^{\pm}\,dt \to \int_0^{2\pi} \nabla H(t, z_0)z_0^{\pm}\,dt$$

が成立することに注意すると(3.29)より

$$\pm \lim_{k\to\infty} \|z_{j_k}^{\pm}\|_E^2 = \int_0^{2\pi} \nabla H(t, z_0) z_0^{\pm}\, dt.$$

(3.30)より

$$\pm \|z_0^{\pm}\|_E^2 = \int_0^{2\pi} \nabla H(t, z_0) z_0^{\pm}\, dt.$$

したがって $\|z_0^{\pm}\|_E = \lim_{k\to\infty} \|z_{j_k}^{\pm}\|_E$ が成立し

$$z_{j_k} \to z_0 \quad \text{strongly in } E.$$

以上で，$(PS)_c$-列 $(z_j)_{j=1}^{\infty}$ が強収束部分列をもつことが示された．よって (PS)-条件が成立する． ∎

［補題 3.10 の証明］ $(z_n)_{n=1}^{\infty}$ を

$$z_n \in E_n,$$
$$I_n'(z_n) = 0,$$
$$I_n(z_n) \to c \qquad (n \to \infty)$$

をみたす列とする．$(z_n)_{n=1}^{\infty}$ が E において強収束する部分列 $z_{n_k} \to z_0$ をもち，$z_0 \in E$ は $I(z) \in C^1(E, \mathbb{R})$ の臨界点であることを示せばよい．

補題 3.9 の証明の Step 1–3 とまったく同様に，(z_n) は E における有界点列であり弱収束する部分列 $z_{n_k} \rightharpoonup z_0$ をもつことがわかる．このとき $z_0 \in E$ は $I: E \to \mathbb{R}$ の臨界点である．

実際，任意の $h \in E_\ell$ $(\ell \in \mathbb{N})$ に対して $n \geqq \ell$ とすると $I_n'(z_n)h = 0$ であり，補題 3.3 に注意して $n \to \infty$ とすると $I'(z_0)h = 0$． $\bigcup_{\ell=1}^{\infty} E_\ell$ は E で稠密であるから $I'(z_0)h = 0$ がすべての $h \in E$ に対して成立する．よって z_0 は $I: E \to \mathbb{R}$ の臨界点である．補題 3.3 を再び用いると任意の $h \in E$ に対して

$$I'(z_n)h \to I'(z_0)h = 0 \qquad (n \to \infty).$$

特に $h = z_0$ とすると

$$I'(z_n)z_0 \to 0.$$

また $I'(z_n)z_n = 0$ より $I'(z_n)z_n \to 0$ であるので，補題 3.9 の証明の Step 4 とまったく同様にして，z_{n_k} は z_0 へ強収束することがわかる． ∎

問 1 実は(H0)，(H1′)，(H4)の仮定のもとで $I(z): E \to \mathbb{R}$ は (PS)-条件をみた

す．これを示せ．

以上の準備のもとで定理3.7を証明できる．

［定理3.7の証明］

Step 1：定理1.14の適用．

補題3.8で与えられた定数 $r_0,\ R_0>0,\ e\in E^+$ に対して

$$Q_n=\{re+w;\ 0\leqq r\leqq r_0,\ w\in E_n^-\oplus E^0,\ \|w\|_E\leqq R_0\},$$
$$S=\{z^+\in E^+;\ \|z^+\|_E=\rho_0\}$$

とおき，定理1.14を適用することにより

$$b_n=\inf_{\gamma\in\Gamma_n}\max_{z\in Q_n}I_n(\gamma(z))$$

は $I_n\colon E_n\to\mathbb{R}$ の臨界値であることがわかる．ただしここで Γ_n は

$$\Gamma_n=\{\gamma\in C(Q_n,E_n);\ \gamma(z)=z\ \ \forall z\in\partial Q_n\}$$

で与えられる．

Step 2：臨界点 b_n の上下からの一様評価．

定理1.14の(1.31)より次が成り立つ

$$b_n\geqq\delta_0\qquad\forall n\in\mathbb{N}.$$

ここで $\delta_0>0$ は補題3.8で与えられた定数，特に n に依存しない．

一方，恒等写像 $\gamma(z)=z$ は Γ_n に属するので

$$\begin{aligned}b_n&\leqq\max_{z\in Q_n}I(z)\\&\leqq\sup_{r>0,\ w\in E^-\oplus E^0}I(re+w)\\&\leqq\sup_{r>0,\ w\in E^-\oplus E^0}\frac{1}{2}r^2-\frac{1}{2}\|P^-w\|_E^2-\int_0^{2\pi}H(t,re+w)\,dt.\end{aligned}$$

(3.21)を用いて[*3]

$$\leqq\sup_{r>0,\ w\in E^-\oplus E^0}\frac{1}{2}r^2-C_1'\|re+w\|_\mu^\mu+2\pi C_2'.$$

---

*3　もちろん(H1′)を用いることもできる．ここでは次節で用いるために(H4)から導かれる(3.21)を使用している．

ここで Hölder の不等式を用いると

$$\|re+w\|_\mu^\mu \geqq C\|re+w\|_2^\mu \geqq C\|e\|_2^\mu r^\mu$$

が成立するので

$$b_n \leqq \max_{r>0} \frac{1}{2}r^2 - C_1'C\|e\|_2^\mu r^\mu + 2\pi C_2'.$$

この右辺は有界であり，もちろん n によらない．この右辺を M とかくと

$$\delta_0 \leqq b_n \leqq M \qquad \forall n \in \mathbb{N}.$$

Step 3: 結論.

b_n に対応する $I_n(z)$ の臨界点を $z_n(t)$ とかく．このとき

$$I(z_n) \in [\delta_0, M],$$
$$I'(z_n) = 0.$$

$I(z_{n_k})$ が収束するように部分列 (z_{n_k}) をとり，補題 3.10 を適用することにより $I: E \to \mathbb{R}$ は次をみたす臨界点 z_0 をもつことがわかる．

$$I(z_0) \in [\delta_0, M].$$

自明な解 0 に対しては $I(0)=0$ であり，今 $I(z_0) \geqq \delta_0 > 0$ であるので $z_0(t)$ は非自明な(HS)の解である． ∎

以上述べた証明は，基本的に Rabinowitz [156] にしたがって有限次元近似を用いて $I: E \to \mathbb{R}$ の臨界点の存在を示した．Leray-Schauder による(無限次元の)写像度を用いれば E におけるミニマックス法により($I_n: E_n \to \mathbb{R}$ を経由することなく)直接 $I: E \to \mathbb{R}$ の臨界点を求めることができる．これは Benci-Rabinowitz [27] による．この方法を説明しよう．

補題 3.8 で与えられた定数 $r_0, R_0 > 0$ および $e \in E^+$ に対して Q, Γ を次で定める．

$$Q = \{re+w;\ 0 \leqq r \leqq r_0,\ w \in E^- \oplus E^0,\ \|w\|_E \leqq R_0\},$$
$$\Gamma = \{h(s,z) \in C([0,1] \times Q, E);\ h(s,z) \text{ は次の 3 つの条件をみたす}\}$$

(Γ1) $h(0,z) = z \qquad \forall z \in Q,$

(Γ2) $h(s,z) = z \qquad \forall s \in [0,1],\ \forall z \in \partial Q,$

(Γ3) $h(s,z)$ は $\theta(s,z) \in C([0,1] \times Q, \mathbb{R})$ とコンパクト作用素 $\widetilde{K}(s,z)$ を用いて次のようにあらわされる．

$$h(s,z)=e^{\theta(s,z)(P^+-P^-)}z+\widetilde{K}(s,z).$$

このとき

$$b=\inf_{h\in\Gamma}\sup_{z\in Q}I(h(1,z))$$

は $I(z)$ の臨界値となる．このことを示すためのポイントは次の2点である．

（i）　$\varphi(\eta)$ を $r\leqq 0$ において $\varphi(r)=0$，$r\geqq b$ において $\varphi(r)=1$ をみたすカットオフ関数とし，$\dfrac{d\eta}{ds}=-\varphi(I(\eta))I'(\eta)$ により勾配流 $\eta(s,z)$ を定める．$\eta(s,z)$ は($\Gamma 1$)，($\Gamma 2$)および $Q=E$ として($\Gamma 3$)をみたしている．特に $h(s,z)\in\Gamma$ とすると

$$(s,z)\mapsto\eta(s,h(s,z))$$

は Γ の元となる．

（ii）　任意の $h\in\Gamma$ に対して

$$h(s,Q)\cap S\neq\varnothing\qquad\forall s\in[0,1].$$

これは Leray–Schauder の写像度を用いて示すことができる．

詳しくは Rabinowitz [159]等を参照されたい．

問2　$\Omega\subset\mathbb{R}^N$ を滑らかな境界をもつ有界領域，$1<p<\infty\,(N=1,2)$，$1<p<\dfrac{N+2}{N-2}\,(N\geqq 3)$，$\lambda\in\mathbb{R}$ とするとき，次の非線形楕円型方程式は非自明な解をもつことをこの節の方法を適用することにより示せ．

$$-\Delta u=\lambda u+|u|^{p-1}u\quad\text{in }\Omega,$$
$$u=0\qquad\text{on }\partial\Omega.$$

§3.4　周期解の存在(その2)

前節ではハミルトニアン $H(t,z)$ に対して(H1′)を仮定している．これはかなり強い増大度に関する条件であるが，適当なカットオフ関数を用いることにより，さらに一般的なハミルトニアンに対して周期解が存在することがいえる．ここでは次の2つの定理を示そう．

定理 3.11 (Rabinowitz [156])　$H(t,z)$ は(H0)，(H2)-(H4)および次の

(H1″)をみたすとする．このとき(HS)は非自明な 2π-周期解をもつ．

(**H1″**) 定数 $C_1, C_2>0$ が存在して次が成立する．

$$|\nabla H(t,z)|\leqq C_1(\nabla H(t,z),z)+C_2 \qquad \forall t\in S^1,\ \forall z\in\mathbb{R}^{2N}.$$

□

定理 3.12 (Rabinowitz [156]) ハミルトニアン $H(z)$ は t に依存しないとし，さらに(H0)，(H2)-(H4)をみたすとする．このとき(HS)は非自明な 2π-周期解をもつ． □

これらの定理を示すためにはハミルトニアン $H(t,z)$ のカットオフ関数を導入する必要がある．次のカットオフにより対応する汎関数が E 上 well-defined となり，(PS)-条件の成立を見ることができる．

$L\geqq 1$ に対して $H_L(t,z)$ を次で定義する．

$$H_L(t,z)=\chi_L(|z|)H(t,z)+(1-\chi_L(|z|))r_L|z|^{\mu}.$$

ただし，ここで $\chi_L(s)$ は $s\leqq L$ において 1，$s\geqq L+1$ において 0，さらに $s\in[L,L+1]$ において $\chi'(s)\in[-2,0]$ をみたす C^∞-級の関数．また

$$r_L=\max_{L\leqq|z|\leqq L+1,\ t\in[0,2\pi]}\frac{H(t,z)}{|z|^{\mu}}$$

である．このとき次が成立する．

補題 3.13 $H(t,z)$ が(H0)，(H2)-(H4)をみたすとすると $L\geqq 1$ に対して $H_L(t,z)$ も(H0)，(H2)-(H4)をみたす．さらに $H(t,z)$ が(H1″)をみたすとき $H_L(t,z)$ は(H1″)を C_1 を $\max\{C_1,1\}$ に取り替えてみたしている．

［証明］ (H2)-(H4)については読者にまかせ，ここでは $H(t,z)$ が(H1″)をみたすとき $H_L(t,z)$ も(H1″)を定数を取り替えてみたしていることを示しておこう．$|z|\in[L,L+1]$ に対してのみ考えればよい．

$$\begin{aligned}\nabla H_L(t,z)&=\chi_L(|z|)\nabla H(t,z)+(1-\chi_L(|z|))\mu r_L|z|^{\mu-2}z\\&\quad+(H(t,z)-r_L|z|^{\mu})\chi'(|z|)\frac{z}{|z|}\end{aligned}$$

であるから

$$\begin{aligned}|\nabla H_L(t,z)|&\leqq\chi_L(|z|)|\nabla H(t,z)|+(1-\chi_L(|z|))\mu r_L|z|^{\mu-1}\\&\quad+(H(t,z)-r_L|z|^{\mu})|\chi_L'(|z|)|\end{aligned}$$

$$\leqq \chi_L(|z|)(C_1(\nabla H(t,z),z)+C_2)+(1-\chi_L(|z|))\mu r_L|z|^\mu$$
$$+(\chi_L'(|z|),z)(H(t,z)-r_L|z|^\mu)$$
$$\leqq \max\{C_1,1\}(\nabla H_L(t,z),z)+C_2.$$
∎

特に $H_L(t,z)$ は $L\geqq 1$ に依存しない定数 C_1, C_2, μ, $\bar{r}>0$ に対して(H1″), (H4)をみたし，さらに(H1′)が成立していることに注意しよう．以下，まず

$$\dot{z} = J\nabla H_L(t,z) \tag{3.31}$$

の 2π-周期解を $z_L(t)$ を前節の方法で求め，次に解 $z_L(t)$ は L によらずに有界であることを示そう．したがって十分大きな $L\geqq 1$ に対して $z_L(t)$ は $|z_L(t)|\leqq L$ をみたし(HS)の解となる．

$$I_L(z) = \frac{1}{2}A(z) - \int_0^{2\pi} H_L(t,z)\,dt \in C^1(E,\mathbb{R})$$

とおこう．

補題 3.14　仮定(H0)，(H2)-(H4)のもとで，$L\geqq 1$ に対して $I_L(z)$ は非自明な臨界点 $z_L(t)$ をもち，さらに $L\geqq 1$ に依存しない定数 M_1, M_2, M_3, $M_4>0$ が存在して任意の $L\geqq 1$ に対して次が成立する．

$$I_L(z_L) \leqq M_1, \tag{3.32}$$

$$\int_0^{2\pi} (\nabla H_L(t,z_L),z_L)\,dt \leqq M_2, \tag{3.33}$$

$$\int_0^{2\pi} H_L(t,z_L)\,dt \leqq M_3, \tag{3.34}$$

$$\|z_L\|_\mu \leqq M_4. \tag{3.35}$$

［証明］　$H_L(t,z)$ は定理 3.7 の仮定をみたしているので，(3.31)の非自明な解 $z_L(t)$ の存在がわかる．評価(3.32)について述べよう．定理 3.7 の証明の Step 2 より次がわかる．

$$I_L(z_L) \leqq \sup_{r>0,\ w\in E^-\oplus E^0} I_L(re+w).$$

(H4)よりしたがう(3.21)を用いると定理 3.7 の証明の Step 2 と同様に

$$
\begin{aligned}
I_L(z_L) &\leqq \sup_{r>0,\ w\in E^-\oplus E^0} \frac{1}{2}r^2-\frac{1}{2}\|P^-w\|_E^2-C_1'\|re+w\|_\mu^\mu+2\pi C_2' \\
&\equiv M_1
\end{aligned}
$$

がしたがう．

(3.33)-(3.35)についてはまず $I_L(z_L)-\dfrac{1}{2}I_L'(z_L)z_L\leqq M_1$ より

$$
\int_0^{2\pi}\frac{1}{2}(\nabla H_L(t,z_L),z_L)-H_L(t,z_L)\,dt\leqq M_1
$$

が成立する．(3.22)を用いれば(3.33), (3.34)がしたがう．また(3.21)より(3.35)がしたがう． ∎

［定理3.11の証明］　$H_L(t,z)$ に対する(H1″)を用いると(3.33)より

$$
\int_0^{2\pi}|\nabla H_L(t,z_L)|\,dt\leqq C_1M_1+2\pi C_2.
$$

$z_L(t)$ が方程式(HS)をみたすことより

$$
\int_0^{2\pi}|\dot{z}_L(t)|\,dt\leqq C_1M_1+2\pi C_2.
$$

したがって任意の $t_1,t_2\in[0,2\pi]$ に対して

$$
\begin{aligned}
|z_L(t_2)-z_L(t_1)| &\leqq \int_{t_1}^{t_2}|\dot{z}_L(t)|\,dt\leqq\int_0^{2\pi}|\dot{z}_L(t)|\,dt \\
&\leqq C_1M_1+2\pi C_2.
\end{aligned}
$$

これより特に $L\to\infty$ のとき $\max_{t\in S^1}|z_L(t)|\to\infty$ とすると，$\min_{t\in S^1}|z_L(t)|\to\infty$ が成立しなければならない．一方，(3.35)よりこれはおこり得ない．

したがって $L\to\infty$ のとき $\max_{t\in S^1}|z_L(t)|$ は有界にとどまり，十分大きな L に対して

$$
\max_{t\in S^1}|z_L(t)|<L.
$$

このとき $H_L(t,z)$ の定め方より $z_L(t)$ はカットオフする前の(HS)をみたしており，(HS)は非自明な解をもつ． ∎

［定理3.12の証明］　$H(z)$ が t に依存しないとき，もちろん $H_L(z)$ も t によらず，解 $z_L(t)$ に対して $H_L(z_L(t))$ は定数となる．(3.34)より $H_L(z_L(t))\leqq$

$\dfrac{M_3}{2\pi}$. これより $\max_{t\in S^1}|z_L(t)|$ は有界にとどまり十分大きな L に対して $z_L(t)$ は(HS)の非自明な 2π-周期解を与える. ∎

注意 3.15　第2章の定理 2.22 と同様に，方程式に対称性の仮定を加えるとより強い存在定理が成立することが知られている.

(H0)，(H4)に加えて

(H5)　$H(t,-z)=H(t,z) \qquad \forall t\in S^1,\ \forall z\in\mathbb{R}^{2N}$

あるいは $H(z)$ が t に依存しないことを仮定すると，(HS)は $I(z_n)\to\infty$ をみたす 2π-周期解の列 $(z_n)_{n=1}^{\infty}$ が存在することが知られている. 証明には，汎関数の対称性

$$I(-z)=I(z) \qquad \forall z\in E$$

あるいは

$$I(z(\cdot+s))=I(z(\cdot)) \qquad \forall z\in E,\ \forall s\in S^1$$

が用いられる. Rabinowitz [158]，Fadell-Husseini-Rabinowitz [75] 等を参照されたい. またこのような対称性からの摂動については，Bahri-Berestycki [17]，[18]，Rabinowitz [157]，Long [125]，Bolle [38]を参照されたい.

この節の最後に，条件(H4)について簡単にコメントしておこう. (3.21)よりわかるように，(H4)のもとでは $|z|\sim\infty$ において2次より大きな増大度をもつ. $H(t,z)$ が2次以下の小さな増大度のときは(特に(HS)が線形のとき)一般的に非自明な 2π-周期解の存在は期待できないことに注意しておこう. 簡単な例をあげる.

例 3.16　$\Phi\colon[0,\infty)\to[0,\infty)$ を C^1-級関数として $\mathbb{R}^2$ におけるハミルトニアン

$$H(z)=\Phi(|z|^2)$$

を考える. 対応するハミルトン系は $z=(p,q)$ とかくと

$$\begin{cases} \dot{p} \ = -2\Phi'(|z|^2)q, \\ \dot{q} \ = 2\Phi'(|z|^2)p \end{cases} \tag{3.36}$$

となる. (3.36)の解は $H(z(t))\equiv$ 定数 をみたすので，解も $|z(t)|\equiv$ 定数 をみたすこととなる. この定数を R とかくと(3.36)の解は

(3.37)

$$(p(t), q(t)) = R(\cos(2\Phi'(R^2)t+\theta_0),\ \sin(2\Phi'(R^2)t+\theta_0)) \qquad \theta_0 \in \mathbb{R}$$

の形にかける．この $z(t)$ が周期 2π をもつための必要十分条件は $2\Phi'(R^2) \in \mathbb{N}$ であるから，(3.36)が非自明な 2π-周期解をもつための必要十分条件は

$$2\Phi'([0,\infty)) \cap \mathbb{N} \neq \varnothing$$

となる． □

注意 3.17 今まで§3.3, §3.4では，ハミルトニアン $H(t,z)$ が 0 において $o(|z|^2)$, $|z|=\infty$ において 2 次より速い増大度をもつ場合を扱ってきた．第 2 章§2.3 と同様の方法を用いることにより，無限大においてハミルトニアン $H(t,z)$ が 2 次の増大度をもつ場合を扱うことができる．この場合，楕円型方程式での条件(g5)に対応する条件は，2π-周期解に関しては

ある $n \in \mathbb{Z}$, $\delta > 0$, $C_1, C_2 > 0$ に対して

$$\frac{1}{2}(n+\delta)|z|^2 - C_1 \leqq H(t,z) \leqq \frac{1}{2}(n+1-\delta)|z|^2 + C_2 \qquad \forall z \in \mathbb{R}^N,\ \forall t \in \mathbb{R}$$

となる．ここで $\{n;\ n\in\mathbb{Z}\}$ は周期境界条件のもとでの $-J\dfrac{d}{dt}$ の固有値となっていることに注意して頂きたい．非自明解の存在については Amann-Zehnder [2], Li-Liu [118]等を参照して頂きたい．

§3.5 エネルギー曲面上の周期解

(a) エネルギー曲面上の周期解

この節以降ではハミルトニアン $H(z)$ は時間 t に依存しないとする．このとき(HS)のすべての解 $z(t)$ に対して $H(z(t))$ は t によらない定数となる．したがって $z(t)$ はある $h\in\mathbb{R}$ に対してエネルギー曲面 $S=\{z\in\mathbb{R}^{2N};\ H(z)=h\}$ の上を動くこととなる．ここでは逆に $h\in\mathbb{R}$ を与え，$H(z(t))=h$ をみたす(HS)の周期解 $z(t)$ の存在を考えよう．この際，周期解 $z(t)$ の周期 T は前もって定めずに考える．

注意 3.18 前節の例 3.16 の例では，(3.37)で与えられる(3.36)の解 $z(t)=(p(t),q(t))$ は

$$H(z(t)) = \Phi(R^2)$$

をみたす周期解であり，その最小周期[*4]は $\pi/\Phi'(R^2)$ である．特に $\Phi(s)=s^2$，すなわち $H(z)=|z|^4$ とすると，$H(z)=h$ をみたす周期解の最小周期は $\pi/2h^{1/2}$ となり，エネルギー曲面を与える $h\in\mathbb{R}$ より周期解の周期が定まり，エネルギー曲面のレベル h と周期 T を同時に与えて(HS)の周期解を求めることは一般に不可能である．

もし $\nabla H(z_0)=0$ および $H(z_0)=h$ をみたす $z_0\in S$ が存在すれば $z(t)\equiv z_0$ が S 上の(HS)の周期解を与える．したがって以下では，エネルギー曲面 $S=H^{-1}(h)$ は正則である，すなわち

$$\nabla H(z) \neq 0 \qquad \forall z\in S$$

が成立しているとして議論を進めよう．このときエネルギー曲面 S は $\mathbb{R}^{2N}$ の超曲面となる．

(b)　幾何的考察

(HS)のエネルギー曲面 S 上の周期解を求める前に次のことに注意しておこう．

S が正則であるとすると $\nabla H(z)$ は $z\in S$ における法ベクトルを与える(図3.1)．したがって $X_H(z)=J\nabla H(z)$ は S 上の接ベクトル場となる．このベクトル場を**ハミルトンベクトル場**と呼ぶ．われわれは X_H の S 上の軌道(積分曲線)で閉じたものが存在するか否かを考える．

エネルギー曲面 S が別のハミルトニアン $\widetilde{H}(z)$, $\widetilde{h}\in\mathbb{R}$ を用いて $S=\widetilde{H}^{-1}(\widetilde{h})$ とかけ，$\widetilde{H}$ についても S は正則であるとすると，S 上で 0 とならない関数 $\rho(z)$ が存在して

$$\nabla\widetilde{H}(z) = \rho(z)\nabla H(z) \qquad \forall z\in S$$

が成立する．これより $X_H(z)=\rho(z)X_{\widetilde{H}}(z)$．したがって $X_{\widetilde{H}}$ の軌道は X_H の軌道のパラメーターを取り替えたものにほかならない．すなわち，$z(t)$ が

---

*4　$z(t+T)=z(t)$ $(\forall t)$ をみたす最小の T．最小周期を T とすると任意の $n\in\mathbb{N}$ に対して $z(t)$ は nT を周期としてもつ．

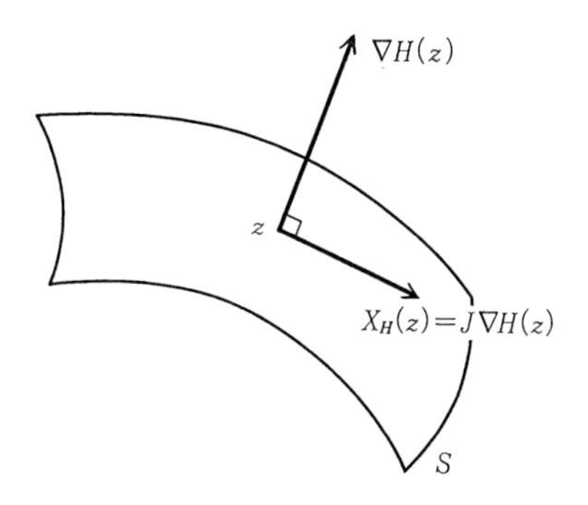

図 3.1 ハミルトンベクトル場 $X_H(z)$

$\dot{z}=J\nabla H(z)$ をみたすときパラメーターを取り替え

$$\tilde{z}(t)=z(\lambda(t))$$

を考えると $\dfrac{d}{dt}\tilde{z}=J\nabla\tilde{H}(\tilde{z})$ を満足する．ただし，$\lambda(t)$ は

$$\frac{d\lambda}{dt}=\rho(z(\lambda(t)))$$

の解である．したがって，(HS)が S 上に周期解をもつか否かは S により定まり，S をエネルギー曲面とするハミルトニアン H の選び方によらない．以下では S を正則なエネルギー曲面としてもつハミルトニアン $H(z)$ に対して(HS)が S 上に周期解をもつことを，単に S は周期軌道をもつという．

(c) Rabinowitz の存在定理

エネルギー曲面上の周期解の存在に関する最初の大域的結果は 1978 年 Rabinowitz [156] と Weinstein [193] により得られ，エネルギー曲面が星形あるいは凸であるときにその上に周期解が少なくともひとつ存在することが示されている．ここでは Rabinowitz の定理の証明を紹介する．

定理 3.19 (Rabinowitz [156]) 正則なエネルギー曲面 S の囲む領域がコンパクトな星形領域であるとき S は周期軌道をもつ． □

ここで領域 $D\subset\mathbb{R}^{2N}$ が点 z_0 に関して**星形**(star-shaped)とは，$z_0\in int\,D$ であり

$$sz+(1-s)z_0\in int\,D \qquad \forall z\in D,\ \forall s\in[0,1)$$

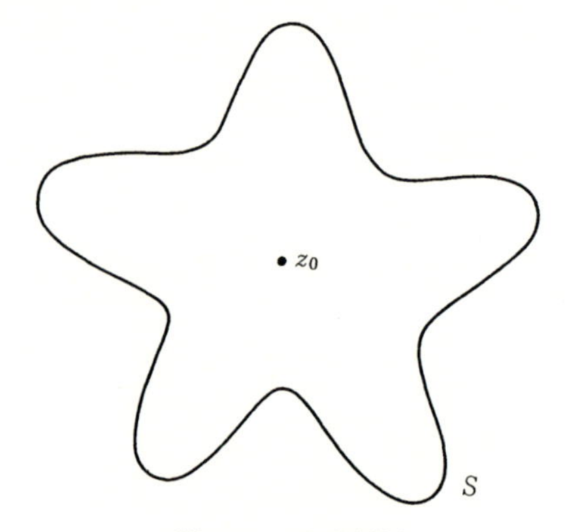

図 3.2 星形領域

が成り立つときをいう．ただし $int\,D$ は D の内部をあらわす．

［証明］ 前小節(b)で述べたことに注意して，まずハミルトニアンをうまく選ぶ．以下 S は 0 に関して星形であるとする．

Step 1：S をエネルギー曲面としてもつハミルトニアンの定義．

任意の $z\in\mathbb{R}^{2N}\setminus\{0\}$ に対して，一意的に $w(z)\in S$ と $\alpha(z)>0$ が存在して

$$z=\alpha(z)w(z)$$

が成り立つ．このとき $\alpha(z)$ は任意の $\lambda>0$ に対して $\alpha(\lambda z)=\lambda\alpha(z)$ をみたしている．ここで $H(z)$ を次により定義する．

$$H(z)=\begin{cases}\alpha(z)^4, & z\neq 0\,\text{のとき},\\ 0, & z=0\,\text{のとき}.\end{cases}$$

このとき次が成立している．

(3.38)　(i) $H(\lambda z)=\lambda^4H(z)\quad\forall\lambda>0,\ \forall z\in\mathbb{R}^{2N}$.

(ii) $S=H^{-1}(1)$.

(iii) $H(z)$ は (H0)，(H2)-(H4) を $\mu=4$ に対して満足する．

Step 2：定理 3.12 の適用と結論．

定理 3.12 を $H(z)$ に対して適用しよう（もちろん定理 3.7 でもよい）．定理 3.12 により

$$\dot{z} = J\nabla H(z)$$

は非自明な 2π-周期解 $z(t)$ をもつ．$a=H(z(0))$ とおく．このとき $H(z(t))\equiv a$ であり，(3.38)に注意すると

$$\tilde{z}(t) = a^{-1/4}z(a^{-1/2}t)$$

は $S=H^{-1}(1)$ 上の非自明な $2\pi a^{1/2}$-周期解を与える． ∎

注意 3.20 (i) 定理 3.19 の証明において S をエネルギー曲面とする適切なハミルトニアン H を選ぶことにより，S 上の周期解を求める問題を周期を定めて周期解を求める問題に帰着している．この方法は次節で述べるさらに一般的な設定のもとでも有効に用いられるアプローチである．

(ii) 定理 3.19 の証明において $H(z)=\alpha(z)^2$ としたらどうなるであろうか？ $S_r=\{z\in\mathbb{R}^{2N};\ |z|^2=r^2\}$ $(r>0)$ とすると

$$H(z) = \frac{1}{r^2}|z|^2$$

となり，対応するハミルトン系は線形方程式となる．一見これはやさしくなったように見えるが，周期を前もって定めて非自明な周期解を求めることは一般に不可能である(これは 0 が周期境界条件のもとで線形方程式の固有値となることにほかならず，固有値問題特有の難しさをもってしまう)．定理 3.19 の証明ではハミルトニアンを 2 次より大きな増大度をもつものをえらぶことにより，このような問題を回避している．このように非自明解を求めるためには線形方程式よりも非線形方程式のほうが扱いやすい場合がある．

§3.6　諸 注 意

(a)　Weinstein 予想

微分同相写像 $\Phi: \mathbb{R}^{2N}\to\mathbb{R}^{2N}$ が

$$D\Phi(z)^T J D\Phi(z) = J \qquad \forall z\in\mathbb{R}^{2N}$$

をみたすとき，**シンプレクティック変換**(symplectic transform)あるいは**正準変換**(canonical transform)と呼ぶ．

ハミルトン系はシンプレクティック変換によりまたハミルトン系にうつる．したがって前小節(b)で，エネルギー曲面 S 上の周期軌道の有無はハミルト

ニアン $H(z)$ ではなく，S 自身により定まると述べたが，ハミルトン系のシンプレクティック変換による不変性に注意すると，周期軌道の有無はシンプレクティック変換で不変な超曲面のクラスに対して定まるべきである．ここでは接触型と呼ばれる超曲面のクラスを導入する．以降 $\omega=\sum_{i=1}^{N} dp_i \wedge dq_i$ を $\mathbb{R}^{2N}$ 上の標準的なシンプレクティック構造とする．

定義 3.21（Weinstein [194]）　コンパクトな超曲面 $S\subset\mathbb{R}^{2N}$ が**接触型**(contact type)とは，S の近傍 U と U 上定義されたベクトル場 X で次の 2 条件をみたすものが存在する場合をいう．

（i）　X は S に横断的．すなわち $X(z)\notin T_zS$ がすべての $z\in S$ で成立する．

（ii）　$L_X\omega=\omega$．ここで L_X は Lie 微分をあらわす．　□

注意 3.22（Weinstein [194]）　コンパクトな超曲面 $S\subset\mathbb{R}^{2N}$ が接触型であることは次をみたす S 上の 1 形式 α が存在することと同値である．

（i）　$d\alpha=j^*\omega$，ここで $j: S\to\mathbb{R}^{2N}$ は標準的埋め込み．

（ii）　$\langle\alpha,\xi\rangle\neq 0$，ここで ξ は 0 でないハミルトンベクトル場．

定義より直ちに S が接触型であり $\Phi: \mathbb{R}^{2N}\to\mathbb{R}^{2N}$ がシンプレクティック変換であるとき，$\Phi(S)$ も接触型であることがわかる．また，S が 0 について星形な領域の境界であるとき $X(z)=\dfrac{1}{2}z$ ととれば，接触型となっていることがわかる．

次が Viterbo [191]により 1987 年に示された(Hofer–Zehnder [101]による別証明も参照のこと)．

定理 3.23（Viterbo [191]，c.f. Hofer–Zehnder [101]）　$S\subset\mathbb{R}^{2N}$ をコンパクトな接触型超曲面とする．このとき S 上に少なくとも 1 つ周期軌道が存在する．　□

定義 3.21 は Weinstein [194]によりさらに一般的なシンプレクティック多様体での設定で与えられ，$H^1(S,\mathbb{R})=0$ をみたす接触型の超曲面 S 上のハミルトンベクトル場は少なくとも 1 つ周期軌道をもつことを予想した．この予想は Weinstein 予想と呼ばれる．この予想については Hofer–Zehnder [104]

(特に第4章)，Long [126]，Hofer–Viterbo [102]，Benci–Hofer–Rabinowitz [32]，Hofer [103]等を参照されたい．

なお，接触型の仮定をおかずにコンパクトなエネルギー曲面上に周期軌道が存在するか否かも問題となるが，Ginzburg [90]と Herman [97]により周期軌道をもたない曲面の例が構成された．

また Hofer–Zehnder [101]，Struwe [177]により次が示されている．$I\subset\mathbb{R}$ を区間とし，各 $h\in I$ に対して $S_h=H^{-1}(h)$ が正則なコンパクトエネルギー曲面を与えるとする．このときほとんどすべての $h\in I$ に対して S_h は周期軌道をもつ．

(b) 古典的ハミルトン系と凸エネルギー曲面

S が古典的なハミルトニアン $H(z)=\dfrac{1}{2}|p|^2+V(q)$ に対応するエネルギー曲面あるいは S が凸曲面となっている場合には，(3.2)とは別の汎関数を用いて周期軌道の存在問題にアプローチができ，S 上の周期軌道の多重度がえられている場合がある．

まず古典的なハミルトン系について述べる．$H(p,q)$ が運動エネルギーと位置エネルギーの和で

$$H(p,q)=\frac{1}{2}|p|^2+V(q)$$

とあらわされる場合*5，(HS)は

$$\ddot{q}+\nabla V(q)=0 \tag{3.39}$$

の形となる．与えられた $h\in\mathbb{R}$ に対して $S=H^{-1}(h)$ とおくと S が正則ならば接触型となっている．S 上の周期軌道は次の汎関数の臨界点として求めることができる．

$$I(u)=\frac{1}{2}\int_0^1 (h-V(u))|\dot{u}|^2\,d\tau. \tag{3.40}$$

---

*5 より一般的に $(a_{ij}(q))_{i,j=1}^N$ は正定値対称行列とし $H(p,q)=\dfrac{1}{2}\sum_{i,j=1}^N a_{ij}(q)p_ip_j+V(q)$ としても(3.39)に対応する方程式等は若干複雑になるが，ほとんど同様に議論できる．

次の汎関数を用いることもできる.

$$J(u)=\frac{1}{2}\int_0^1(h-V(u))\,d\tau\int_0^1|\dot{u}|^2\,d\tau. \tag{3.41}$$

これらはともに周期的な H^1-関数 $u(\tau):[0,1]\to\mathbb{R}^N$ に対して定義される汎関数である. 実際, $u(\tau)$ が(3.40)の臨界点とすると $u(\tau)$ は

$$\frac{d}{d\tau}(h-V(u(\tau))\,\dot{u})+\frac{1}{2}|\dot{u}|^2\nabla V(u)=0$$

をみたし, さらに ある定数 E_0 に対して

$$\frac{1}{2}(h-V(u(\tau)))|\dot{u}|^2\equiv E_0 \qquad \forall\tau\in[0,1]$$

をみたす. $t(\tau)=\int_0^\tau\frac{\sqrt{E_0}}{h-V(u(\tau))}\,d\tau$ とおき, $t=t(\tau)$ の逆関数を $\tau=\tau(t)$ とかく. このとき $q(t)=u(\tau(t))$ は(3.39) および $H(\dot{q}(t),q(t))\equiv h$ をみたす.

したがって(3.39)の S 上の周期軌道は $N_h=\{q\in\mathbb{R}^N;\ V(q)<h\}$ 上の Riemann 計量 $\sum_{i=1}^N(h-V(q))\,dx_i^2$ (Jacobi 計量と呼ばれる)に関する閉測地線として求めることができる. ただし, この計量は N_h の境界 $\partial N_h=\{q\in\mathbb{R}^N;\ V(q)=h\}$ 上退化しているので, 扱いには注意が必要である.

(3.41)に関しては $u(\tau)$ が定数でない臨界点であるとき

$$T=\left(\frac{\frac{1}{2}\int_0^1|\dot{u}|^2\,d\tau}{\int_0^1 h-V(u(\tau))\,d\tau}\right)^{1/2},$$

$$q(t)=u(t/T)$$

とおくと, $q(t)$ は(3.39)の S 上の周期軌道を与えている.

古典的なハミルトン系(3.39)に対するエネルギー曲面上の周期軌道の存在問題の研究は Seifert [169]にさかのぼり, コンパクトな正則エネルギー曲面上に少なくとも 1 つ周期軌道が存在することが Bolotin [40], Gluck–Ziller [91], Hayashi [96], Benci [29], Benci–Giannoni [34], (c.f. van Groesen [190])により示されている. なおコンパクトなエネルギー曲面 S 上の周期解

の個数については Seifert [169] により少なくとも次元と同じ N 個存在することが予想されている．

次に S が凸曲面の場合，Clarke [52]，Clarke-Ekeland [53] により導入された Legendre 変換を用いた変分的定式化(dual action principle と呼ばれる)を用いることができる．特に Ekeland は Morse 理論を展開し，凸曲面の上には少なくとも 2 つの周期軌道が存在すること，C^∞-位相で開かつ稠密な S に対して無限個の周期軌道が存在することを示した．これらの話題については，Ekeland [71], [73], [74]，Ekeland-Lasry [70]，Ekeland-Lassoued [72]，Berestycki-Lasry-Mancini-Ruf [36] 等を参照されたい．

4 Palais–Smale 条件の成り立たない変分問題 (その 1)

今まで (PS)-条件が成立する状況のもとで臨界点の存在を示してきた．ここでは (PS)-条件が成立しない場合を扱う．(PS)-条件の成立しない変分問題としては，Sobolev の臨界指数をもった楕円型方程式(§2.5(c))，あるいは幾何学における山辺の問題が有名であるが，ここでは $\mathbb{R}^N$ における次の非線形楕円型方程式を考えよう．

$$\begin{aligned} &-\Delta u+u=a(x)u^p \quad \text{in } \mathbb{R}^N,\\ &\ \ u>0 \qquad\qquad\qquad\ \text{in } \mathbb{R}^N,\\ &\ \ u\in H^1(\mathbb{R}^N). \end{aligned}$$

この方程式は数理物理に見られる次の非線形 Schrödinger 方程式をモデルとして現れる．

$$i\frac{\partial v}{\partial t}-\Delta v=|v|^2v \quad \text{in } \mathbb{R}\times\mathbb{R}^N.$$

この方程式の解のなかでも定在波(standing wave)と呼ばれる

$$v(t,x)=e^{i\lambda t}u(x)$$

の形の解について考える．ここで $\lambda\in\mathbb{R}$ は定数，$u(x)$ は実数値関数である．$u(x)$ について方程式を書き直すと

$$-\Delta u+\lambda u=u^3 \quad \text{in } \mathbb{R}^N$$

となる．数学的に多少一般化して非線形項は u^p $(p>1)$ として正値解の存在

を考える．λ については実は，$\lambda>0$ ならばスケール変換によって $\lambda=1$ の場合に帰着できるので，始めから $\lambda=1$ として考える．

この問題は(2.38)をやや変形した Sobolev の不等式

$$\left(\int_{\mathbb{R}^N}|u|^{p+1}\,dx\right)^{\frac{1}{p+1}} \leqq C\left(\int_{\mathbb{R}^N}|\nabla u|^2+|u|^2\,dx\right)^{\frac{1}{2}}$$

の最良定数とも関連して重要である．ここでは u^p の係数 $a(x)$ を 1 から摂動した場合を考察し，方程式の解の構造への影響を調べる．有界領域のときとはかなり異なった現象が見られる．

§4.1　$\mathbb{R}^N$ における非線形楕円型方程式

次の方程式の正値解について考える．

$$\begin{aligned} &-\Delta u+u=a(x)u^p \quad \text{in } \mathbb{R}^N,\\ &u>0 \qquad\qquad\qquad\ \ \text{in } \mathbb{R}^N,\\ &u\in H^1(\mathbb{R}^N). \end{aligned} \tag{4.1}$$

指数 p は第2章と同様に

$$1<p<\infty \qquad (N=1,2), \tag{4.2}$$

$$1<p<\frac{N+2}{N-2} \qquad (N\geqq 3) \tag{4.3}$$

とする．また $a(x)\in C(\mathbb{R}^N)$ はある定数 $m_0,m_1>0$ に対して

$$m_0\leqq a(x)\leqq m_1 \qquad \forall x\in\mathbb{R}^N \tag{4.4}$$

をみたすものとする．

これらの条件のもとで，方程式(4.1)を有界領域 Ω で Dirichlet 境界条件 $u|_{\partial\Omega}=0$ のもとで考えるならば，少なくともひとつの正値解が存在することを定理 2.20 で示している．しかし $\mathbb{R}^N$ で考える場合には，次節でみるように問題はデリケートになる．この状況を説明する前に $\mathbb{R}^N$ での Sobolev の不等式との関連を述べておこう．

この章では次の記号を用いる．

第4章の記号:

$$\|u\|_{p+1} = \left(\int_{\mathbb{R}^N} |u|^{p+1}\, dx\right)^{\frac{1}{p+1}},$$
$$|\!|\!| u |\!|\!| = \left(\int_{\mathbb{R}^N} |\nabla u|^2 + |u|^2\, dx\right)^{\frac{1}{2}},$$
$$(\!(u, v)\!) = \int_{\mathbb{R}^N} \nabla u \nabla v + uv\, dx.$$

有界領域の場合と異なり $|\!|\!| u |\!|\!|$, $(\!(u,v)\!)$ の定義において $|u|^2, uv$ の項を含んでいることに注意していただきたい．また，対応する $H^1(\mathbb{R}^N)$ の双対空間 $H^{-1}(\mathbb{R}^N)$ のノルムを $|\!|\!| \cdot |\!|\!|_{H^{-1}(\mathbb{R}^N)}$ とかく．$H^{-1}(\mathbb{R}^N)$ と $H^1(\mathbb{R}^N)$ の積を $\langle \cdot, \cdot \rangle_{H^{-1}(\mathbb{R}^N), H^1(\mathbb{R}^N)}$ とかくと $f \in H^{-1}(\mathbb{R}^N)$ に対して

$$|\!|\!| f |\!|\!|_{H^{-1}(\mathbb{R}^N)} = \sup_{h \in H^1(\mathbb{R}^N),\ |\!|\!| h |\!|\!| = 1} \langle f, h \rangle_{H^{-1}(\mathbb{R}^N), H^1(\mathbb{R}^N)}$$

である．

$\mathbb{R}^N$ での Sobolev の不等式により(4.2)-(4.3)のもとでは

$$\|u\|_{p+1} \leqq C_{p+1} |\!|\!| u |\!|\!| \qquad \forall u \in H^1(\mathbb{R}^N) \tag{4.5}$$

が適当な定数 $C_{p+1} > 0$ に対して成立する．第2章と同様に(4.5)における最良の定数 A_{p+1} を考えるとそれは

$$A_{p+1} = \sup_{|\!|\!| u |\!|\!| = 1} \|u\|_{p+1} \tag{4.6}$$

あるいは

$$A_{p+1}^{-1} = \inf_{|\!|\!| u |\!|\!| = 1} \left(\frac{1}{\|u\|_{p+1}}\right)$$

で与えられ，対応する楕円型方程式は $a(x) \equiv 1$ とした(4.1)となる．条件(4.4)のもとでも不等式

$$\int_{\mathbb{R}^N} a(x) |u|^{p+1}\, dx \leqq C_a^{p+1} |\!|\!| u |\!|\!|^{p+1}$$

はもちろん成立し，最良の定数 $A(a)$ は

$$A(a) = \sup_{|\!|\!| u |\!|\!| = 1} \left(\int_{\mathbb{R}^N} a(x) |u|^{p+1}\, dx\right)^{\frac{1}{p+1}}$$

あるいは

$$A(a)^{-1} = \inf_{\|u\|=1}\left(\frac{1}{\int_{\mathbb{R}^N} a(x)|u|^{p+1}\,dx}\right)^{\frac{1}{p+1}} \tag{4.7}$$

と特徴づけられ，対応する方程式は(4.1)となる．(4.4)より

$$m_0^{\frac{1}{p+1}} A_{p+1} \leqq A(a) \leqq m_1^{\frac{1}{p+1}} A_{p+1} \tag{4.8}$$

が成立していることに注意しておこう．

§4.2　非存在定理

有界領域において楕円型方程式を考える場合と異なり，(4.4)のみでは $\mathbb{R}^N$ での楕円型方程式(4.1)は正値解をもつとは限らない．この節ではこの状況を見よう．

定理 4.1　$a(x)\in C^1(\mathbb{R}^N,\mathbb{R})$ は(4.4)および

$$\frac{\partial a}{\partial x_j} \in L^\infty(\mathbb{R}^N) \qquad (j=1,2,\cdots,N) \tag{4.9}$$

をみたし，さらに，ある $\nu\in\mathbb{R}^N\setminus\{0\}$ が存在して

$$\frac{\partial a}{\partial \nu}(x) \equiv \sum_{j=1}^N \nu_j \frac{\partial a}{\partial x_j}(x) \geqq 0 \qquad \forall x\in\mathbb{R}^N, \tag{4.10}$$

$$\frac{\partial a}{\partial \nu}(x) \not\equiv 0 \tag{4.11}$$

をみたすとする．このとき(4.1)は正値解をもたない．　□

定理 4.1 を示すにあたってまず次に注意しよう．

補題 4.2　(4.4)を仮定する．このとき $u(x)$ を(4.1)の正値解とすると $u(x)\in H^2(\mathbb{R}^N)$ である．

[証明]　楕円型方程式に対する標準的な議論により導かれる．ここでは概略を述べよう．

$u\in H^1(\mathbb{R}^N)$ を(4.1)の解とする．Sobolev の埋め込み定理により

$$u \in L^q(\mathbb{R}^N), \tag{4.12}$$

ここで q は

$$\begin{aligned} &q \in [2, q_1] && (N \geqq 3), \\ &q \in [2, \infty) && (N = 2), \\ &q \in [2, \infty] && (N = 1) \end{aligned}$$

をみたす数であり，q_1 は次で与えられる．

$$\frac{1}{q_1} = \frac{1}{2} - \frac{1}{N}.$$

仮定(4.3)より $q_1 > p+1$ が成立することに注意しておこう．さて(4.12)より(4.1)の右辺 $a(x)u^p$ は以下をみたす．

$$\begin{aligned} a(x)u^p \in L^r(\mathbb{R}^N) \qquad &\forall r \in \left[\max\left\{1, \frac{2}{p}\right\}, \frac{q_1}{p}\right] && (N \geqq 3), \\ &\forall r \in \left[\max\left\{1, \frac{2}{p}\right\}, \infty\right) && (N = 2), \\ &\forall r \in \left[\max\left\{1, \frac{2}{p}\right\}, \infty\right] && (N = 1). \end{aligned}$$

特に $N=1,2$ の場合は $a(x)u^p \in L^2(\mathbb{R}^N)$ が従う．これと楕円型方程式に対する解の正則性の結果(Stein [176]，Simader [174]，田辺[183]，Triebel [189] 等を参照のこと)により

$$u \in H^2(\mathbb{R}^N)$$

を得る．

$N \geqq 3$ の場合，$N=1,2$ の場合と同様に楕円型方程式の解の正則性より

$$u \in W^{2,r}(\mathbb{R}^N) \qquad \forall r \in \left(\max\left\{1, \frac{2}{p}\right\}, \frac{q_1}{p}\right].$$

Sobolev の埋め込み定理より

$$u \in L^q(\mathbb{R}^N) \qquad \forall q \in [2, q_2].$$

ここで

$$\frac{1}{q_2}=\frac{p}{q_1}-\frac{2}{N}=p\left(\frac{1}{2}-\frac{1}{N}\right)-\frac{2}{N}.$$

$p<\dfrac{N+2}{N-2}$ より

$$\frac{1}{q_2}-\frac{1}{q_1}=\frac{p-1}{q_1}-\frac{2}{N}<\frac{1}{q_1}\frac{4}{N-2}-\frac{2}{N}=0.$$

これより $q_2>q_1$ がわかる．

以上の議論を繰り返して，q_1 から q_2 を定めたように q_2 から $q_3\,(>q_2)$ を定め

$$u\in L^q(\mathbb{R}^N)\qquad \forall q\in[2,q_3]$$

とできる．この操作を繰り返すことにより

$$u\in L^q(\mathbb{R}^N)\qquad \forall q\in[2,\infty)$$

が得られ，これより $N=1,2$ の場合と同様に $u\in H^2(\mathbb{R}^N)$ が従う． ∎

［定理4.1の証明］　(4.10)-(4.11)における ν を $\nu=(1,0,\cdots,0)$ として証明する．このとき $\dfrac{\partial a}{\partial\nu}(x)=\dfrac{\partial a}{\partial x_1}(x)$ である．

(4.1)の正値解 $u(x)$ が存在したとする．補題4.2により $u\in H^2(\mathbb{R}^N)$ である．またそれは汎関数

(4.13)

$$F(u)=\frac{1}{2}\int_{\mathbb{R}^N}(|\nabla u|^2+|u|^2)\,dx-\frac{1}{p+1}\int_{\mathbb{R}^N}a(x)|u|^{p+1}\,dx:\ H^1(\mathbb{R}^N)\to\mathbb{R}$$

の臨界点である．すなわち

$$F'(u)h=0\qquad \forall h\in H^1(\mathbb{R}^N).$$

よって

$$\int_{\mathbb{R}^N}(\nabla u\nabla h+uh)\,dx-\int_{\mathbb{R}^N}a(x)|u|^{p-1}uh\,dx=0\qquad \forall h\in H^1(\mathbb{R}^N).$$

$u(x)\in H^2(\mathbb{R}^N)$ より上式において $h=\dfrac{\partial u}{\partial x_1}$ とすることができる．すなわち

(4.14)

$$\int_{\mathbb{R}^N}\left(\nabla u\nabla\left(\frac{\partial u}{\partial x_1}\right)+u\frac{\partial u}{\partial x_1}\right)dx-\int_{\mathbb{R}^N}a(x)|u|^{p-1}u\frac{\partial u}{\partial x_1}\,dx=0.$$

ここで任意の $v\in H^2(\mathbb{R}^N)$ に対して次が成立する．

$$(4.15)\qquad \int_{\mathbb{R}^N} \nabla v \nabla\left(\frac{\partial v}{\partial x_1}\right) dx = 0,$$

$$(4.16)\qquad \int_{\mathbb{R}^N} v \frac{\partial v}{\partial x_1}\, dx = 0,$$

$$(4.17)\qquad \int_{\mathbb{R}^N} a(x)|v|^{p-1} v \frac{\partial v}{\partial x_1}\, dx = -\frac{1}{p+1}\int_{\mathbb{R}^N} \frac{\partial a}{\partial x_1}(x)|v|^{p+1}\, dx.$$

(4.15)-(4.17)の証明は次に述べることとして，(4.14)の各項に対して用いると

$$\int_{\mathbb{R}^N} \frac{\partial a}{\partial x_1}(x)|u|^{p+1}\, dx = 0$$

が得られる．$\mathbb{R}^N$ において $u(x)>0$ であったから(4.10)-(4.11)により，左辺は正でなければならず矛盾．したがって，(4.1)は条件(4.9)-(4.11)のもとでは正値解をもたない． ■

[(4.15)-(4.17)の証明]　ここでは(4.17)を証明する．(4.15),(4.16)も同様に示すことができる．まず $\varphi(x)\in C_0^\infty(\mathbb{R}^N)$ に対して

$$(4.18)\qquad \int_{\mathbb{R}^N} a(x)|\varphi|^{p-1}\varphi \frac{\partial \varphi}{\partial x_1}\, dx = \int_{\mathbb{R}^N} a(x)\frac{\partial}{\partial x_1}\left(\frac{1}{p+1}|\varphi|^{p+1}\right) dx$$
$$= -\frac{1}{p+1}\int_{\mathbb{R}^N} \frac{\partial a}{\partial x_1}(x)|\varphi|^{p+1}\, dx$$

であり(4.17)が成立する．

$v(x)\in H^2(\mathbb{R}^N)$ とする．$C_0^\infty(\mathbb{R}^N)$ は $H^2(\mathbb{R}^N)$ において稠密であるから，

$$\varphi_j(x) \to v(x) \quad \text{in } H^2(\mathbb{R}^N)$$

なる列 $(\varphi_j(x))_{j=1}^\infty \subset C_0^\infty(\mathbb{R}^N)$ が存在する．各 $j\in\mathbb{N}$ に対して(4.18)により

$$(4.19)\qquad \int_{\mathbb{R}^N} a(x)|\varphi_j|^{p-1}\varphi_j \frac{\partial \varphi_j}{\partial x_1}\, dx = -\frac{1}{p+1}\int_{\mathbb{R}^N} \frac{\partial a}{\partial x_1}|\varphi_j|^{p+1}\, dx.$$

ここで次の2つの関数

$$w \mapsto \int_{\mathbb{R}^N} a(x)|w|^{p-1} w \frac{\partial w}{\partial x_1}\, dx,$$

$$w \mapsto \int_{\mathbb{R}^N} \frac{\partial a}{\partial x_1} |w|^{p+1}\, dx$$

はともに $H^2(\mathbb{R}^N)$ から $\mathbb{R}$ への連続関数であることに注意して(4.19)において $j \to \infty$ とすると(4.17)を得る． ∎

このように $\mathbb{R}^N$ で楕円型方程式(4.1)を考えた場合は，たとえ(4.4)を $a(x)$ がみたしていても，正値解は存在するとは限らない．しかし

$$a(x) \to 1 \quad (|x| \to \infty)$$

のような状況あるいは $a(x)$ が各 x_i について周期的な場合等には正値解の存在を期待したい．解の存在，非存在は密接に (PS)-条件に関連する．

次節においては(4.1)に対応する汎関数の性質および (PS)-列について述べよう．

§4.3　(4.1)に対応する2つの汎関数

ここでは定理2.20と同様に正値解に対応する次の汎関数を考えよう．

$$\begin{aligned} I(u) &= \int_{\mathbb{R}^N} \frac{1}{2}(|\nabla u|^2 + |u|^2) - \frac{1}{p+1} a(x) u_+(x)^{p+1}\, dx \\ &= \frac{1}{2}\|u\|^2 - \frac{1}{p+1}\int_{\mathbb{R}^N} a(x) u_+(x)^{p+1}\, dx : H^1(\mathbb{R}^N) \to \mathbb{R} \end{aligned}$$

とおこう．ここで

$$u_+(x) = \max\{u(x), 0\}$$

である．

補題4.3　$u \in H^1(\mathbb{R}^N)$ を $I(u)$ の 0 でない臨界点とする．このとき $u(x)$ は(4.1)の正値解である．

［証明］　定理2.20と同様に証明できるが，ここで簡単に繰り返しておこう．$u \in H^1(\mathbb{R}^N)$ を $u \neq 0$ なる $I(u)$ の臨界点とする．$I'(u) = 0$ より次が従う．

$$-\Delta u + u = a(x) u_+^p \quad \text{in } \mathbb{R}^N. \tag{4.20}$$

ここでもし $u_+ \equiv 0$ ならば(4.20)により $u \equiv 0$ が従う．したがって $u_+ \geqq 0$ か

つ $u\not\equiv 0$. よって最大値原理より

$$u(x)>0 \quad \text{in } \mathbb{R}^N$$

が従い，$u(x)$ は(4.1)の正値解である. ∎

したがって(4.1)の正値解の存在(非存在)を示すためには $u\not\equiv 0$ なる $I(u)$ の臨界点の存在(非存在)を示せばよい.

命題2.24からの類推により，$I(u): H^1(\mathbb{R}^N)\to\mathbb{R}$ の臨界点の存在問題を $H^1(\mathbb{R}^N)$ 上の単位球面

$$\Sigma=\{v\in H^1(\mathbb{R}^N);\ \|v\|^2=1\},$$
$$\Sigma_+=\{v\in\Sigma;\ v_+\not\equiv 0\}$$

上の次の汎関数に対する臨界点の存在問題に帰着すると便利なことが多い.

$$J(v)=\sup_{t\geqq 0} I(tv):\ \Sigma_+\to\mathbb{R}.$$

その準備として，まず各 $v\in\Sigma$ に対して定義される次の関数の性質を調べよう.

(4.21) $$f_v(t)=I(tv):\ [0,\infty)\to\mathbb{R}.$$

次が成立する.

補題 4.4

(i) 任意の $v\in\Sigma_+$ に対して(4.21)で定義される関数 $f_v(t)$ は一意的な臨界点

(4.22) $$t_a(v)=\left(\int_{\mathbb{R}^N} a(x)v_+^{p+1}\,dx\right)^{-\frac{1}{p-1}}$$

をもち，$t_a(v)$ は $f_v(t)$ の最大値を与える. 特に

(4.23) $$\max_{t\geqq 0} f_v(t)=f_v(t_a(v))=\left(\frac{1}{2}-\frac{1}{p+1}\right)t_a(v)^2.$$

(ii)

(4.24) $$I'(t_a(v)v)v=0.$$

(iii) $v\in\Sigma\setminus\Sigma_+$ に対して $f_v(t)$ は狭義単調増加であり臨界点をもたない.

[証明] (i) $v\in\Sigma$, $t>0$ に対して

$$f_v(t)=\frac{1}{2}t^2-\frac{1}{p+1}\int_{\mathbb{R}^N}a(x)v_+^{p+1}\,dx\,t^{p+1},$$
(4.25)
$$f_v'(t)=t-\int_{\mathbb{R}^N}a(x)v_+^{p+1}\,dx\,t^p$$

が成り立つことより $f_v(t)$ が唯一つ臨界点をもつこと，および(4.22),(4.23)は明らか．

(ii)は $f_v'(t_a(v))=0$ にほかならない．(iii)も(4.25)より明らか． ∎

したがって以上より

(4.26)
$$J(v)=I(t_a(v)v)=\left(\frac{1}{2}-\frac{1}{p+1}\right)t_a(v)^2$$
$$=\left(\frac{1}{2}-\frac{1}{p+1}\right)\left(\frac{1}{\int_{\mathbb{R}^N}a(x)v_+^{p+1}\,dx}\right)^{\frac{2}{p-1}}$$

である．

以下では単位球面上の汎関数 $J(v)$ の臨界点の存在を考える．§1.4(d)で導入された単位球面上の汎関数の微分，臨界点，$(PS)_c$-列等の概念を用いる．

まず Σ の接平面およびそこでの内積は

$$T_v\Sigma=\{h\in H^1(\mathbb{R}^N);\ (h,v)=0\},$$
$$\langle h_1,h_2\rangle_{T_v\Sigma}=(h_1,h_2)$$

となる．Σ 上の汎関数 $J(v)$ の性質を調べていこう．

命題 4.5　(4.26)で定義される $J(v)\in C^1(\Sigma_+,\mathbb{R})$ は次をみたす．

(i)　$\displaystyle\inf_{v\in\Sigma_+}J(v)=\left(\frac{1}{2}-\frac{1}{p+1}\right)A(a)^{-\frac{2(p+1)}{p-1}}>0.$

(ii)　$(v_j)_{j=1}^\infty\subset\Sigma_+$ が

$$(v_j)_+\to 0\quad\text{in }L^{p+1}(\mathbb{R}^N)$$

をみたすならば $J(v_j)\to\infty$．特に

$$\partial\Sigma_+=\{v\in\Sigma;\ v_+\equiv 0\}$$

とすると

$$\liminf_{\substack{v\in\Sigma_+\\ \mathrm{dist}(v,\Sigma_+)\to 0}}J(v)=\infty.$$

(iii)　すべての $v\in\Sigma_+$ に対して

(4.27) $$J'(v)h = t_a(v)I'(t_a(v)v)h \qquad \forall\, h \in T_v\Sigma,$$

(4.28) $$\|J'(v)\|_{(T_v\Sigma)^*} = t_a(v) \| I'(t_a(v)v) \|_{H^{-1}(\mathbb{R}^N)},$$

ここで

$$\|J'(v)\|_{(T_v\Sigma)^*} = \sup_{h\in T_v\Sigma,\ \|h\|=1} |J'(v)h|.$$

(iv)　$v\in\Sigma_+$ に対して次は同値.

1°　v は $J(v)$ の臨界点である.

2°　$t_a(v)v$ は $I(u)$ の臨界点である.

また 0 でない $I(u)$ の臨界点 u に対して $v=\dfrac{u}{\|u\|}\in\Sigma_+$ とおくと v は $J(v)$ の臨界点である. 特に

$$(I(u)\ \text{の臨界値}) = (J(v)\ \text{の臨界値}) \cup \{0\}.$$

[証明]　(i)は自明.

(ii) $(v_j)_+\to 0$ in $L^{p+1}(\mathbb{R}^N)$ ならば $\int_{\mathbb{R}^N} a(x)(v_j)_+^{p+1}\,dx\to 0$ が成り立つので, (4.26)から $J(v_j)\to\infty$. 次に $(v_j)_{j=1}^{\infty}\subset\Sigma_+$ が $\mathrm{dist}\,(v_j,\partial\Sigma_+)\to 0$ をみたすならば $(v_j)_+\to 0$ in $L^{p+1}(\mathbb{R}^N)$ が成立することに注意しよう. 実際, $\mathrm{dist}\,(v_j,\partial\Sigma_+)\to 0$ のとき, ある $u_j\in\partial\Sigma_+$ と $h_j\in H^1(\mathbb{R}^N)$ が存在して

$$v_j = u_j + h_j, \quad \|h_j\|\to 0$$

が成立する. これより $0\leqq (v_j)_+\leqq (h_j)_+$, $\|(h_j)_+\|_2\to 0$ がわかるので, $\|(v_j)_+\|_2\to 0$. 一方, $v_j\in\Sigma$ より $\|v_j\|=1$ であるので補間定理により $(v_j)_+\to 0$ in $L^{p+1}(\mathbb{R}^N)$. よって $J(v_j)\to\infty$.

(iii) $J(v)=I(t_a(v)v)$ により(4.24)を用いると

(4.29) $$\begin{aligned} J'(v)h &= t_a(v)I'(t_a(v)v)h + I'(t_a(v)v)[(t'_a(v)h)v] \\ &= t_a(v)I'(t_a(v)v)h. \end{aligned}$$

したがって(4.27)が成立する. 任意の $w\in H^1(\mathbb{R}^N)$ は $s=(w,v)$ とおくと

$$w = sv + (w-sv) \in \mathrm{span}\{v\}\oplus T_v\Sigma$$

と直交分解されるので, (4.28)は(4.24), (4.29)により従う.

(iv)は(iii)より明らか. ∎

したがって, (4.1)の正値解の存在(非存在)を示すためには $J(v)$ の臨界点

の存在(非存在)を示せばよい.

$(PS)_c$-列についても次のように $I(u)$ と $J(v)$ は対応する.

命題 4.6　$(v_j)_{j=1}^{\infty}\subset\Sigma_+$ に対して次は同値.

1°　$(v_j)_{j=1}^{\infty}\subset\Sigma_+$ は $J(v)$ に対する $(PS)_c$-列.

2°　$(t_a(v_j)v_j)_{j=1}^{\infty}\subset H^1(\mathbb{R}^N)$ は $I(u)$ に対する $(PS)_c$-列.

[証明]　(4.26), 命題4.5(i)に注意すると, 任意の $v\in\Sigma_+$ に対して

$$\left[\left(\frac{1}{2}-\frac{1}{p+1}\right)^{-1}J(v)\right]^{1/2}=t_a(v)\geqq A(a)^{-\frac{p+1}{p-1}} \tag{4.30}$$

が成立する. よって $J(v_j)=I(t_a(v_j)v_j)$ が有界にとどまるならば, $c_1, c_2>0$ が存在して十分大きな j に対して

$$c_1\leqq t_a(v_j)\leqq c_2$$

が成立する. したがって(4.28)より命題4.6は従う. ∎

上の命題の系として次が成立する.

系 4.7　$c\in\mathbb{R}$ に対して次は同値.

1°　$J(v)$ は $(PS)_c$-条件をみたす.

2°　$I(u)$ は $(PS)_c$-条件をみたす.

[証明]　(2° ⟹ 1°)の証明のみを述べておこう. $(v_j)_{j=1}^{\infty}\subset\Sigma_+$ を $J(v)$ に対する $(PS)_c$-列とする. (4.26)により

$$\lim_{j\to\infty}t_a(v_j)\in(0,\infty) \tag{4.31}$$

が存在する. また命題4.6より $(t_a(v_j)v_j)_{j=1}^{\infty}$ は $I(u)$ に対する $(PS)_c$-列である. 2°より $(t_a(v_j)v_j)_{j=1}^{\infty}$ は強収束部分列をもつ. (4.31)により $(v_j)_{j=1}^{\infty}$ も強収束部分列をもつ. よって $(PS)_c$ が $J(u)$ についても成立する. ∎

(1° ⟹ 2°) さしあたり必要ないので, 証明は読者にゆだねよう.

問1　系4.7(1° ⟹ 2°)を証明せよ. (実は後に述べる補題4.15等が必要である.)

ここで§4.2の例をふりかえってみよう. 条件(4.4)を仮定しても $a(x)$ が(4.10), (4.11)をみたすならば(4.1)は正値解をもたない. すなわち $J(v)$ は臨界点をもたない. 一方,

$$\inf_{v\in\Sigma} J(v) > 0, \qquad \liminf_{\substack{v\in\Sigma_+ \\ \mathrm{dist}\,(v,\partial\Sigma_+)\to 0}} J(v) = \infty$$

であった(命題 4.5). したがって定理 1.32 を考え合わせると $c_0 = \inf_{v\in\Sigma} J(v)$ において $(PS)_{c_0}$-条件は成立しないことになる.

次の節では (PS)-条件について詳しく述べよう.

§4.4 $I(u)$ に対する Palais-Smale 条件

(PS)-条件を $I(u)$ がみたすか否かについてここでは考えよう. 前節の最後に見たように有界領域の場合と異なり (PS)-条件は成立するとは限らない. そのような場合は (PS)-列がどのような挙動をもつか調べてみよう.

$a(x)$ に対して仮定する条件について述べる. 前節で見たように, $a(x)$ がある方向に単調に増加しているとき, (4.1)の解の存在, すなわち (PS)-条件は期待できないのであった. そこでここでは, $a(x)$ は $|x|\to\infty$ のときある定数に近づくようなもの, あるいは状況を一般化して, $a(x)$ が空間周期的な関数 $a_\infty(x)$ に $|x|\to\infty$ のとき近づく, すなわち

$$|a(x)-a_\infty(x)| \to 0 \quad (|x|\to\infty)$$

なるときを考えよう. 詳しく述べると,

定義 4.8 $a_\infty(x)\in C(\mathbb{R}^N,\mathbb{R})$ が**空間周期的**とは, $L_1, L_2, \cdots, L_N > 0$ が存在して

$$a_\infty(x_1+k_1L_1, x_2+k_2L_2, \cdots, x_N+k_NL_N) = a_\infty(x_1, x_2, \cdots, x_N)$$
$$\forall\,(x_1, x_2, \cdots, x_N)\in\mathbb{R}^N,\ \forall\,(k_1, k_2, \cdots, k_N)\in\mathbb{Z}^N$$

が成立しているときをいう. □

もちろん定数関数 $a_\infty(x)\equiv 1$ は空間周期的となる. 以下では, 議論は本質的に変わらないので, $a_\infty(x)$ は x_i に対して周期 1 をもつ. すなわち $L_1 = L_2 = \cdots = L_N = 1$ を仮定する:

$$a_\infty(x_1+k_1, x_2+k_2, \cdots, x_N+k_N) = a_\infty(x_1, x_2, \cdots, x_N) \tag{4.32}$$
$$\forall\,(x_1, x_2, \cdots, x_N)\in\mathbb{R}^N,\ \forall\,(k_1, k_2, \cdots, k_N)\in\mathbb{Z}^N.$$

$a(x) \in C(\mathbb{R}^N, \mathbb{R})$ に対して次を仮定する.

(i) ある定数 $m_0, m_1 > 0$ に対して

$$m_0 \leqq a(x) \leqq m_1 \qquad \forall x \in \mathbb{R}^N. \tag{4.33}$$

(ii) (4.32)をみたす $a_\infty(x) \in C(\mathbb{R}^N, \mathbb{R})$ が存在して

$$|a(x) - a_\infty(x)| \to 0 \qquad (|x| \to \infty). \tag{4.34}$$

ここで(4.32),(4.33),(4.34)より

$$m_0 \leqq a_\infty(x) \leqq m_1 \qquad \forall x \in \mathbb{R}^N \tag{4.35}$$

も成立していることに注意しておこう.

$a(x)$, $a_\infty(x)$ に対応して2つの汎関数 $I(u)$, $I_\infty(u)$ を次で定義する.

$$I(u) = \frac{1}{2}\|u\|^2 - \frac{1}{p+1}\int_{\mathbb{R}^N} a(x) u_+^{p+1}\, dx, \tag{4.36}$$

$$I_\infty(u) = \frac{1}{2}\|u\|^2 - \frac{1}{p+1}\int_{\mathbb{R}^N} a_\infty(x) u_+^{p+1}\, dx. \tag{4.37}$$

これらはともに $H^1(\mathbb{R}^N)$ 上 C^1-級の関数であり，補題4.3で述べたようにそれぞれの0でない臨界点は

$$\begin{cases} -\Delta u + u = a(x) u^p & \text{in } \mathbb{R}^N, \\ u > 0 & \text{in } \mathbb{R}^N, \\ u \in H^1(\mathbb{R}^N) \end{cases} \tag{4.1}$$

および

$$\begin{cases} -\Delta u + u = a_\infty(x) u^p & \text{in } \mathbb{R}^N, \\ u > 0 & \text{in } \mathbb{R}^N, \\ u \in H^1(\mathbb{R}^N) \end{cases} \tag{4.38}$$

の弱解である.

ここで $I_\infty(u)$ は次の意味で平行移動について不変であることに注意しておこう.

$$I_\infty(u(\cdot - n)) = I_\infty(u(\cdot)) \qquad \forall u \in H^1(\mathbb{R}^N),\ \forall n \in \mathbb{Z}^N. \tag{4.39}$$

これは言い換えると，$H^1(\mathbb{R}^N)$ での $\mathbb{Z}^N$-作用

$$\mathbb{Z}^N \times H^1(\mathbb{R}^N) \to H^1(\mathbb{R}^N);\ (n, u(x)) \mapsto u(x-n)$$

に関して $I_\infty(u)$ が不変であるということができる．この言葉を用いると(4.38)は $\mathbb{Z}^N$-作用に関して同変である．

前節では，正値解の存在しないことより，Palais-Smale 条件が成立しないことを述べたが，ここでは強収束しない (PS)-列の例をまず 2,3 あげておこう．

例 4.9 $\omega(x)$ を $I_\infty(u)$ の 0 でない臨界点とし(のちに存在を議論するが，今は存在を認めておこう)，$v_0(x) \in H^1(\mathbb{R}^N)$ を $I(u)$ の臨界点とする．$v_0 \equiv 0$ でもよい．$(n_j)_{j=1}^\infty \subset \mathbb{Z}^N$ を $|n_j| \to \infty$ $(j \to \infty)$ をみたす列とし

$$u_j(x) = v_0(x) + \omega(x-n_j)$$

とおく．このとき $(u_j)_{j=1}^\infty$ は

$$I(u_j) \to I(v_0) + I_\infty(\omega), \tag{4.40}$$

$$I'(u_j) \to 0 \tag{4.41}$$

をみたし，$c = I(v_0) + I_\infty(\omega)$ に対する $(PS)_c$-列である．しかし $u_j(x)$ はもちろん強収束する部分列を持たない． □

(4.40), (4.41)を確かめる前に，この例の意味するところを見ておこう．

$\omega(x)$ は $I_\infty(u)$ の臨界点であるからそれを整数分だけ平行移動した

$$\omega(x-n), \quad n \in \mathbb{Z}^N$$

も $I_\infty(u)$ の臨界点である．したがって(4.38)をみたしている．ここで $v_0(x) + \omega(x-n)$ を方程式に代入した場合の誤差を計算してみよう．

$$\begin{aligned}
&-\Delta(v_0(x)+\omega(x-n)) + (v_0(x)+\omega(x-n)) - a(x)(v_0(x)+\omega(x-n))^p \\
&\quad = (-\Delta v_0(x) + v_0(x)) + (-\Delta\omega(x-n) + \omega(x-n)) - a(x)(v_0(x)+\omega(x-n))^p \\
&\quad = a(x)v_0(x)^p + a_\infty(x)\omega(x-n)^p - a(x)(v_0(x)+\omega(x-n))^p \\
&\quad = a(x)(v_0(x)^p + \omega(x-n)^p - (v_0(x)+\omega(x-n))^p) \\
&\qquad - (a(x)-a_\infty(x))\omega(x-n)^p.
\end{aligned}$$

ここで $\omega(x)$, $v_0(x)$ はともに $|x| \to \infty$ とすると 0 に近づく(実際には指数的に減衰している)ことに注意すると，$a(x) - a_\infty(x) \to 0$ $(|x| \to \infty)$ より，上式の右辺(誤差)は $n \to \infty$ のとき 0 へ収束することがわかる(図 4.1)．

図 **4.1** 関数 $v_0(x)+\omega(x-n)$

このように $I_\infty(u)$ の平行移動に関する不変性($\mathbb{Z}^N$-不変性)(4.39)に起因して $I(u)$ に対する (PS)-条件が成立しなくなる．ここで(4.40)-(4.41)をきちんと示しておこう．実は指数的に解が減衰することを用いれば，証明はさらに簡単になるが，のちに用いる補題 4.10，4.11 もあわせて導入することとする．

[例 4.9 の証明] $|n_j|\to\infty$ のとき $\omega(x-n_j)\rightharpoonup 0$ weakly in $H^1(\mathbb{R}^N)$ に注意すれば，次の補題より(4.40),(4.41)は容易に得られる． ∎

補題 4.10 $f(x)\in H^1(\mathbb{R}^N)$ および $H^1(\mathbb{R}^N)$ において 0 に弱収束する列 $(g_j)_{j=1}^\infty\subset H^1(\mathbb{R}^N)$ に対して

$$I(f+g_j)-I(f)-I_\infty(g_j)\to 0, \tag{4.42}$$

$$I_\infty(f+g_j)-I_\infty(f)-I_\infty(g_j)\to 0, \tag{4.43}$$

$$I'(f+g_j)-I'(f)-I'_\infty(g_j)\to 0 \quad \text{strongly in } H^{-1}(\mathbb{R}^N), \tag{4.44}$$

$$I'_\infty(f+g_j)-I'_\infty(f)-I'_\infty(g_j)\to 0 \quad \text{strongly in } H^{-1}(\mathbb{R}^N). \tag{4.45}$$ □

実際，$f(x)=v_0(x)$，$g_j(x)=\omega(x-n_j)$ とおくと

$$I_\infty(g_j)=I_\infty(\omega(x-n_j))=I_\infty(\omega),$$
$$I'_\infty(g_j)=I'_\infty(\omega(x-n_j))=0,$$
$$I'(f)=I'(v_0)=0$$

により(4.42),(4.44)から(4.40),(4.41)は従う．

補題 4.10 の証明のためには次の補題が必要である．

補題 4.11 $f(x)\in H^1(\mathbb{R}^N)$ および $H^1(\mathbb{R}^N)$ において 0 に弱収束する列 $(g_j)_{j=1}^\infty\subset H^1(\mathbb{R}^N)$ に対して $j\to\infty$ のとき

$$\|f+g_j\|^2-\|f\|^2-\|g_j\|^2\to 0, \tag{4.46}$$

$$\int_{\mathbb{R}^N} |(f+g_j)_+^{p+1} - f_+^{p+1} - g_{j+}^{p+1}|\, dx \to 0, \tag{4.47}$$

$$\int_{\mathbb{R}^N} |(f+g_j)_+^p - f_+^p - g_{j+}^p|^{\frac{p+1}{p}}\, dx \to 0. \tag{4.48}$$

［証明］ (4.46)の左辺$=2(f,g_j)\to 0$ より，(4.46)は明らか．

(4.47), (4.48)は同様に証明できるので，(4.48)についてのみ述べる．まず任意の $x\in\mathbb{R}^N$ に対して

$$\begin{aligned}(f+g_j)_+^p - f_+^p - g_{j+}^p &= \int_0^1 \frac{d}{d\tau}((\tau f+g_j)_+^p - \tau^p f_+^p)\, d\tau \\ &= p\int_0^1 (\tau f+g_j)_+^{p-1} - \tau^{p-1} f_+^{p-1}\, d\tau\, f.\end{aligned}$$

したがって

$$|(f+g_j)_+^p - f_+^p - g_{j+}^p| \leqq p(|f|+|g_j|)^{p-1}|f(x)|. \tag{4.49}$$

また上式より，ある定数 $C>0$ が存在して

$$|(f+g_j)_+^p - f_+^p - g_{j+}^p| \leqq |g_j|^p + C|f|^p \tag{4.50}$$

が成立する．$R>1$ とし(4.48)の左辺を次のように2つに分けて考える．

$$\begin{aligned}(4.48)\text{の左辺} &= \int_{|x|\leqq R} |(f+g_j)_+^p - f_+^p - g_{j+}^p|^{\frac{p+1}{p}}\, dx \\ &\quad + \int_{|x|\geqq R} |(f+g_j)_+^p - f_+^p - g_{j+}^p|^{\frac{p+1}{p}}\, dx.\end{aligned}$$

$g_j \rightharpoonup 0$ weakly in $H^1(\mathbb{R}^N)$ により $g_j\to 0$ strongly in $L^{p+1}(|x|\leqq R)$ が従う．(4.50)に注意して定理0.12を用いると（上式の右辺第1項）$\to 0$．また右辺第2項に(4.49)および Hölder の不等式を適用すると

$$\begin{aligned}(\text{第2項}) &\leqq p^{\frac{p+1}{p}} \int_{|x|\geqq R} (|f|+|g_j|)^{\frac{(p-1)(p+1)}{p}} |f|^{\frac{p+1}{p}}\, dx \\ &\leqq p^{\frac{p+1}{p}} \left(\int_{|x|\geqq R} (|f|+|g_j|)^{p+1}\, dx\right)^{\frac{p-1}{p}} \left(\int_{|x|\geqq R} |f|^{p+1}\, dx\right)^{\frac{1}{p}} \\ &\leqq p^{\frac{p+1}{p}} \|f+g_j\|_{p+1}^{\frac{(p-1)(p+1)}{p}} \left(\int_{|x|\geqq R} |f|^{p+1}\, dx\right)^{\frac{1}{p}}.\end{aligned}$$

ここで $g_j \rightharpoonup 0$ weakly in $H^1(\mathbb{R}^N)$ より g_j は $H^1(\mathbb{R}^N)$ において有界，すなわち $L^{p+1}(\mathbb{R}^N)$ において有界．また明らかに

$$\int_{|x|\geqq R} |f|^{p+1}\,dx \to 0 \quad (R\to\infty)$$

により，$R>0$ を大にとれば第2項は j に依存せずにいくらでも小さくとれる．よって $j\to\infty$ のとき (4.48)の左辺$\to 0$. ∎

［補題 4.10 の証明］ (4.42)の左辺を計算すると

$$\begin{aligned}(4.42)\text{の左辺} &= \frac{1}{2}(\|f+g_j\|^2-\|f\|^2-\|g_j\|^2)\\ &\quad -\frac{1}{p+1}\int_{\mathbb{R}^N} a(x)((f+g_j)_+^{p+1}-f_+^{p+1}-g_{j+}^{p+1})\,dx\\ &\quad -\frac{1}{p+1}\int_{\mathbb{R}^N}(a(x)-a_\infty(x))g_{j+}^{p+1}\,dx\\ &\equiv (I)+(II)+(III).\end{aligned}$$

(4.46), (4.47)より，$|(I)|+|(II)|\to 0$ が従う．

(III) については，$R>1$ に対して

$$\begin{aligned}|(III)| &\leqq \frac{1}{p+1}\int_{\mathbb{R}^N}|a(x)-a_\infty(x)||g_{j+}|^{p+1}\,dx\\ &\leqq \frac{m_1}{p+1}\int_{|x|\leqq R}|g_j|^{p+1}\,dx+\frac{1}{p+1}\sup_{|x|\geqq R}|a(x)-a_\infty(x)|\int_{|x|\geqq R}|g_j|^{p+1}\,dx\\ &\leqq \frac{m_1}{p+1}\int_{|x|\leqq R}|g_j|^{p+1}\,dx+\frac{1}{p+1}\sup_{|x|\geqq R}|a(x)-a_\infty(x)|\int_{\mathbb{R}^N}|g_j|^{p+1}\,dx\end{aligned}$$

ここで g_j の $H^1(\mathbb{R}^N)$ での有界性に注意すると

$$\leqq \frac{m_1}{p+1}\int_{|x|\leqq R}|g_j|^{p+1}\,dx+\frac{1}{p+1}C\sup_{|x|\geqq R}|a(x)-a_\infty(x)|.$$

$g_j \rightharpoonup 0$ weakly in $H^1(\mathbb{R}^N)$ より $g_j\to 0$ strongly in $L^{p+1}(|x|\leqq R)$ が従うので，$j\to\infty$ とすると（第1項）$\to 0$. また第2項は R を大にとれば j に無関係にいくらでも小にできるので $|(III)|\to 0$. よって(4.42)が成立．(4.43)も(4.42)とまったく同様に証明できる．

(4.44)については，任意の $h\in H^1(\mathbb{R}^N)$ に対して

$$(I'(f+g_j)-I'(f)-I'_\infty(g_j))h = -\int_{\mathbb{R}^N} a(x)((f+g_j)_+^p - f_+^p - g_{j+}^p)h\,dx - \int_{\mathbb{R}^N}(a(x)-a_\infty(x))g_{j+}^p h\,dx.$$

よって

$$\begin{aligned}&|(I'(f+g_j)-I'(f)-I'_\infty(g_j))h| \\ &\leqq m_1\|(f+g_j)_+^p - f_+^p - g_{j+}^p\|_{(p+1)/p}\|h\|_{p+1} + \|(a(x)-a_\infty(x))g_{j+}^p\|_{(p+1)/p}\|h\|_{p+1} \\ &\leqq C_{p+1}(m_1\|(f+g_j)_+^p - f_+^p - g_{j+}^p\|_{(p+1)/p} + \|(a(x)-a_\infty(x))g_{j+}^p\|_{(p+1)/p})\,\|h\|.\end{aligned}$$

したがって

$$\begin{aligned}&\|I'(f+g_j)-I'(f)-I'_\infty(g_j)\|_{H^{-1}(\mathbb{R}^N)} \\ &\leqq C_{p+1}(m_1\|(f+g_j)_+^p - f_+^p - g_{j+}^p\|_{(p+1)/p} + \|(a(x)-a_\infty(x))g_{j+}^p\|_{(p+1)/p}).\end{aligned}$$

よって(4.48)および上で $(III)\to 0$ を示したのと同様の方法により(4.44)が示される．(4.45)も同様である．∎

無限遠に平行移動する成分の数は 1 つでなくともよい．すなわち次のような (PS)-列の例があげられる．

例 4.12　$v_0(x)$ を $I(u)$ の臨界点，$\omega_1(x), \omega_2(x), \cdots, \omega_\ell(x)$ を $I_\infty(u)$ の 0 でない臨界点，さらに $(n_j^1)_{j=1}^\infty, (n_j^2)_{j=1}^\infty, \cdots, (n_j^\ell)_{j=1}^\infty \subset \mathbb{Z}^N$ を $j\to\infty$ のとき

$$|n_j^k| \to \infty \qquad \forall k,$$

$$|n_j^k - n_j^{k'}| \to \infty \qquad \forall k \neq k'$$

をみたす列とする．このとき

$$u_j(x) = v_0(x) + \sum_{k=1}^{\ell} \omega_k(x - n_j^k)$$

は強収束しない $(PS)_c$-列である．ただし $c = I(v_0) + \sum_{k=1}^{\ell} I_\infty(\omega_k)$．証明は例 4.9 と同様．□

問 2　例 4.12 で与えられた $(u_j)_{j=1}^\infty$ が $(PS)_c$-列であることを確かめよ．

例4.9, 4.12において無限遠に平行移動していく成分をもつ強収束しない(PS)-列の例をあげたが, $I(u)$についてはこの逆がいえる. すなわち(PS)-列は例4.12の$u_j(x)$のように振る舞う部分列をもつことがいえる. 詳しく述べると次の定理となる.

定理4.13 条件(4.32)-(4.34)の仮定のもと$(u_j)_{j=1}^\infty \subset H^1(\mathbb{R}^N)$を$I(u)$に対する$(PS)_c$-列とする. このとき部分列$(u_{j_k})_{k=1}^\infty$を選ぶと, $\ell \in \mathbb{N} \cup \{0\}$, $I(u)$の臨界点$u_0(x) \in H^1(\mathbb{R}^N)$, 0でない$I_\infty(\mathbb{R}^N)$の臨界点$\omega_i(x)$ $(i=1,2,\cdots,\ell)$および$(n_k^i)_{k=1}^\infty \subset \mathbb{Z}^N$が存在して$k\to\infty$のとき次をみたす.

$$\left\| u_{j_k}(x) - u_0(x) - \sum_{i=1}^{\ell} \omega_i(x-n_k^i) \right\| \to 0, \tag{4.51}$$

$$I(u_{j_k}) \to c = I(u_0) + \sum_{i=1}^{\ell} I_\infty(\omega_i), \tag{4.52}$$

$$|n_k^i| \to \infty \qquad \forall i = 1,2,\cdots,\ell, \tag{4.53}$$

$$\left|n_k^i - n_k^{i'}\right| \to \infty \qquad \forall i \neq i'. \tag{4.54}$$

ここで$\ell=0$のときは(4.51), (4.52)は

$$\| u_{j_k}(x) - u_0(x) \| \to 0,$$
$$I(u_{j_k}) \to c = I(u_0)$$

と解釈する. □

上の定理で$\ell=0$の場合が$(u_j)_{j=1}^\infty$が強収束する部分列をもつ場合である.

問3 (4.53)-(4.54)をみたす$(n_k^i)_{k=1}^\infty$に対して$u_{j_k}(x)$が(4.51)をみたすならば, $(u_{j_k}(x))_{k=1}^\infty$は$c=I(u_0)+\sum_{i=1}^{\ell} I_\infty(\omega_i)$とするとき$(PS)_c$-列であることを確かめよ.

定理4.13は, $I(u)$に対する(PS)-条件は$I_\infty(u)$の平行移動に関する不変性(4.39)にのみ起因して崩れ, (PS)-列の挙動は(4.51)のように記述できることを示している. このように汎関数にコンパクトでない群が作用し漸近的に不変となる場合に, その群作用に基づいて(PS)-条件の崩れを記述する方法はConcentration Compactness法と呼ばれている. 定理4.13では$I(u)$

の無限遠での挙動をあらわす汎関数 $I_\infty(u)$ は群 $\mathbb{Z}^N$-作用に関して不変となっている．このような方法は，最初に調和写像の存在問題(Sacks-Uhlenbeck [167]，Wente [195])，山辺の問題(Aubin [13])等において行われた．ここに述べる $\mathbb{R}^N$ での方程式等に対する Concentration Compactness 法の展開は Lions [121], [122] に始まる．

Concentration Compactness 法は (PS)-条件が成立しない場合の解析において強力な方法であり，種々の状況で適用可能である．例えば Sobolev の臨界指数 $\dfrac{N+2}{N-2}$ をもつ楕円型方程式(2.71)-(2.73)については，補題 2.30 での乗法群 $\mathbb{R}^+$ の作用に関した不変性を用いることにより (PS)-列の挙動を記述できる．詳しくは Struwe [178]，Lions [123], [124] を参照されたい．また他の関連する話題については，Bahri-Coron [20]，Brezis-Coron [42], [43] および Aubin [14], [15]，Flucher [81]，Struwe [180](特に 3 章)を参照されたい．

定理 4.13 の証明には若干の準備が必要である．まず次のものから始める．

補題 4.14 すべての $I(u)$ (あるいは $I_\infty(u)$)の 0 でない臨界点 u に対して

$$I(u) \geqq \left(\frac{1}{2}-\frac{1}{p+1}\right)A(a)^{-\frac{2(p+1)}{p-1}}, \tag{4.55}$$

$$\| u \| \geqq A(a)^{-\frac{p+1}{p-1}} \tag{4.56}$$

あるいは

$$I_\infty(u) \geqq \left(\frac{1}{2}-\frac{1}{p+1}\right)A(a_\infty)^{-\frac{2(p+1)}{p-1}},$$

$$\| u \| \geqq A(a_\infty)^{-\frac{p+1}{p-1}}$$

が成立する．ただし $A(a)$ は(4.7)で定義された正定数．$A(a_\infty)$ は $a(x)$ の代わりに $a_\infty(x)$ を(4.7)に代入して得られるもの．

[証明] $I(u)$ について述べる．$I_\infty(u)$ についても同様である．§4.3 で考えた $J(v)$ を用いると，0 でない $I(u)$ の臨界値は $J(v)$ の臨界値でもある．

$$\inf_{v\in\Sigma_+} J(v) \geqq \left(\frac{1}{2}-\frac{1}{p+1}\right)A(a)^{-\frac{2(p+1)}{p-1}} > 0$$

であったので，(4.55)がすべての 0 でない臨界点 u に対して成立する．また臨界点 u は $I'(u)u=0$ をみたしているので，$I(u)=\left(\frac{1}{2}-\frac{1}{p+1}\right)\|u\|^2$ が成立し，(4.56)が成り立つ． ∎

以下，$(PS)_c$-列の挙動を調べていく．

補題 4.15　$(u_j)_{j=1}^\infty\subset H^1(\mathbb{R}^N)$ を $I(u)$（あるいは $I_\infty(u)$）に対する $(PS)_c$-列とする．このとき $(u_j)_{j=1}^\infty$ は有界列である．特に (u_j) は弱収束部分列をもつ．

［証明］　実は補題 2.19 の証明とまったく同様であるが簡単に繰り返しておこう．$I(u)$ についてのみ述べる．

(u_j) が $(PS)_c$-列であるとしよう．十分大なる j に対して $I(u_j)\leqq c+1$, $\|I'(u_j)\|\leqq 1$ が成立する．これより $|I'(u_j)u_j|\leqq\|u_j\|$ から

$$\frac{1}{2}\|u_j\|^2-\frac{1}{p+1}\int_{\mathbb{R}^N}a(x)u_{j+}^{p+1}\,dx\leqq c+1, \tag{4.57}$$

$$\|u_j\|^2-\int_{\mathbb{R}^N}a(x)u_{j+}^{p+1}\,dx\leqq\|u_j\|. \tag{4.58}$$

$(4.57)-\frac{1}{p+1}\times(4.58)$ を計算すると

$$\left(\frac{1}{2}-\frac{1}{p+1}\right)\|u_j\|^2\leqq c+1+\frac{1}{p+1}\|u_j\|.$$

これより $\|u_j\|$ の有界性が従う．特に (u_j) は弱収束部分列をもつ． ∎

上の補題より必要ならば部分列をとり $(u_j)_{j=1}^\infty$ は弱収束するとしてよい．次の 2 つの補題が成立する．

補題 4.16　$(u_j)_{j=1}^\infty\subset H^1(\mathbb{R}^N)$ は $I(u)$（あるいは $I_\infty(u)$）に対する $(PS)_c$-列であり $u_0(x)\in H^1(\mathbb{R}^N)$ に弱収束するものとする．このとき $u_0(x)$ は $I(u)$（あるいは $I_\infty(u)$）の臨界点である．

［証明］　ここも $I(u)$ に対してのみ述べる．$C_0^\infty(\mathbb{R}^N)$ は $H^1(\mathbb{R}^N)$ において稠密であるから

$$(4.59)\qquad I'(u_0)\varphi=0 \qquad \forall\varphi\in C_0^\infty(\mathbb{R}^N)$$

を示せばよい．任意に $\varphi(x)\in C_0^\infty(\mathbb{R}^N)$ をとり，$R>0$ を $\operatorname{supp}\varphi\subset\{|x|\leqq R\}$ をみたすようにとる．$u_j\rightharpoonup u_0$ weakly in $H^1(\mathbb{R}^N)$ より $u_j\to u_0$ strongly in $L^{p+1}(|x|\leqq R)$ が成立することに注意すると

$$\begin{aligned} I'(u_j)\varphi &= (u_j,\varphi)-\int_{\mathbb{R}^N}a(x)u_{j+}^p\varphi\,dx \\ &\to (u_0,\varphi)-\int_{\mathbb{R}^N}a(x)u_{0+}^p\varphi\,dx \\ &= I'(u_0)\varphi. \end{aligned}$$

一方，$\|I'(u_j)\|_{H^{-1}(\mathbb{R}^N)}\to 0$ より $I'(u_j)\varphi\to 0$．したがって(4.59)が成立し，$u_0(x)$ は $I(u)$ の臨界点． ∎

次に u_j と u_j の弱極限 u_0 の差 u_j-u_0 について調べておこう．

補題 4.17 $(u_j)_{j=1}^\infty\subset H^1(\mathbb{R}^N)$ を $I(u)$（あるいは $I_\infty(u)$）に対する $(PS)_c$-列であり，$u_0(x)\in H^1(\mathbb{R}^N)$ に弱収束するものとする．ここで $v_j(x)=u_j(x)-u_0(x)$ とおくと次が成立する．

(i) $v_j\rightharpoonup 0$ weakly in $H^1(\mathbb{R}^N)$.

(ii) $I_\infty(v_j)\to c-I(u_0)$（あるいは $I_\infty(v_j)\to c-I_\infty(u_0)$）.

(iii) $I'_\infty(v_j)\to 0$ strongly in $H^{-1}(\mathbb{R}^N)$.

特に(ii),(iii)により $(v_j)_{j=1}^\infty$ は $I_\infty(u)$ に対する $(PS)_{c-I(u_0)}$-列（あるいは $(PS)_{c-I_\infty(u_0)}$-列）である． □

上の補題において $(u_j)_{j=1}^\infty$ が $I(u)$ に対する $(PS)_c$-列であっても(ii),(iii)は $I_\infty(u)$ に対して成立していることに注意して頂きたい．

［証明］ ここも $I(u)$ についてのみ述べる．(i)は自明．補題 4.10 を $f=u_0$, $g_j=v_j$ として用いると

$$I(u_j)-I(u_0)-I_\infty(v_j)\to 0,$$
$$\|I'(u_j)-I'(u_0)-I'_\infty(v_j)\|_{H^{-1}(\mathbb{R}^N)}\to 0.$$

ここで $(u_j)_{j=1}^\infty$ が $(PS)_c$-列であることを用いると，(ii),(iii)を得る． ∎

また補題 4.14 にあらわれる定数 $\left(\frac{1}{2}-\frac{1}{p+1}\right)A(a)^{-\frac{2(p+1)}{p-1}}$ より小さい c

に対する $(PS)_c$-列に対しては次が成立する.

補題 4.18　$(u_j)_{j=1}^{\infty} \subset H^1(\mathbb{R}^N)$ を $I(u)$ (あるいは $I_\infty(u)$)に対する $(PS)_c$-列で，c は

$$c < \left(\frac{1}{2} - \frac{1}{p+1}\right) A(a)^{-\frac{2(p+1)}{p-1}} \quad \left(\text{あるいは } c < \left(\frac{1}{2} - \frac{1}{p+1}\right) A(a_\infty)^{-\frac{2(p+1)}{p-1}}\right)$$

をみたすとする. このとき

$$u_j \to 0 \quad \text{strongly in } H^1(\mathbb{R}^N)$$

が成立する. 特に $c=0$ となる.

［証明］　まず (u_j) の有界性および $I(u_j) \to c$, $I'(u_j) \to 0$ より

$$I(u_j) - \frac{1}{p+1} I'(u_j) u_j \to c$$

が従う. これより

$$\|u_j\|^2 \to \left(\frac{1}{2} - \frac{1}{p+1}\right)^{-1} c < A(a)^{-\frac{2(p+1)}{p-1}} \tag{4.60}$$

が従う.

一方, $\epsilon_j = \|I'(u_j)\|_{H^{-1}(\mathbb{R}^N)} \to 0$ とおくと $I'(u_j)u_j \leqq \epsilon_j \|u_j\|$ より

$$\|u_j\|^2 - \int_{\mathbb{R}^N} a(x) u_{j+}^{p+1}\, dx \leqq \epsilon_j \|u_j\|.$$

(4.7)を用いて

$$\|u_j\|^2 - A(a)^{p+1} \|u_j\|^{p+1} \leqq \epsilon_j \|u_j\|.$$

すなわち

$$(1 - A(a)^{p+1} \|u_j\|^{p-1}) \|u_j\| \leqq \epsilon_j. \tag{4.61}$$

(4.60)より, ある定数 $\delta > 0$ が存在して十分大なる j に対して

$$1 - A(a)^{p+1} \|u_j\|^{p-1} \geqq \delta$$

であるので, (4.61)において $j \to \infty$ とすると $\|u_j\| \to 0$ を得る. ∎

定理 4.13 の証明の準備がだいぶ長くなってきたが, 最後に, 次の補題を用意しておく. この補題は無限遠に離れていく解を平行移動して引き戻すために使われる. 次の記号を用いる.

$$Q = [0,1] \times [0,1] \times \cdots \times [0,1],$$

$$n+Q=[n_1,n_1+1]\times[n_2,n_2+1]\times\cdots\times[n_N,n_N+1]$$
$$\forall n=(n_1,n_2,\cdots,n_N)\in\mathbb{Z}^N.$$

補題 4.19 定数 $C>0$ が存在して，すべての $u\in H^1(\mathbb{R}^N)$ に対して

$$\|u\|_{p+1}\leqq C\left(\sup_{n\in\mathbb{Z}^N}\|u\|_{L^{p+1}(n+Q)}\right)^{\frac{p-1}{p+1}}\|\!|u|\!\|^{\frac{2}{p+1}}$$

が成立する．ここで

$$\|u\|_{L^{p+1}(n+Q)}=\left(\int_{n+Q}|u|^{p+1}\,dx\right)^{\frac{1}{p+1}}$$

である．

［証明］ 次のように計算しよう．

$$\begin{aligned}\int_{\mathbb{R}^N}|u|^{p+1}\,dx&=\sum_{n\in\mathbb{Z}^N}\int_{n+Q}|u|^{p+1}\,dx=\sum_{n\in\mathbb{Z}^N}\|u\|_{L^{p+1}(n+Q)}^{p+1}\\&\leqq\left(\sup_{n\in\mathbb{Z}^N}\|u\|_{L^{p+1}(n+Q)}\right)^{p-1}\sum_{n\in\mathbb{Z}^N}\|u\|_{L^{p+1}(n+Q)}^2.\end{aligned}$$

ここで $n+Q$ において次の Sobolev の不等式を用いる．

$$\|u\|_{L^{p+1}(n+Q)}\leqq C\|u\|_{H^1(n+Q)}.$$

ただし

$$\|u\|_{H^1(n+Q)}=\left(\int_{n+Q}|\nabla u|^2+|u|^2\,dx\right)^{\frac{1}{2}}.$$

以上により

$$\begin{aligned}\int_{\mathbb{R}^N}|u|^{p+1}\,dx&\leqq C^2\left(\sup_{n\in\mathbb{Z}^N}\|u\|_{L^{p+1}(n+Q)}\right)^{p-1}\sum_{n\in\mathbb{Z}^N}\|u\|_{H^1(n+Q)}^2\\&=C^2\left(\sup_{n\in\mathbb{Z}^N}\|u\|_{L^{p+1}(n+Q)}\right)^{p-1}\|\!|u|\!\|^2.\end{aligned}$$

よって示された． ∎

［定理 4.13 の証明］ $(u_j)_{j=1}^\infty\subset H^1(\mathbb{R}^N)$ を $(PS)_c$-列とする．証明は 7 段階の Step 1–Step 7 よりなる．以下ではいちいち断わらずに部分列をとること

にする.

Step 1：(u_j) は $H^1(\mathbb{R}^N)$ における有界列であり，弱収束部分列——部分列も u_j であらわす——を選ぶと，その弱極限 $u_j \rightharpoonup u_0$ は $I(u)$ の臨界点.

(証明) 補題4.15により (u_j) の有界性が，また補題4.16により弱極限 u_0 が臨界点であることが従う.

Step 2：$u_j^{(1)} = u_j - u_0$ とおく．このとき $u_j^{(1)}$ は

$$I_\infty(u_j^{(1)}) \to c - I(u_0), \tag{4.62}$$

$$I'_\infty(u_j^{(1)}) \to 0, \tag{4.63}$$

$$u_j^{(1)} \rightharpoonup 0 \quad \text{weakly in } H^1(\mathbb{R}^N) \tag{4.64}$$

をみたす．すなわち $(u_j^{(1)})$ は $I_\infty(u)$ に対する $(PS)_{c-I(u_0)}$-列である.

(証明) 補題4.17による.

ここでもし $\|u_j^{(1)}\| \to 0$ ならば定理4.13の証明は完了しているので，$\|u_j^{(1)}\| \not\to 0$ の場合を考えよう．必要ならば部分列をとり $\lim_{j\to\infty} \|u_j^{(1)}\| > 0$ が成立するとする.

Step 3：$\lim_{j\to\infty} \|u_j^{(1)}\| > 0$ とする．このとき

$$\liminf_{j\to\infty} \sup_{n\in\mathbb{Z}^N} \|u_j^{(1)}\|_{L^{p+1}(n+Q)} > 0$$

である.

(証明) もし上記の極限が0ならば補題4.19により

$$\liminf_{j\to\infty} \|u_j^{(1)}\|_{L^{p+1}(\mathbb{R}^N)} = 0 \tag{4.65}$$

である．一方，$(u_j^{(1)})$ は(4.63)により

$$\|u_j^{(1)}\|^2 - \int_{\mathbb{R}^N} a_\infty(x)(u_j^{(1)})_+^{p+1}\,dx \to 0$$

であるから(4.65)のもとでは

$$\liminf_{j\to\infty} \|u_j^{(1)}\|^2 = \liminf_{j\to\infty} \int_{\mathbb{R}^N} a_\infty(x)(u_j^{(1)})_+^{p+1}\,dx = 0.$$

これは仮定 $\lim_{j\to\infty} \|u_j^{(1)}\| > 0$ に反する.

Step 4：ある $(n_j^1)_{j=1}^\infty \subset \mathbb{Z}^N$ が存在して

(i) $|n_j^1| \to \infty$,

(ii) $\widetilde{u}_j^{(1)}(x) = u_j^{(1)}(x+n_j^1)$ とおくと $\widetilde{u}_j^{(1)}(x)$ は

$$I_\infty(\widetilde{u}_j^{(1)}(x)) \to c - I(u_0), \tag{4.66}$$

$$I'_\infty(\widetilde{u}_j^{(1)}(x)) \to 0, \tag{4.67}$$

$$\widetilde{u}_j^{(1)}(x) \not\to 0 \tag{4.68}$$

をみたす.

(証明) Step 3 により必要ならば部分列を選ぶと $\lim_{j\to\infty} \|u_j^{(1)}\|_{L^{p+1}(n_j+Q)} > 0$ をみたす $(n_j^1) \subset \mathbb{Z}^N$ が存在する. (4.64)より $|n_j^1| \to \infty$ が従う. ここで $\widetilde{u}_j^{(1)}(x) = u_j^{(1)}(x+n_j^1)$ とおく. このとき

$$\lim_{j\to\infty} \|\widetilde{u}_j^{(1)}\|_{L^{p+1}(Q)} > 0. \tag{4.69}$$

$I_\infty(u)$ の $\mathbb{Z}^N$-作用に関する不変性(4.39)に注意すると(4.62), (4.63)より(4.66), (4.67)が従う. また(4.69)より(4.68)が従う.

Step 5: $\widetilde{u}_j^{(1)}(x)$ の有界性は明らかであるから, 必要ならば部分列をとり

$$\widetilde{u}_j^{(1)} \rightharpoonup \omega_1 \quad \text{weakly in } H^1(\mathbb{R}^N)$$

とする. このとき $\omega_1(x)$ は $I_\infty(u)$ の 0 でない臨界点.

(証明) これも補題 4.16 より従う.

Step 6: $u_j^{(2)}(x) = u_j^{(1)}(x) - \omega_1(x-n_j^1)$ $(= u_j(x) - u_0(x) - \omega_1(x-n_j^1))$ とおくと

$$u_j^{(2)} \rightharpoonup 0 \quad \text{weakly in } H^1(\mathbb{R}^N),$$
$$I_\infty(u_j^{(2)}) \to \lim_{j\to\infty} I(u_j^{(1)}) - I_\infty(\omega_1) = c - I(u_0) - I_\infty(\omega_1),$$
$$I'_\infty(u_j^{(2)}) \to 0$$

が補題 4.17 により従う. 以下 Step 2 以降を $u_j^{(1)}$ の代わりに $u_j^{(2)}$ として議論を繰り返す.

念のために, もう一度だけ繰り返しておこう. $u_j^{(2)}$ が 0 に強収束しない場合を考える. このとき部分列をとると $|n_j^2| \to \infty$ なる $(n_j^2)_{j=1}^\infty \subset \mathbb{Z}^N$ が存在して

$$u_j^{(2)}(x+n_j^2) \rightharpoonup \omega_2(x) \neq 0 \quad \text{weakly in } H^1(\mathbb{R}^N)$$

とできる. また

$$\begin{aligned}\widetilde{u}_j^{(1)}(x) &= u_j^{(1)}(x+n_j^1)\\ &= u_j^{(2)}(x+n_j^1)+\omega_1(x)\\ &= u_j^{(2)}(x+n_j^2+(n_j^1-n_j^2))+\omega_1(x)\end{aligned}$$

であるから $u_j^{(2)}(x+n_j^2) \rightharpoonup \omega_2 \neq 0$, $\widetilde{u}_j^{(1)}(x) \rightharpoonup \omega_1(x)$ より $|n_j^2-n_j^1| \to \infty$ でなければならないことに注意する．次に

$$u_j^{(3)}(x) = u_j^{(2)}(x) - \omega_2(x-n_j^2)$$

とおき議論を繰り返す．

Step 7: 以上の議論は $u_j^{(k)}(x) = u_j(x) - u_0(x) - \sum_{i=1}^{k-1} \omega_i(x-n_j^i)$ が 0 に強収束しない限り続けることができるが，無限に続くことはなく有限回で終了する．

(証明) 補題 4.14 により

$$\begin{aligned}\lim_{j\to\infty} I_\infty(u_j^{(k)}) &= c - I(u_0) - \sum_{i=1}^{k-1} I_\infty(\omega_i)\\ &\leqq c - I(u_0) - (k-1)\left(\frac{1}{2}-\frac{1}{p+1}\right)A(a_\infty)^{-\frac{2(p+1)}{p-1}}\end{aligned}$$

となり，有限回ののちに左辺は $\left(\frac{1}{2}-\frac{1}{p+1}\right)A(a_\infty)^{-\frac{2(p+1)}{p-1}}$ よりも小となる．これを k 回目としよう．すると補題 4.18 により $u_j^{(k)} \to 0$ strongly in $H^1(\mathbb{R}^N)$ が従う．

以上により定理 4.13 の証明が完成された．■

追記

改訂に際し，定理 4.13 の別証明を与えよう．次の証明は非線形項がベキ関数 u^p でないとき等に定理 4.13 を拡張する際にも役立つ．

まず $(u_j)_{j=1}^\infty \subset H^1(\mathbb{R}^N)$ に対して(4.51)が成立するならば

(*)　　$u_j(x) \rightharpoonup u_0(x)$,　$u_j(x+n_j^i) \rightharpoonup \omega_i(x)$　$(i=1,2,\cdots,\ell)$

が成立することに注意しよう．

[定理 4.13 の別証明]　(u_j) を (PS)-列 とする．

Step 1: (u_j) は $H^1(\mathbb{R}^N)$ における有界列であり，次が成立する．

(i)　(u_j) の弱収束部分列を選ぶと，その弱極限は $I(u)$ の臨界点である．

(ii)　$(n_j) \subset \mathbb{Z}^n$ を $|n_j| \to \infty$ $(j\to\infty)$ をみたす点列とする．$(u_j(x+n_j))$ の

弱収束部分列を選ぶと，その弱極限は $I_\infty(u)$ の臨界点である．

(証明) (u_j) の有界性および(i)はすでに示している．(ii)を示そう．部分列——部分列も u_j であらわす——を選び，$u_j(x+n_j) \rightharpoonup \omega$ としよう．$\varphi(x) \in C_0^\infty(\mathbb{R}^N)$ を任意にとり，$I'(u_j(x))\varphi(x-n_j)$ を計算すると

$$I'(u_j)\varphi(x-n_j) = \big(u_j(x+n_j), \varphi(x)\big) - \int_{\mathbb{R}^N} a(x+n_j)u_{j+}(x+n_j)^p\varphi(x)\,dx$$

$$\to \big(\omega, \varphi(x)\big) - \int_{\mathbb{R}^N} a_\infty(x)\omega(x)^p\varphi(x)\,dx = I'_\infty(\omega)\varphi$$

ここで $|I'(u_j)\varphi(x-n_j)| \leqq \| I'(u_j) \|_{H^{-1}(\mathbb{R}^N)} \| \varphi \| \to 0$ に注意すると $I'_\infty(\omega)\varphi = 0$．$\varphi(x) \in C_0^\infty(\mathbb{R}^N)$ は任意であるから，$I'_\infty(\omega) = 0$．

Step 2: ある $\ell \in \mathbb{N} \cup \{0\}$, $(n_j^i)_{j=1}^\infty \subset \mathbb{R}^N$ および 0 でない $I_\infty(u)$ の臨界点 $\omega_i(x)$ $(i = 1, 2, \cdots, \ell)$ が存在して(4.53), (4.54)および(*)が成立するとする．さらに加えて

$$(*1) \qquad \sup_{k \in \mathbb{Z}^N} \|u_j - u_0 - \sum_{i=1}^{\ell} \omega_i(x - n_j^i)\|_{L^{p+1}(k+Q)} \to 0$$

が成り立つならば次が成立する．

$$\| u_j - u_0 - \sum_{i=1}^{\ell} \omega_i(x - n_j^i) \| \to 0.$$

(証明) $\zeta_j(x) = u_j - u_0 - \sum_{i=1}^{\ell} \omega_i(x - n_j^i)$ とおく．$\zeta_j(x)$ は $H^1(\mathbb{R}^N)$ での有界列であり，(*1)が成り立つので補題 4.19 により $\|\zeta_j\|_{L^{p+1}} \to 0$ が成立する．一方，

$$\begin{aligned}
\| \zeta_j \|^2 &= \big(u_j, \zeta_j\big) - \big(u_0, \zeta_j\big) - \sum_{i=1}^{\ell} \big(\omega_i(x - n_j^i), \zeta_j\big) \\
&= I'(u_j)\zeta_j + \int_{\mathbb{R}^N} a(x)u_j^p\zeta_j\,dx - I'(u_0)\zeta_j - \int_{\mathbb{R}^N} a(x)u_0^p\zeta_j\,dx \\
&\quad - \sum_{i=1}^{\ell}\Big(I'_\infty(\omega_i(x - n_j^i))\zeta_j + \int_{\mathbb{R}^N} a_\infty(x)\omega_i(x - n_j^i)^p\zeta_j\,dx\Big) \\
&= o(1) + \int_{\mathbb{R}^N} a(x)u_j^p\zeta_j\,dx - \int_{\mathbb{R}^N} a(x)u_0^p\zeta_j\,dx - \sum_{i=1}^{\ell} \int_{\mathbb{R}^N} a_\infty(x)\omega_i(x - n_j^i)^p\zeta_j\,dx \\
&\to 0.
\end{aligned}$$

よって示された．

Step 3: ある $\ell \in \mathbb{N} \cup \{0\}$, $(n_j^i)_{j=1}^\infty \subset \mathbb{R}^N$ および 0 でない $I_\infty(u)$ の臨界点 $\omega_i(x)$ $(i = 1, 2, \cdots, \ell)$ が存在して(4.53), (4.54) および(*)をみたすとする．さらに加えてある $(n_j^{\ell+1})_{j=1}^\infty \subset \mathbb{Z}^N$ が存在して

$$(*2)\qquad \|u_j-u_0-\sum_{i=1}^{\ell}\omega_i(x-n_j^i)\|_{L^{p+1}(n_j^{\ell+1}+Q)}\to d>0$$

が成立するとする．このとき $u_j(x+n_j^{\ell+1})$ の弱収束部分列——部分列も u_j であらわす——を選び，その弱極限を $\omega_{\ell+1}(x)$ とすると次が成立する．

$$(*3)\qquad |n_j^{\ell+1}|\to\infty,\quad |n_j^{\ell+1}-n_j^i|\to\infty\quad (i=1,2,\cdots,\ell),$$

$$(*4)\qquad \omega_{\ell+1}(x)\not\equiv 0\quad かつ\quad I'_\infty(\omega_{\ell+1})=0.$$

(証明) $\zeta_j(x)=u_j(x)-u_0(x)-\sum_{i=1}^{\ell}\omega_i(x-n_j^i)$ とおくと，$(*)$が成立することより $\zeta_j(x)\rightharpoonup 0$ および $\zeta_j(x+n_j^i)\rightharpoonup 0$ $(i=1,2,\cdots,\ell)$ が成り立つ．もし $(m_j)_{j=1}^\infty\subset\mathbb{Z}^N$ が $\limsup_{j\to\infty}|m_j|<\infty$ あるいはある i に対して $\limsup_{j\to\infty}|m_j-n_j^i|<\infty$ をみたすならば，$\zeta_j(x+m_j)\rightharpoonup 0$．特に $\|\zeta_j\|_{L^{p+1}(m_j+Q)}\to 0$ となるので，条件$(*2)$をみたす $n_j^{\ell+1}$ は$(*3)$をみたす．部分列をとり，$\zeta_j(x+n_j^{\ell+1})\rightharpoonup\omega_{\ell+1}(x)$ とすると，条件$(*2)$により $\omega_{\ell+1}\not\equiv 0$ が従う．$u_j(x+n_j^{\ell+1})\rightharpoonup\omega_{\ell+1}(x)$ が成立することに注意すると Step 1(ii)より $I'_\infty(\omega_{\ell+1})=0$ も成立する．

Step 4: 結論．

$u_j\rightharpoonup u_0$ とする．もし $\sup_{k\in\mathbb{Z}^N}\|u_j-u_0\|_{L^{p+1}(k+Q)}\to 0$ $(j\to 0)$ ならば Step 2 により $\|u_j-u_0\|\to 0$ となり証明は終わる．もし成立しないのであれば，部分列をとるとある $(n_j^1)\subset\mathbb{Z}^N$ が存在して $\|u_j-u_0\|_{L^{p+1}(n_j^1+Q)}\to d>0$．Step 3 を用いると $u_j(x+n_j^1)\rightharpoonup\omega_1\not\equiv 0$ であり，$I'_\infty(\omega_1)=0$ が成立することがわかる．次に $\sup_{k\in\mathbb{Z}^N}\|u_j-u_0-\omega_1(x-n_j^1)\|_{L^{p+1}(k+Q)}\to 0$ が成立するか否かで分類し，議論を続けることができる．

最後に，このような操作は有限回で終わることを示そう．次が成立することに注意する．

$$\lim_{j\to\infty}\|u_j-u_0-\sum_{i=1}^{\ell}\omega_i(x-n_j^i)\|^2=\lim_{j\to\infty}\|u_j\|^2-\|u_0\|^2-\sum_{j=1}^{\ell}\|\omega_i\|^2.$$

したがって $\|u_0\|^2+\sum_{j=1}^{\ell}\|\omega_i\|^2\leqq\lim_{j\to\infty}\|u_j\|^2$．補題 4.14 により $I_\infty(u)$ の 0 でない臨界点 ω に対して $\|\omega\|\geqq A(a_\infty)^{-\frac{p+1}{p-1}}>0$ が成立するので，上記の操作は有限回で終わる．∎

次節において定理 4.13 の簡単な応用を与える．

§4.5　定理 4.13 の簡単な応用

ここでは定理 4.13 の簡単な応用として(4.7)において定義された $A(a)^{-1}$ が達成されるか否か．言い換えれば(4.26)により定義された $J(v)$ が $\Sigma_+ = \{v \in H^1(\mathbb{R}^N);\ \|v\| = 1,\ v_+ \not\equiv 0\}$ 上

$$\inf_{v \in \Sigma_+} J(v) \tag{4.70}$$

を達成するか否かについて考えよう．ここで $I_\infty(u)$ に対応する Σ_+ 上の汎関数として

$$\begin{aligned} J_\infty(v) &= \max_{t>0} I_\infty(tv) \\ &= \left(\frac{1}{2} - \frac{1}{p+1}\right)\left(\int_{\mathbb{R}^N} a_\infty(x) v_+^{p+1}\, dx\right)^{-\frac{2}{p-1}} \end{aligned}$$

を定義しておこう．

次の記号を用いることとする．

$$b_\infty = \inf_{v \in \Sigma_+} J_\infty(v), \tag{4.71}$$

$$\underline{b} = \inf_{v \in \Sigma_+} J(v). \tag{4.72}$$

$a(x)$ に対して(4.32)-(4.34)を仮定し，$\underline{b}$ が達成されるか否か 3 つの場合に分けて調べよう．

1°　$a(x) \equiv a_\infty(x)$ のとき，すなわち $b_\infty = \inf J_\infty(v)$ が達成されるか否か．

2°　$a(x) \geqq a_\infty(x)$ かつ $a(x) \not\equiv a_\infty(x)$ のとき．

3°　$a(x) \leqq a_\infty(x)$ かつ $a(x) \not\equiv a_\infty(x)$ のとき．

(a)　$J_\infty(v)$ の最小点の存在

まず $b_\infty = \inf J_\infty(v)$ が達成されるか否かについて調べよう．次が成立する．

定理 4.20　$\inf_{v \in \Sigma_+} J_\infty(v)$ は達成される．すなわち，ある $v_0 \in \Sigma_+$ が存在して $J_\infty(v_0) = \inf_{v \in \Sigma_+} J_\infty(v)$.

［証明］　系 1.31 を $J_\infty(v)$ に適用することにより $b_\infty = \inf_{v \in \Sigma_+} J_\infty(v)$ に対する $(PS)_{b_\infty}$-列 $(v_j)_{j=1}^\infty \subset \Sigma_+$ を得ることができる．$t_j > 0$ を

$$J_\infty(v_j) = I_\infty(t_j v_j)$$

をみたす数として $u_j=t_jv_j$ とおく．命題4.6により $(u_j)_{j=1}^\infty$ は $I_\infty(u)$ に対する $(PS)_{b_\infty}$-列である．定理4.13を用いると $\ell\in\mathbb{N}\cup\{0\}$，$I_\infty(u)$ の臨界点 $u_0(x)$，$\omega_1(x)\neq 0,\cdots,\omega_\ell(x)\neq 0$ および $(n_j^1)_{j=1}^\infty,\cdots,(n_j^\ell)_{j=1}^\infty\subset\mathbb{Z}^N$ が存在して

$$I_\infty(u_j)\to I_\infty(u_0)+\sum_{i=1}^{\ell}I_\infty(\omega_i)=b_\infty, \tag{4.73}$$

$$\left\| u_j-u_0-\sum_{i=1}^{\ell}\omega_i(x-n_j^i)\right\|\to 0 \tag{4.74}$$

が成立する．(4.73)より

$$b_\infty=I_\infty(u_0)+\sum_{i=1}^{\ell}I_\infty(\omega_i) \tag{4.75}$$

である．ここで $\omega_i(x)$ は0でない臨界点であるから

$$I_\infty(\omega_i)=J_\infty\left(\frac{\omega_i}{\|\omega_i\|}\right)\geqq b_\infty \tag{4.76}$$

であることに注意すると

(i)　$u_0\neq 0$ のとき(4.75)より $I_\infty(u_0)=J_\infty\left(\dfrac{u_0}{\|u_0\|}\right)\geqq b_\infty$ であるので b_∞ の定義から $\ell=0$ かつ $I_\infty(u_0)=J_\infty\left(\dfrac{u_0}{\|u_0\|}\right)=b_\infty$．よって b_∞ は $\dfrac{u_0}{\|u_0\|}$ により達成される．

(ii)　$u_0=0$ のとき(4.75),(4.76)より $\ell=1$ かつ $J_\infty\left(\dfrac{\omega_1}{\|\omega_1\|}\right)=b_\infty$．よって b_∞ は達成される．

以上により $\inf_{v\in\Sigma_+}J_\infty(v)$ が達成されることがわかった．∎

この系として

系4.21　楕円型方程式(4.38)は正値解をもつ．□

定理4.20および系4.21において $a_\infty(x)\equiv 1$ とすると解は埋め込み(4.5)における最良定数(4.6)および

$$\begin{aligned}&-\Delta u+u=u^p &&\text{in }\mathbb{R}^N,\\ &u>0 &&\text{in }\mathbb{R}^N,\\ &u\in H^1(\mathbb{R}^N)\end{aligned} \tag{4.77}$$

に対応する．すなわち

系 4.22 (4.77)は正値解 $u(x)$ をもち，それは埋め込み(4.5)の最良定数(4.6)を達成する. □

(4.77)の解に対しては Gidas-Ni-Nirenberg [86], [87], C. Li [116], [117] により，その解は球対称(radially symmetric)となる．すなわち，ある $f(r)$: $[0,\infty)\to\mathbb{R}$ が存在して

$$u(x) = f(|x-x_0|)$$

となる．このような $f(r)$ の一意性が Coffman [54]，McLeod-Serrin [135] らの研究を経て Kwong [112] により示されている．すなわち，(4.77)の解で球対称なもの $\omega(x)=\omega(|x|)$ は一意的であり，(4.77)の "すべての" 正値解の集合は

$$\{\omega(x-y);\ y\in\mathbb{R}^N\}$$

とかける．付録においてこの事実の簡単な証明を与える．この方程式に限らず楕円型方程式の球対称な解の研究は我が国でも研究が非常に盛んな分野である．最近の研究に関しては柳田-四ツ谷[199]の解説を参照されたい.

(4.77)の解の一意性は特異摂動問題等に広範な応用をもつ．次章では，そのような応用例のひとつを与えよう.

問 4 $I_\infty(u)$ に対して峠の定理であたえられるミニマックス値を

$$b_0=\inf_{\gamma\in\Gamma}\max_{s\in[0,1]} I_\infty(\gamma(s))$$

とする．b_0 は達成されることを示せ(§2.5(a)を参照のこと).

(b) 漸近的に周期的な $a(x)$ に対する最小点の存在

以下では §4.4 と同様に $|a(x)-a_\infty(x)|\to 0$ ($|x|\to\infty$) のときを考える．まず次が成立する.

命題 4.23 (4.32)-(4.34)のもとで記号(4.71)-(4.72)を用いると

$$\underline{b}\leqq b_\infty$$

が成立する.

[証明] $b_\infty=J_\infty(v_0)$ をみたす $v_0\in\Sigma_+$ が存在することはすでにみた.

$(n_j)_{j=1}^\infty \subset \mathbb{Z}^N$ を $|n_j| \to \infty$ をみたす列とし $v_j(x) = v_0(x-n_j) \in \Sigma_+$ を考えると

$$\begin{aligned} J(v_j) &= \left(\frac{1}{2} - \frac{1}{p+1}\right) \left(\int_{\mathbb{R}^N} a(x) v_0(x-n_j)^{p+1}\, dx\right)^{-\frac{2}{p-1}} \\ &= \left(\frac{1}{2} - \frac{1}{p+1}\right) \left(\int_{\mathbb{R}^N} a(x+n_j) v_0(x)^{p+1}\, dx\right)^{-\frac{2}{p-1}} \\ &\to \left(\frac{1}{2} - \frac{1}{p+1}\right) \left(\int_{\mathbb{R}^N} a_\infty(x) v_0(x)^{p+1}\, dx\right)^{-\frac{2}{p-1}} \\ &= J_\infty(v_0). \end{aligned}$$

これより特に

$$\underline{b} \leqq \liminf_{j\to\infty} J(v_j) = J_\infty(v_0) = b_\infty.$$

■

b_∞ は $J(v)$ が $(PS)_c$-条件をみたすか否かを判定するひとつの基準を次のように与える.

命題 4.24 (4.32)-(4.34)を仮定する. (4.71)で定義される b_∞ に対して c が $c < b_\infty$ をみたすならば $I(u)$ および $J(v)$ は $(PS)_c$-条件をみたす.

[証明] 系 4.7 により $I(u)$ について証明すればよい. $(u_j)_{j=1}^\infty \subset H^1(\mathbb{R}^N)$ を $(PS)_c$-列とする. 定理 4.13 により部分列をとると, $\ell \in \mathbb{N} \cup \{0\}$, $I(u)$ の臨界点 u_0, 0 でない $I_\infty(u)$ の臨界点 $\omega_1, \cdots, \omega_\ell$, および $(n_j^1)_{j=1}^\infty, \cdots, (n_j^\ell)_{j=1}^\infty \subset \mathbb{Z}^N$ が存在して(4.51)-(4.54)が成立する. ここで

$$I_\infty(\omega_i) = J_\infty\left(\frac{\omega_i}{\|\omega_i\|}\right) \geqq b_\infty$$

により

$$c \geqq I(u_0) + \ell b_\infty \geqq \ell b_\infty.$$

よって $c < b_\infty$ ならば $\ell = 0$ でなければならない. これは u_j が強収束することを意味する. ■

したがって定理 1.32 により次が導かれる.

系 4.25 (4.32)-(4.34)のもとで

(4.78) $$\underline{b} < b_\infty$$

ならば $\underline{b}$ は達成される. □

以下では，(4.78)が成立する場合およびしない場合を見てみよう．

(c)　$\boldsymbol{a(x) \geqq a_\infty(x)}$ かつ $\boldsymbol{a(x) \not\equiv a_\infty(x)}$ の場合

ここでは

(4.79)　　$a(x) \geqq a_\infty(x)$　かつ　$a(x) \not\equiv a_\infty(x)$

の場合を考えよう．

命題 4.26　(4.32)-(4.34)および(4.79)を仮定する．このとき

$$\underline{b} < b_\infty$$

である．特に $\underline{b}$ は達成される．

［証明］　まず定理 4.20 により $\inf_{v \in \Sigma_+} J_\infty(v)$ は達成される．最小点 $v_0(x)$ は(4.38)の正値解に対応するので

$$v_0(x) > 0 \qquad \forall x \in \mathbb{R}^N$$

をみたす．ここで(4.79)により

$$\begin{aligned} J(v_0) &= \left(\frac{1}{2} - \frac{1}{p+1}\right)\left(\int_{\mathbb{R}^N} a(x) v_0^{p+1}\,dx\right)^{-\frac{2}{p-1}} \\ &< \left(\frac{1}{2} - \frac{1}{p+1}\right)\left(\int_{\mathbb{R}^N} a_\infty(x) v_0^{p+1}\,dx\right)^{-\frac{2}{p-1}} \\ &= J_\infty(v_0) = b_\infty \end{aligned}$$

により

$$\underline{b} = \inf_{v \in \Sigma_+} J(v) \leqq J(v_0) < b_\infty.$$

よって $\underline{b} < b_\infty$ が成立．$\underline{b}$ が達成されることは系 4.25 による．　■

これより直ちに次が従う．

系 4.27　(4.32)-(4.34)および(4.79)の仮定のもとで，楕円型方程式(4.1)は正値解をもつ．　□

(d)　$\boldsymbol{a(x) \leqq a_\infty(x)}$ かつ $\boldsymbol{a(x) \not\equiv a_\infty(x)}$ の場合

次に(4.79)とは逆の次の場合を考える．

(4.80)　　$a(x) \leqq a_\infty(x)$　かつ　$a(x) \not\equiv a_\infty(x)$.

このとき次が成立する.

定理 4.28　(4.32)-(4.34)および(4.80)を仮定する. このとき

$$\underline{b} = b_\infty$$

であり, $\underline{b}$ は達成されない. すなわち

$$J(v) > \underline{b} = b_\infty \qquad \forall v \in \Sigma_+.$$

[証明]　(4.80)のもとでは, 任意の $v \in \Sigma_+$ に対して

$$\begin{aligned} J(v) &= \left(\frac{1}{2} - \frac{1}{p+1}\right)\left(\int_{\mathbb{R}^N} a(x) v_+^{p+1}\, dx\right)^{-\frac{2}{p-1}} \\ &\geqq \left(\frac{1}{2} - \frac{1}{p+1}\right)\left(\int_{\mathbb{R}^N} a_\infty(x) v_+^{p+1}\, dx\right)^{-\frac{2}{p-1}} \\ &= J_\infty(v) \end{aligned} \tag{4.81}$$

が成立する. よって $\underline{b} \geqq b_\infty$. 命題 4.23 に注意すると $\underline{b} = b_\infty$ が得られる.

次に $\underline{b}$ が $v \in \Sigma_+$ により達成され得ないことを見よう. 仮に $v_0 \in \Sigma_+$ により $\underline{b}$ が達成され $\underline{b} = J(v_0)$ が成り立ったとすると $v_0(x)$ は楕円型方程式(4.1)の正値解に対応し

$$v_0(x) > 0 \qquad \forall x \in \mathbb{R}^N$$

をみたしている. したがって(4.80)のもとでは

$$\underline{b} = J(v_0) > J_\infty(v_0).$$

しかし $\underline{b} = b_\infty$ であったら, これは $J_\infty(v_0) < b_\infty$ を意味し, $b_\infty = \inf_{v \in \Sigma_+} J_\infty(v)$ に反する. よって $\underline{b}$ は達成され得ない. ∎

以上により, (4.80)の仮定のもとでは(4.1)の正値解は $J(v)$ に対する最小化法では求めることができない. では(4.1)は正値解をもたないのであろうか? さらに一般的に単に仮定(4.32)-(4.34)のもとでは(4.1)は正値解をもたないのであろうか? 答えは一般的には知られていないが, $a_\infty(x) \equiv 1$ のとき, すなわち $a(x) \to 1$ $(|x| \to \infty)$ のとき若干の仮定のもとで答えは肯定的である. 次章では, このような場合を扱う Bahri-Li [23]の美しい論法を紹介しよう.

5 Palais-Smale 条件の成り立たない変分問題(その2)

第4章に引き続き，$\mathbb{R}^N$ における楕円型方程式

$$(5.1)\qquad \begin{aligned} &-\Delta u+u = a(x)u^p && \text{in } \mathbb{R}^N, \\ &u>0 && \text{in } \mathbb{R}^N, \\ &u\in H^1(\mathbb{R}^N) \end{aligned}$$

を扱う．ここでも前章と同様に p は

$$(5.2)\qquad 1<p<\frac{N+2}{N-2}\quad (N\geqq 3),\quad 1<p<\infty\quad (N=1,2)$$

をみたす定数とし，係数 $a(x)$ は定数 $m_0, m_1>0$ に対して

$$(5.3)\qquad m_0\leqq a(x)\leqq m_1\qquad \forall x\in\mathbb{R}^N$$

をみたすものとする．$a(x)$ が空間変数 x に依存するためにおこるデリケートな解空間の変化を見よう．次の2つの話題について述べる．

1つめの話題は，(5.1)の正値解の存在である．第4章においては(5.1)が最小化法により解けるための条件を考察した．§5.1-§5.3 においてはミニマックス法を用いることにより条件 $a(x)\to 1$ $(|x|\to\infty)$のもとで(5.1)の解の存在を保証する Bahri-Li [23]の仕事を紹介しよう．係数 $a(x)$ の形状は単位球面 Σ_+ 上の汎関数 $J(v)$ に反映される．それをいかに読み取るかが，変分法の醍醐味のひとつである．ここでは Bahri-Li の美しい論法を紹介する．

2つめの話題は，$a(x)$ を空間周期的としたときの解空間に関する話題であ

る．$a(x)\equiv 1$ のとき(5.1)の正値解は平行移動を除いて一意的であった．一意的な正値解を $\omega(x)$ とかくと $|y|\to\infty$ のとき

$$\omega(x)+\omega(x-y) \tag{5.4}$$

は (PS)-列をなし，見かけ上近似解のように見えるが，もちろんその近傍に真の解は存在しない．では係数 $a(x)$ が真に x に依存した場合はどうであろうか？　正値解は平行移動を除いて一意であろうか？　また $|y|$ が大きいとき(5.4)の近傍に真の解は存在しないだろうか？　§5.4 以下では，(5.1)の解空間は係数 $a(x)$ に非常にデリケートに依存することを見る: 正値解は(整数倍の)平行移動を除いても一意でなく，またある状況下では(5.4)の近傍に真の解が存在する．このような解は multi-bump 解と呼ばれる．

§5.1　Bahri-Li の結果

§4.5 では楕円型方程式(5.1)の可解性を最小化問題(4.70)を通じて調べた．特に $\underline{b}\equiv\inf J(v)<b_\infty\equiv\inf J_\infty(v)$ ならば $\underline{b}$ は達成され(5.1)は正値解をもった．では $\underline{b}=b_\infty$ のときは解の存在はどうなるのであろうか？　§4.5(d)の例により，一般に最小点は存在せず，最小化法では解の存在を得ることはできないが，無限次元球面 Σ_+ 上のミニマックス法により，解の存在を得ることができる場合がある．ここでは Bahri-Li [23]による方法を紹介しよう．彼らは $a(x)$ が無限遠で定数 1 に近づく場合を考察している．

$a(x)$ に対する仮定:

(a1)　$a(x)\in C(\mathbb{R}^N,\mathbb{R})$.

(a2)　定数 $m_0,m_1>0$ が存在して

$$m_0\leqq a(x)\leqq m_1 \qquad \forall x\in\mathbb{R}^N.$$

(a3)　$a(x)\to 1\quad(|x|\to\infty)$.

さらにテクニカルな仮定として

(a4)　ある $\delta>0,\ C>0$ が存在して

$$a(x)-1\geqq -Ce^{-(2+\delta)|x|} \qquad \forall x\in\mathbb{R}^N \tag{5.5}$$

を仮定する．この条件は $|x|\to\infty$ のとき $a(x)$ が 1 に近づくスピードをあ

る程度規定している．上から近づく場合は制限がないが，下から近づく場合は(5.5)は指数的に速く近づくことを要請している．(a1)-(a4)をみたす $a(x)$ の例としては，コンパクト集合を除いて1に等しい正の関数 $a(x)$ 等があげられる．

これらの仮定のもとで次の定理が得られている．

定理 5.1 (Bahri-Li [23], c.f. Bahri-Lions [19]) (a1)-(a4)の仮定のもとで楕円型方程式(5.1)は少なくとも1つ正値解をもつ． □

注意 5.2 $N \geqq 2$ のとき(5.5)よりも弱い次の条件(a4′)のもとで正値解の存在が Bahri-Lions [19]により得られている．

(a4′) ある $\delta>0, C>0$ が存在して

$$a(x)-1 \geqq -Ce^{-\delta|x|} \qquad \forall x \in \mathbb{R}^N.$$

本書では議論を簡明にするために条件(a4)のもとで考察しよう．

定理5.1の証明において第4章と基本的に同じ記号を用いる．ここで簡単に整理しておこう．まず関数空間として $H^1(\mathbb{R}^N)$ を用い，内積，ノルムとしては

$$(u,v) = \int_{\mathbb{R}^N} \nabla u \nabla v + uv\, dx,$$

$$\| u \| = \left(\int_{\mathbb{R}^N} |\nabla u|^2 + |u|^2\, dx\right)^{1/2}$$

を用いる．また

$$\|u\|_{p+1} = \left(\int_{\mathbb{R}^N} |u|^{p+1}\, dx\right)^{\frac{1}{p+1}}$$

も用いる．$H^1(\mathbb{R}^N)$ 上の汎関数として次のものを考える．

$$I(u) = \frac{1}{2}\| u \|^2 - \frac{1}{p+1}\int_{\mathbb{R}^N} a(x) u_+^{p+1}\, dx, \tag{5.6}$$

$$I_\infty(u) = \frac{1}{2}\| u \|^2 - \frac{1}{p+1}\int_{\mathbb{R}^N} u_+^{p+1}\, dx. \tag{5.7}$$

また単位球面上に帰着された汎関数

(5.8)

$$J(v) = \max_{t>0} I(tv) = \left(\frac{1}{2} - \frac{1}{p+1}\right)\left(\frac{1}{\int_{\mathbb{R}^N} a(x) v_+^{p+1}\, dx}\right)^{\frac{2}{p-1}} : \Sigma_+ \to \mathbb{R},$$

(5.9)

$$J_\infty(v) = \max_{t>0} I_\infty(tv) = \left(\frac{1}{2} - \frac{1}{p+1}\right)\left(\frac{1}{\int_{\mathbb{R}^N} v_+^{p+1}\, dx}\right)^{\frac{2}{p-1}} : \Sigma_+ \to \mathbb{R}$$

も考える．ただし

$$\Sigma = \{v \in H^1(\mathbb{R}^N);\ \|u\| = 1\},$$
$$\Sigma_+ = \{v \in \Sigma;\ v_+ \not\equiv 0\}$$

である．

$I(u)$ あるいは $J(u)$ の臨界点が求めるものであり，$I_\infty(u)$，$J_\infty(u)$ は $a(x)$ の無限遠での挙動に対応した汎関数である．第4章では $a(x)$ が $|x|\to\infty$ での極限として空間周期的な関数 $a_\infty(x)$ を考えたが，ここでは $a_\infty(x)\equiv 1$ であり，$I_\infty(u)$ あるいは $J_\infty(u)$ に対応する方程式は

(5.10)
$$\begin{aligned} -\Delta u + u &= u^p \quad \text{in } \mathbb{R}^N, \\ u &> 0 \quad \text{in } \mathbb{R}^N, \\ u &\in H^1(\mathbb{R}^N) \end{aligned}$$

となる．§4.5(d)でも述べたように，Kwong の定理(付録 定理 A.1，定理 A.2)により(5.10)の解は平行移動を除いて一意的であり，(5.10)の一意的な正値球対称解を $\omega(x)$ とかくと，(5.10)の解集合——すなわち $I_\infty(u)$ の臨界点の集合——は

(5.11)
$$\{\omega(x-y);\ y \in \mathbb{R}^N\} \cup \{0\}$$

とあらわされる．また定理 4.20 により $\omega(x)$ は $J_\infty(v)$ の最小点に対応し

(5.12)
$$b_\infty = \inf_{v \in \Sigma_+} J_\infty(v)$$

とおくと

$$b_\infty = I_\infty(\omega) = J_\infty\left(\frac{\omega}{\|\omega\|}\right) \tag{5.13}$$

が成立している.

$I_\infty(u)$ の臨界点の集合が(5.11)で与えられることにより，定理 4.13 は次の形となる.

定理 5.3　(a1)-(a3)の仮定のもとで $(u_j)_{j=1}^\infty \subset H^1(\mathbb{R}^N)$ を $I(u)$ に対する $(PS)_c$-列とする．このとき部分列 $(u_{j_k})_{k=1}^\infty$ を選ぶと，$\ell \in \mathbb{N}\cup\{0\}$，$I(u)$ の臨界点 $u_0(x) \in H^1(\mathbb{R}^N)$ (0 であってもよい)，$(y_k^i)_{k=1}^\infty \subset \mathbb{R}^N$ $(i=1,2,\cdots,\ell)$が存在して $k\to\infty$ のとき次をみたす.

(i)　$\|u_{j_k}(x)-u_0(x)-\sum_{i=1}^{\ell}\omega(x-y_k^i)\| \to 0,$

(ii)　$I(u_{j_k}) \to c = I(u_0)+\ell b_\infty,$

(iii)　$|y_k^i| \to \infty \qquad \forall i=1,2,\cdots,\ell,$

(iv)　$\left|y_k^i - y_k^{i'}\right| \to \infty \qquad \forall i \neq i'.$ □

注意 5.4　1°　$\ell=0$ のとき(i),(ii)は

$$\|u_{j_k}(x)-u_0(x)\| \to 0, \quad I(u_{j_k}) \to c = I(u_0)$$

と解釈する．この場合 $(PS)_c$-列 $(u_j)_{j=1}^\infty$ は強収束部分列をもつ.

2°　定理 4.13 では(i)は $\|u_{j_k}(x)-u_0(x)-\sum_{i=1}^{\ell}\omega_i(x-n_k^i)\| \to 0$ となっていたが $\omega_i(x)=\omega(x-y^i)$ $(y^i\in\mathbb{R}^N)$ とかけるので，$y_k^i = y^i+n_k^i \in \mathbb{R}^N$ と記述している.

系 4.7 に注意すると上の定理の系として次が成立する.

系 5.5　$I(u)$ あるいは $J(u)$ が $(PS)_c$-条件をみたさないとすると $c\in\mathbb{R}$ は次の形である.

$$c = I(u_0)+\ell b_\infty.$$

ただし，$u_0(x)$ は $I(u)$ の臨界点，$\ell \in \mathbb{N}$ である. □

また，のちに用いるために定理 5.3 の特別な場合として，収束しない $(PS)_{b_\infty}$-列の挙動をまとめておこう．(a1)-(a3)のもとで臨界値 $I(u_0)$ は非負であることに注意すると次が成立する.

系 5.6　$(v_j)_{j=1}^\infty \subset \Sigma_+$ を収束する部分列をもたない $J(u)$ に対する $(PS)_{b_\infty}$-

列とする．このとき $|y_j|\to\infty$ をみたす点列 $(y_j)_{j=1}^{\infty}\subset\mathbb{R}^N$ が存在して

$$\left\| v_j(x)-\frac{\omega(x-y_j)}{\|\omega\|}\right\| \to 0 \quad (j\to\infty)$$

が成立する． □

われわれの目標は $I(u)$ あるいは $J(u)$ の 0 でない臨界点の存在を示すことであるが，もし結論を否定すると系 5.5 により $I(u)$, $J(u)$ は

$$c=b_\infty,\ 2b_\infty,\ 3b_\infty,\cdots$$

においてのみ $(PS)_c$-条件が崩れることとなる．

次節では $(PS)_c$-条件が成立する区間 $(0,b_\infty)$, $(b_\infty,2b_\infty)$ を利用して定理 5.1 の証明を与えよう．

§5.2　定理 5.1 の証明

定理 5.1 を証明するために天下り的ではあるが，次の 2 つの値 $\underline{b}$, $\overline{b}$ を導入しよう．

$$\underline{b}=\inf_{v\in\Sigma_+} J(v), \tag{5.14}$$

$$\overline{b}=\inf_{\gamma\in\Gamma}\sup_{y\in\mathbb{R}^N} J(\gamma(y)). \tag{5.15}$$

ここで写像族 Γ は次で与えられるものである．

$$\Gamma=\{\gamma\in C(\mathbb{R}^N,\Sigma_+);\ \text{ある } R(\gamma)>0 \text{ が存在して,}\ \text{すべての } |y|\geqq R(\gamma) \text{ に対し } \gamma(y)(x)=\frac{\omega(x-y)}{\|\omega\|}\quad \forall x\in\mathbb{R}^N\}.$$

$\gamma_0(y)(x)=\dfrac{\omega(x-y)}{\|\omega\|}$ $(y\in\mathbb{R}^N)$ とおくと，明らかに $\gamma_0\in\Gamma$ であり $\Gamma\neq\varnothing$ である．

次に注意すると，各 $\gamma\in\Gamma$ に対して $\sup_{y\in\mathbb{R}^N} J(\gamma(y))<\infty$ であり，$\overline{b}$ が well-defined であることがわかる．

$$J\left(\frac{\omega(x-y)}{\|\omega\|}\right)\to b_\infty \quad (|y|\to\infty). \tag{5.16}$$

(5.16)は(a3), (5.13)より従う.

$\underline{b}, \overline{b}$ の意味を考えるには，次のような簡単な場合を考えるとよい．$f(x) \in C(\mathbb{R}^N, \mathbb{R})$ を $f(x) \to 1$ $(|x| \to \infty)$ をみたす関数とする．このとき $f(x)$ は $\mathbb{R}^N$ 上臨界点をもつ．この臨界点は次のように求めることができる.

$$\underline{a} = \inf_{\mathbb{R}^N} f(x), \quad \overline{a} = \sup_{\mathbb{R}^N} f(x)$$

とおこう．明らかに $\underline{a} \leqq 1 \leqq \overline{a}$ である．3 つの場合を考える.

(A)　$\underline{a} < 1$ のとき．$\underline{a}$ は $f(x)$ の最小値となり，$\underline{a}$ を達成する $x_0 \in \mathbb{R}^N$ が $f(x)$ の臨界点となる.

(B)　$\overline{a} > 1$ のとき．$\overline{a}$ は $f(x)$ の最大値となり，$\overline{a}$ を達成する $x_0 \in \mathbb{R}^N$ が $f(x)$ の臨界点となる.

(C)　$\underline{a} = \overline{a} = 1$ のとき．このとき $f(x)$ は恒等的に 1 となり 1 が臨界値となる.

(5.14), (5.15)で与えられる $\underline{b}, \overline{b}$ が上記の $\underline{a}, \overline{a}$ の役割をはたす．まず $\underline{b}, \overline{b}$ の評価から始めよう.

補題 5.7　$0 < \underline{b} \leqq b_\infty \leqq \overline{b}$. ここで b_∞ は(5.12)で定義された数である.

［証明］　$\underline{b} > 0$ であることはすでに第 4 章で見ている.

$$\underline{b} = \inf_{v \in \Sigma_+} J(v) \leqq J\left(\frac{\omega(x-y)}{\|\omega\|} \right) \qquad \forall y \in \mathbb{R}^N$$

が成り立っているので，$|y| \to \infty$ とすれば(5.16)より $\underline{b} \leqq b_\infty$ が成立する．また任意の $\gamma \in \Gamma$ に対して $y \in \mathbb{R}^N$ を $|y| \geqq R(\gamma)$ となるようにとれば

$$\sup_{y \in \mathbb{R}^N} J(\gamma(y)) \geqq J\left(\frac{\omega(x-y)}{\|\omega\|} \right).$$

$|y| \to \infty$ とすると $\sup_{y \in \mathbb{R}^N} J(\gamma(y)) \geqq b_\infty$. $\gamma \in \Gamma$ は任意であるから $\overline{b} \geqq b_\infty$ が成立する.　■

$\overline{b}$ に関しては条件(a4)を用いると，次の評価を得ることができる.

命題 5.8　(a1)-(a4)のもとで

(5.17)　$$\overline{b} < 2b_\infty$$

が成立する.　□

この命題は，定理5.1の証明のキーの1つであり，具体的に $\sup J(\gamma(y)) < 2b_\infty$ をみたす $\gamma(y)\in\Gamma$ を構成することにより示される．その際には，2つの $\omega(x-y_1)$，$\omega(x-y_2)$ を十分離しておくと($|y_1|, |y_2|, |y_1-y_2|\gg 1$)，その和の汎関数の値は $2b_\infty$ より小となること，すなわち

$$I(\omega(x-y_1)+\omega(x-y_2)) < 2b_\infty$$

が用いられる．同様のアイデアは Taubes [188]，Bahri–Coron [20]等でも用いられている．証明は次節で行い，ここでは定理5.1の証明を続ける．

補題5.7により，次の(A)-(C)のうち1つが成立する．

(A)　$\underline{b}<b_\infty$,

(B)　$\underline{b}=b_\infty$ かつ $\overline{b}>b_\infty$,

(C)　$\underline{b}=\overline{b}=b_\infty$.

以下，(A)-(C)それぞれの場合に臨界点の存在を示そう．

(A)が成立する場合：この場合はすでに系4.25で下限 $\underline{b}$ が達成され臨界値となることが示されている．

(B)が成立する場合：$\underline{b}=b_\infty$ であることを用いると系5.5により $(PS)_c$-条件が $c\in(b_\infty, 2b_\infty)$ において成立していることがわかる．命題5.8によりミニマックス値 $\overline{b}$ は

$$\overline{b}\in(b_\infty, 2b_\infty)$$

をみたしている．次が成立する．

命題5.9　(B)が成立するとする．このとき $\overline{b}\in(b_\infty, 2b_\infty)$ は $I(u)$ の臨界値である．

［証明］　$\epsilon>0$ を $[\overline{b}-\epsilon, \overline{b}+\epsilon]\subset(b_\infty, 2b_\infty)$ をみたす数とする．まず $[\overline{b}-\epsilon, \overline{b}+\epsilon]$ 内に $J(v)$ は臨界値をもつことを示そう．$c\in\mathbb{R}$ に対して次の記号を用いる．

$$[J\leqq c]_{\Sigma_+}=\{v\in\Sigma_+;\ J(v)\leqq c\}.$$

$J(v)$ が $[\overline{b}-\epsilon, \overline{b}+\epsilon]$ 内に臨界値をもたないとすると定理1.33により次をみたす連続写像

$$f(t,v):\ [0,1]\times[J\leqq\overline{b}+\epsilon]_{\Sigma_+}\to[J\leqq\overline{b}+\epsilon]_{\Sigma_+}$$

が存在する．

(i) $f(0,v)=v \qquad \forall v\in[J\leqq\bar{b}+\epsilon]_{\Sigma_+}$,

(ii) $f(t,v)=v \qquad \forall(t,v)\in[0,1]\times[J\leqq\bar{b}-\epsilon]_{\Sigma_+}$,

(iii) すべての $v\in[J\leqq\bar{b}+\epsilon]_{\Sigma_+}$ に対して $I(f(t,v))$ は t の非増加関数,

(iv) $f(1,v)\in[J\leqq\bar{b}-\epsilon]_{\Sigma_+} \qquad \forall v\in[J\leqq\bar{b}+\epsilon]_{\Sigma_+}$.

また，$\bar{b}$ の定義により

$$\sup_{y\in\mathbb{R}^N} J(\gamma_\epsilon(y))\leqq\bar{b}+\epsilon \tag{5.18}$$

をみたす $\gamma_\epsilon\in\Gamma$ が存在する．ここで合成写像

$$\tilde{\gamma}_\epsilon(y)=f(1,\gamma_\epsilon(y))$$

を考えよう．この $\tilde{\gamma}_\epsilon(y)$ は Γ に属する．実際，(5.16)により $\tilde{R}\geqq R(\gamma)$ を十分大にとると $|y|\geqq\tilde{R}$ に対して

$$J(\gamma_\epsilon(y))=J\left(\frac{\omega(x-y)}{\|\omega\|}\right)\leqq\bar{b}-\epsilon.$$

これより $f(t,v)$ の性質(ii)から

$$\tilde{\gamma}_\epsilon(y)=f(1,\gamma_\epsilon(y))=\gamma_\epsilon(y)=\frac{\omega(x-y)}{\|\omega\|} \qquad \forall|y|\geqq\tilde{R}.$$

よって $R(\tilde{\gamma}_\epsilon)$ として $\tilde{R}$ を採用すれば $\tilde{\gamma}_\epsilon\in\Gamma$ がわかる．

次に $f(t,v)$ の性質(iv)に注意すると(5.18)から

$$J(\tilde{\gamma}_\epsilon(y))=J(f(1,\gamma_\epsilon(y)))\leqq\bar{b}-\epsilon \qquad \forall y\in\mathbb{R}^N.$$

これは $\bar{b}$ の定義に反する．

したがって，$J(v)$ は $[\bar{b}-\epsilon,\bar{b}+\epsilon]$ 内に臨界値をもつ．$(PS)_c$-条件が $c\in(b_\infty,2b_\infty)$ に対して成立していること，$\epsilon>0$ はいくらでも小さくとれることより，$\bar{b}$ は $J(v)$ の臨界値である．すなわち臨界点 $v\in\Sigma_+$ が存在して $J(v)=\bar{b}$. ∎

以上により(B)が成立する場合，定理5.1が証明できた．次に残っている場合(C)を考えよう．

(C)が成立する場合：この場合 b_∞ が $J(v)$ の臨界値であることを示そう．$(PS)_{b_\infty}$-条件が成立しないことより，議論は若干複雑となる．

まず次の関数を考えよう．

$$\Psi(v)=\int_{\mathbb{R}^N}\frac{x}{|x|}(|\nabla v|^2+|v|^2)\,dx:\ \Sigma\to\overline{B}_{\mathbb{R}^N}(0,1)=\{z\in\mathbb{R}^N;\ |z|\leqq 1\}.$$

この関数は $v(x)\in\Sigma$ の重心の位置を計るものである．まず次が成立する．

補題 5.10　$\rho(r)\to 1\ (r\to\infty)$ および $\rho(0)=0$ をみたす連続関数 $\rho\colon[1,\infty)\to[0,1]$ が存在し，次が成立する．

$$\Psi\left(\frac{\omega(x-y)}{\|\omega\|}\right)=\rho(|y|)\frac{y}{|y|}.$$

□

この補題の証明は読者に任せよう．特に $|y|\to\infty$ のとき

$$\left|\Psi\left(\frac{\omega(x-y)}{\|\omega\|}\right)-\frac{y}{|y|}\right|\to 0$$

に注意して頂きたい．

Brouwer の定理(命題 1.16)より次が従う．

補題 5.11　任意の $\gamma\in\Gamma$ に対して，ある $y\in\mathbb{R}^N$ が存在して

$$\Psi(\gamma(y))=0.$$

［証明］　$\gamma\in\Gamma$ に対して $R>R(\gamma)$ を十分大にとり連続写像

$$F:\ \overline{B}_{\mathbb{R}^N}(0,R)\to\mathbb{R}^N;\ y\mapsto\frac{R}{\rho(R)}\Psi(\gamma(y))$$

を考えよう．$y\in\partial\overline{B}_{\mathbb{R}^N}(0,R)$ に対して

$$F(y)=\frac{R}{\rho(R)}\Psi\left(\frac{\omega(x-y)}{\|\omega\|}\right)=y$$

が成立しているので Brouwer の定理を用いることにより

$$\overline{B}_{\mathbb{R}^N}(0,R)\subset F(\overline{B}_{\mathbb{R}^N}(0,R)).$$

特にある $y\in\mathbb{R}^N$ が存在して $\Psi(\gamma(y))=0$ が成立する．■

いよいよ仮定(C)のもとで b_∞ が $J(v)$ の臨界値であることを示そう．

命題 5.12　(C)が成立するとする．このとき b_∞ は $J(v)$ の臨界値である．すなわち，ある $v_0\in\Sigma_+$ が存在して $J(v_0)=b_\infty$ かつ $J'(v_0)=0$.

［証明］　$\overline{b}=b_\infty$ により任意の $\epsilon>0$ に対してある $\gamma_\epsilon\in\Gamma$ が存在して

$$\sup_{y\in\mathbb{R}^N} J(\gamma_\epsilon(y)) \leqq b_\infty + \epsilon$$

が成立する．補題5.11により $\Psi(\gamma_\epsilon(y_\epsilon))=0$ をみたす $y_\epsilon\in\mathbb{R}^N$ が存在する．$v_\epsilon=\gamma_\epsilon(y_\epsilon)$ とおくと v_ϵ は次をみたす．

$$J(v_\epsilon) \leqq b_\infty+\epsilon, \tag{5.19}$$

$$\Psi(v_\epsilon)=0. \tag{5.20}$$

仮定より $b_\infty=\underline{b}=\inf_{v\in\Sigma_+} J(v)$ であるから v_ϵ は $J(v)$ の最小化列を与えている．命題1.30を用いると，次をみたす $w_\epsilon\in\Sigma_+$ が存在する．

$$\begin{aligned} &J(w_\epsilon) \leqq J(v_\epsilon) \leqq b_\infty+\epsilon, \\ &\|J'(w_\epsilon)\|_{(T_{w_\epsilon}\Sigma_+)^*} \leqq 2\sqrt{\epsilon}, \\ &\| w_\epsilon - v_\epsilon \| \leqq \sqrt{\epsilon}. \end{aligned} \tag{5.21}$$

特に $\epsilon\to 0$ のとき (w_ϵ) は $(PS)_{b_\infty}$-列である．また(5.20),(5.21)より

$$\Psi(w_\epsilon)\to 0 \quad (\epsilon\to 0) \tag{5.22}$$

が成立する．

この (w_ϵ) に対して系5.6を用いると，もし w_ϵ が $\epsilon\to 0$ のとき強収束部分列をもたないならば，$|y_\epsilon|\to\infty$ をみたす $(y_\epsilon)\subset\mathbb{R}^N$ が存在して

$$\left\| w_\epsilon - \frac{\omega(x-y_\epsilon)}{\|\omega\|} \right\| \to 0$$

が成立する．補題5.10によりこのとき

$$|\Psi(w_\epsilon)|\to 1 \quad (\epsilon\to 0)$$

が成立しなければならない．これは(5.22)と矛盾する．したがって w_ϵ は強収束する部分列をもち，その極限は臨界値 b_∞ をもつ $J(v)$ の臨界点である． ∎

以上で(A)-(C)のすべての場合に $J(v)$ は臨界点をもつことが証明できた．したがって定理5.1が証明された．

問1 $a(x)\geqq 1$ $(\forall x\in\mathbb{R}^N)$，$\not\equiv 1$ のとき $\underline{b}<b_\infty=\overline{b}$ が成り立つことを示せ．

§5.3　命題5.8の証明

この節では命題5.8の証明を与える.

$e_1=(1,0,\cdots,0)$ とし $R>0$ に対して $\gamma_R(y)\in\Gamma$ を次で定める.

$$\gamma_R(y)(x)=\begin{cases}\dfrac{\frac{|y|}{R}\omega(x-R\frac{y}{|y|})+(1-\frac{|y|}{R})\omega(x-(R-\sqrt{R})e_1)}{\left\|\frac{|y|}{R}\omega(x-R\frac{y}{|y|})+(1-\frac{|y|}{R})\omega(x-(R-\sqrt{R})e_1)\right\|}, \\ \qquad\qquad |y|\leqq R \text{ のとき}, \\ \dfrac{\omega(x-y)}{\|\omega\|}, \qquad |y|>R \text{ のとき}.\end{cases}$$

命題5.8を示すには十分大きな $R>0$ に対して

(5.23) $$\sup_{y\in\mathbb{R}^N} J(\gamma_R(y))<2b_\infty$$

を示せば十分である. まず次に注意しておく.

(i) $|y|\to\infty$ のとき

$$J\left(\frac{\omega(x-y)}{\|\omega\|}\right)\to J_\infty\left(\frac{\omega}{\|\omega\|}\right)=b_\infty.$$

(ii)

(5.24) $$J_\infty\left(\frac{\omega(x-y)}{\|\omega\|}\right)=\max_{t>0} I_\infty(t\omega(x-y))=I_\infty(\omega)=b_\infty$$

であり, 最大値をとる t は $t=1$ に限られる.

また $\omega(x)$ の無限大での挙動に関する次の性質も用いる.

(iii) ある $c>0$ が存在して

(5.25) $$\omega(|x|)|x|^{\frac{N-1}{2}}e^{|x|}\to c \quad (|x|\to\infty).$$

(5.25)の証明はさほど難しくないがここでは与えない. 付録Aの議論を参照されたい.

上の(i)を用いると次の補題から 命題5.8がしたがうことがわかる.

補題 5.13　(a1)-(a4)のもとで，ある $R>0$ が存在して $y_1, y_2 \in \mathbb{R}^N$ が

$$|y_1|,\ |y_2| \geqq R-\sqrt{R}, \tag{5.26}$$

$$\sqrt{R} \leqq |y_1-y_2| \leqq 2R-\sqrt{R} \tag{5.27}$$

をみたすならば

$$J\left(\frac{s\omega(x-y_1)+(1-s)\omega(x-y_2)}{\|s\omega(x-y_1)+(1-s)\omega(x-y_2)\|}\right) < 2b_\infty \qquad \forall s \in [0,1] \tag{5.28}$$

が成立する．

［命題5.8の証明］　$R>0$ を十分大にとり補題5.13および

$$|y| \geqq R \implies J\left(\frac{\omega(x-y)}{\|\omega\|}\right) < \frac{3}{2}b_\infty$$

が成立するようにできる．$|y|\geqq R$ のときは上式を，$|y|\leqq R$ のときは $y_1 = R\dfrac{y}{|y|}$，$y_2=(R-\sqrt{R})e_1$ として，補題5.13を用いれば(5.23)が十分大きな R に対して成立することがわかる．よって命題5.8が成立する．　∎

以下，補題5.13を証明してゆく．

［補題5.13の証明］　まず

$$J\left(\frac{s\omega(x-y_1)+(1-s)\omega(x-y_2)}{\|s\omega(x-y_1)+(1-s)\omega(x-y_2)\|}\right) = \max_{t>0} I(t(s\omega(x-y_1)+(1-s)\omega(x-y_2)))$$

に注意する．

$$I(t(s\omega(x-y_1)+(1-s)\omega(x-y_2))) < 2b_\infty \tag{5.29}$$

をすべての $s\in[0,1]$, $t>0$ に対して示せばよい．

任意の $s\in[0,1]$, $t>0$ に対して $R\to\infty$ のとき

$$\begin{aligned}
&I(t(s\omega(x-y_1)+(1-s)\omega(x-y_2)))\\
&= \frac{1}{2}\|ts\omega(x-y_1)+t(1-s)\omega(x-y_2)\|^2\\
&\quad -\frac{1}{p+1}\int_{\mathbb{R}^N} a(x)(ts\omega(x-y_1)+t(1-s)\omega(x-y_2))^{p+1}\,dx\\
&\to \frac{1}{2}(ts)^2\|\omega\|^2+\frac{1}{2}(t(1-s))^2\|\omega\|^2
\end{aligned}$$

$$-\frac{1}{p+1}(ts)^{p+1}\|\omega\|_{p+1}^{p+1}-\frac{1}{p+1}(t(1-s))^{p+1}\|\omega\|_{p+1}^{p+1}$$
$$=I_\infty(ts\omega)+I_\infty(t(1-s)\omega).$$

したがって，(5.24)に注意すると任意の $\epsilon>0$ に対してある $R(\epsilon)>0$ が存在して $|ts-1|>\epsilon$ あるいは $|t(1-s)-1|>\epsilon$ ならば $R\geqq R(\epsilon)$ に対して(5.29)が成立する．

よって，以下では ts, $t(1-s)$ がともに 1 に近い場合，すなわち

(5.30) $$|ts-1|,\ |t(1-s)-1|\leqq\epsilon$$

の場合を考える．$\epsilon>0$ は(5.30)から

(5.31) $$(ts)^p t(1-s)-\frac{1}{2}t^2s(1-s)\geqq\frac{1}{4},$$

(5.32) $$ts(t(1-s))^p-\frac{1}{2}t^2s(1-s)\geqq\frac{1}{4}$$

がしたがうように小さくとっておく．

改めて(5.29)の左辺を計算する．以下 $\omega_i(x)=\omega(x-y_i)$ $(i=1,2)$ とかく．

(5.33)
$$\begin{aligned}
&I(ts\omega_1+t(1-s)\omega_2)\\
&=\frac{1}{2}\|ts\omega_1+t(1-s)\omega_2\|^2-\frac{1}{p+1}\int_{\mathbb{R}^N}a(x)(ts\omega_1+t(1-s)\omega_2)^{p+1}\,dx\\
&=\frac{1}{2}\|ts\omega_1\|^2+\frac{1}{2}\|t(1-s)\omega_2\|^2+t^2s(1-s)(\omega_1,\omega_2)\\
&\quad-\frac{1}{p+1}\int_{\mathbb{R}^N}a(x)(ts\omega_1+t(1-s)\omega_2)^{p+1}\,dx\\
&=\frac{1}{2}\|ts\omega_1\|^2+\frac{1}{2}\|t(1-s)\omega_2\|^2+\frac{1}{2}t^2s(1-s)\int_{\mathbb{R}^N}\omega_1^p\omega_2+\omega_1\omega_2^p\,dx\\
&\quad-\frac{1}{p+1}\int_{\mathbb{R}^N}(ts\omega_1+t(1-s)\omega_2)^{p+1}\,dx\\
&\quad+\frac{1}{p+1}\int_{\mathbb{R}^N}(1-a(x))(ts\omega_1+t(1-s)\omega_2)^{p+1}\,dx.
\end{aligned}$$

ここで ω_1, ω_2 が $I_\infty(u)$ の臨界点であることにより $(\omega_1,\omega_2)=\int_{\mathbb{R}^N}\omega_1^p\omega_2\,dx=$

$\int_{\mathbb{R}^N} \omega_1 \omega_2^p \, dx$ が成り立つことを用いた．(5.33)の第4項に次の不等式を用いる．

補題 5.14　定数 $C_p > 0$ が存在し次が成立する．

$$(a+b)^{p+1} \geqq a^{p+1} + b^{p+1} + (p+1)(a^p b + ab^p) - C_p a^{\frac{p+1}{2}} b^{\frac{p+1}{2}} \qquad \forall a, b \geqq 0.$$

［証明］　$0 \leqq a \leqq b$ として示せばよい．$x = \dfrac{a}{b}$ として

$$(x+1)^{p+1} \geqq 1 + x^{p+1} + (p+1)(x^p + x) - C_p x^{\frac{p+1}{2}} \qquad \forall x \in [0,1]$$

を示せばよいが，十分大きな $C_p > 0$ に対してこれを示すことは容易．■

(5.33)において補題5.14を用いて

$$\begin{aligned}
I(ts\omega_1 + t(1-s)\omega_2) \leqq\ & I_\infty(ts\omega_1) + I_\infty(t(1-s)\omega_2) \\
& - \left((ts)^p t(1-s) - \frac{1}{2} t^2 s(1-s) \right) \int_{\mathbb{R}^N} \omega_1^p \omega_2 \, dx \\
& - \left(ts(t(1-s))^p - \frac{1}{2} t^2 s(1-s) \right) \int_{\mathbb{R}^N} \omega_1 \omega_2^p \, dx \\
& + C_p (ts)^{\frac{p+1}{2}} (t(1-s))^{\frac{p+1}{2}} \int_{\mathbb{R}^N} \omega_1^{\frac{p+1}{2}} \omega_2^{\frac{p+1}{2}} \, dx \\
& + \frac{1}{p+1} \int_{\mathbb{R}^N} (1-a(x))(ts\omega_1 + t(1-s)\omega_2)^{p+1} \, dx.
\end{aligned}$$

(5.31)，(5.32)およびある定数 $C > 0$ に対して $(a+b)^{p+1} \leqq C(a^{p+1} + b^{p+1})$ が成り立つことを用いて

$$\begin{aligned}
(5.34) \quad I(ts\omega_1 + t(1-s)\omega_2) \leqq\ & 2b_\infty - \frac{1}{4} \int_{\mathbb{R}^N} \omega_1^p \omega_2 + \omega_1 \omega_2^p \, dx \\
& + C_p' \int_{\mathbb{R}^N} \omega_1^{\frac{p+1}{2}} \omega_2^{\frac{p+1}{2}} \, dx \\
& + C' \int_{\mathbb{R}^N} (1-a(x))_+ (\omega_1^{p+1} + \omega_2^{p+1}) \, dx \\
\equiv\ & 2b_\infty - (I) + (II) + (III).
\end{aligned}$$

(I), (II), (III) を評価してゆく．以下 $C_1, C_2, \cdots$ により y_1, y_2, R に依存しない定数をあらわす．

補題 5.15 (a1)-(a4)のもとで次が成立する.

(i) $\displaystyle\int_{\mathbb{R}^N}\omega(x-y_1)^p\omega(x-y_2)\,dx \geqq C_1(|y_1-y_2|+1)^{-\frac{N-1}{2}}e^{-|y_1-y_2|}$
$\forall y_1,\,y_2\in\mathbb{R}^N.$

(ii) 任意の $\lambda\in(1,\frac{p+1}{2})$ に対して $C_2=C_2(\lambda)>0$ が存在して

$$\int_{\mathbb{R}^N}\omega(x-y_1)^{\frac{p+1}{2}}\omega(x-y_2)^{\frac{p+1}{2}}\,dx \leqq C_2e^{-\lambda|y_1-y_2|} \qquad \forall y_1,y_2\in\mathbb{R}^N.$$

(iii) 任意の $\mu\in(2,\min\{p+1,2+\delta\})$ に対して $C_3=C_3(\mu)>0$ が存在して

$$\int_{\mathbb{R}^N}(1-a(x))_+\omega(x-y)^{p+1}\,dx \leqq C_3e^{-\mu|y|} \qquad \forall y\in\mathbb{R}^N.$$

[証明] (i) 積分範囲を限ると

$$\begin{aligned}\int_{\mathbb{R}^N}\omega(x-y_1)^p\omega(x-y_2)\,dx &\geqq \int_{|x-y_1|\leqq 1}\omega(x-y_1)^p\omega(x-y_2)\,dx\\ &\geqq \omega(1)^p\int_{|x-y_1|\leqq 1}\omega(x-y_2)\,dx\\ &\geqq C_4\omega(|y_1-y_2|+1)\\ &\geqq C_1(|y_1-y_2|+1)^{-\frac{N-1}{2}}\exp(-|y_1-y_2|).\end{aligned}$$

(ii) (5.25)より $\lambda\in(1,\frac{p+1}{2})$ に対して

$$\omega(x)^{\frac{p+1}{2}} \leqq C_5\exp(-\lambda|x|) \qquad \forall x\in\mathbb{R}^N,$$
$$\int_{\mathbb{R}^N}e^{\lambda|x|}\omega(x)^{\frac{p+1}{2}}\,dx<\infty$$

が成立する. よって

$$\begin{aligned}&\int_{\mathbb{R}^N}\omega(x-y_1)^{\frac{p+1}{2}}\omega(x-y_2)^{\frac{p+1}{2}}\,dx\\ &\leqq \int_{\mathbb{R}^N}C_5e^{-\lambda|x-y_1|}e^{-\lambda|x-y_2|}e^{\lambda|x-y_2|}\omega(x-y_2)^{\frac{p+1}{2}}\,dx\\ &\leqq \int_{\mathbb{R}^N}C_5e^{-\lambda|x-y_1+y_2|}e^{-\lambda|x|}e^{\lambda|x|}\omega(x)^{\frac{p+1}{2}}\,dx\\ &\leqq C_5\max_{x\in\mathbb{R}^N}e^{-\lambda(|x-y_1+y_2|+|x|)}\int_{\mathbb{R}^N}e^{\lambda|x|}\omega(x)^{\frac{p+1}{2}}\,dx\\ &\leqq C_2e^{-\lambda|y_1-y_2|}.\end{aligned}$$

(iii) (a4), (5.25)により $\mu\in(2,\min\{2+\delta,p+1\})$ に対して

$$1-a(x)\leqq C_6e^{-\mu|x|}\qquad \forall x\in\mathbb{R}^N,$$
$$\int_{\mathbb{R}^N}e^{\mu|x|}\omega(x)^{p+1}\,dx<\infty$$

が成立する．(ii)と同様にして(iii)を得る． ∎

上の補題により

$$(I)\geqq C_1(|y_1-y_2|+1)^{-\frac{N-1}{2}}e^{-|y_1-y_2|},$$
$$(II)\leqq C_2e^{-\lambda|y_1-y_2|},$$
$$(III)\leqq C_3e^{-\mu|y_1|}+C_3e^{-\mu|y_2|}.$$

ここで $\lambda>1$ に注意すると十分大きな $R>0$ に対して $(II)\leqq\dfrac{1}{2}(I)$．また(5.26), (5.27)により

$$\begin{aligned}-(I)+(II)+(III)&\leqq-\frac{1}{2}(I)+(III)\\&\leqq-\frac{1}{2}C_1(2R-\sqrt{R}+1)^{-\frac{N-1}{2}}e^{-(2R-\sqrt{R})}+2C_3e^{-\mu(R-\sqrt{R})}.\end{aligned}$$

$\mu>2$ であるから十分大きな R に対して右辺は負．したがって $-(I)+(II)+(III)<0$．よって(5.34)より(5.28)が成立し，補題5.13が証明された． ∎

§5.4 multi-bump 解

この節以降では $a(x)$ を空間周期的とする．記号を簡単にするためにすべての x_i に対して $a(x_1,x_2,\cdots,x_N)$ は周期1をもつとする．すなわち

(a0) $\quad a(x_1+k_1,x_2+k_2,\cdots,x_N+k_N)=a(x_1,x_2,\cdots,x_N)$
$\qquad \forall(x_1,x_2,\cdots,x_N)\in\mathbb{R}^N,\ \forall(k_1,k_2,\cdots,k_N)\in\mathbb{Z}^N$

を仮定しよう．

(a0), (a1)の仮定のもとで方程式(5.1)を考え，§5.1と同様の記号をもちいる．空間周期性(a0)より次が従うことを思い出しておこう．

(i) 汎関数 $I(u)$ の $\mathbb{Z}^N$-不変性:

$$I(u(\cdot-k)) = I(u(\cdot)) \qquad \forall u \in H^1(\mathbb{R}^N),\ \forall k \in \mathbb{Z}^N,$$

(ii)　方程式(5.1)の $\mathbb{Z}^N$-同変性: $u(x)$ が(5.1)の解ならば任意の $k\in\mathbb{Z}^N$ に対して $u(x-k)$ も(5.1)の解である.

第4章の定理4.20により(5.1)は最小化法により解をもつことがわかる. その解を $u_0(x)$ とおこう. では, (5.1)の解は $u_0(x)$ を整数分だけシフトした解 $u_0(x-k)$ $(k\in\mathbb{Z}^N)$ でつくされているのであろうか? この章の始めに書いたように答えは否定的である. Coti Zelati-Rabinowitz [61]による答えを紹介しよう. (最初にこの形の結果をハミルトン系に対して示したのは Séré [170]である.)

(5.1)の解の集合を $\mathcal{C}$ とかこう:

$$\mathcal{C} = \{u \in H^1(\mathbb{R}^N);\ I'(u) = 0\}.$$

$H^1(\mathbb{R}^N)$ において関数を各座標について整数分シフトしたものを同一視する. すなわち次の同値関係 $\sim$ を入れる.

(5.35)　$u(x)\sim v(x) \iff$ ある $k\in\mathbb{Z}^N$ が存在して $v(x)=u(x-k)$.

この同値関係による $\mathcal{C}$ の同値類全体を $\mathcal{C}/\mathbb{Z}^N$ とかこう. 次が成立する.

定理 5.16 (Coti Zelati-Rabinowitz [61], c.f. Séré [170])　(a0), (a1)の仮定のもとで

$$\#(\mathcal{C}/\mathbb{Z}^N) = \infty.$$

すなわち $\mathcal{C}/\mathbb{Z}^N$ は少なくとも加算無限個の同値類をもつ. □

注意 5.17　$a(x)\equiv 1$ のとき上の定理は一見 Kwong の正値解の一意性に関する定理 A.1, 定理 A.2(付録 A)に反すると思われるかも知れない. (5.35)では各座標に関して整数分のシフトを, Kwong の定理では実数分のシフトを考えて同一視している点に注意して頂きたい. $a(x)\equiv 1$ のとき解集合 $\mathcal{C}$ を同値関係(5.35)で分類すると同値類の代表元として $\omega(x-\tau)$ $(\tau\in[0,1)^N)$ が選べ, $\mathcal{C}/\mathbb{Z}^N$ は連続濃度をもつ.

注意 5.18　Coti Zelati-Rabinowitz [61]らの定理はさらに一般的な非線形項に対して適用できる. この点についてはのちに §5.6 において述べる.

定理5.16の証明について述べよう. 前節までと同様に(5.1)に対応する汎関数を

$$I(u) = \frac{1}{2}\|u\|^2 - \frac{1}{p+1}\int_{\mathbb{R}^N} a(x)u_+^{p+1}\,dx : H^1(\mathbb{R}^N) \to \mathbb{R},$$
$$J(v) = \max_{t>0} I(tv) : \Sigma_+ \to \mathbb{R}$$

とかく．まず

$$b = \inf_{v\in\Sigma_+} J(v)$$

とする．もちろん $u_0(x)$ は b に対応する $I(u)$ の臨界点である．以下では実数 $c\in\mathbb{R}$ に対して臨界値が c 以下の臨界点の集合を $\mathcal{C}^c$ とかく：

$$\mathcal{C}^c = \{u\in\mathcal{C};\, I(u) \leqq c\}.$$

$\nu>0$ に対して $b+\nu$ 以下の臨界値をもつ臨界点の集合 $\mathcal{C}^{b+\nu}$ を(5.35)による同値関係で分類した同値類の個数 $\#(\mathcal{C}^{b+\nu}/\mathbb{Z}^N)$ を考える．もし $\#(\mathcal{C}^{b+\nu}/\mathbb{Z}^N)=\infty$ ならば定理 5.16 は成立している．そこで次の仮定のもとで考えよう．

(S)　ある $\nu>0$ に対して

$$\#(\mathcal{C}^{b+\nu}/\mathbb{Z}^N) < \infty$$

が成立する．

この仮定のもとで次の定理が成立する．

定理 5.19　(S)を仮定する．このとき任意の $m\in\mathbb{N}$, $d>0$ に対してある定数 $K_{m,d}>0$ が存在し，

$$|n_i - n_j| \geqq K_{m,d} \quad (i\neq j)$$

をみたす任意の $n_1, n_2, \cdots, n_m \in \mathbb{Z}^N$ に対して(5.1)の解 $u(x)$ で次をみたすものが存在する．

$$\left\| u(x) - \sum_{i=1}^{m} u_0(x-n_i) \right\| \leqq d.$$

□

すなわち，(S)の仮定のもとでは近似解 $\sum_{i=1}^{m} u_0(x-n_i)$ の近傍に真の解が存在することとなり，$a(x)\equiv 1$ のときとは非常に対照的な現象である(図 5.1)．

定理 5.19 の形の存在定理は Séré により時間周期的なハミルトン系に対するホモクリニック軌道の存在問題に関してまず得られた．周期的なハミルトン系に関しては Poincaré 以来平衡解(あるいは周期解)の安定多様体と不安定多様体が横断的に交叉するとき，このような解軌道が構成できることはよ

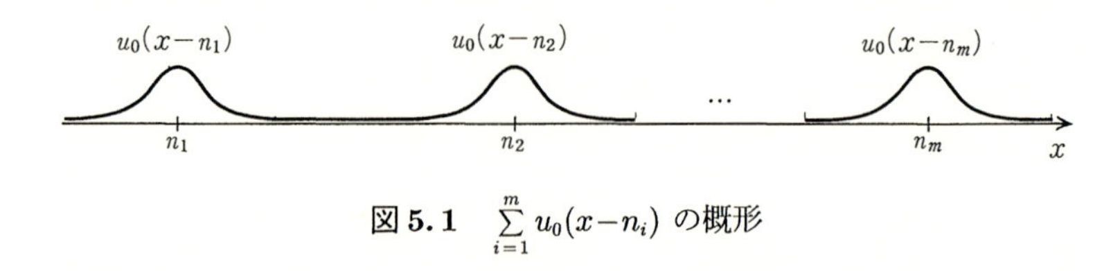

図 5.1 $\sum_{i=1}^{m} u_0(x-n_i)$ の概形

く知られている．Moser [143]，Wiggins [196]等を参照されたい．Séré は変分的方法により横断性の仮定を(S)に置き換え定理 5.16 を示した．

注意 5.20 実は定理 5.19 において $K_{m,d}$ は m に無関係に選ぶことができる．この事実は，ハミルトン系に関しては Séré [171]により，楕円型方程式に関しては Spradlin [175]による．この事実により $|n_i-n_j|\geqq K_d$ をみたす無限個の $\{n_i\}_{i=1}^{\infty}$ $(i\neq j)$ に対して

$$u(x)\sim\sum_{i=1}^{\infty}u_0(x-n_i)$$

のように振る舞う解を構成することができる．

本書では定理 5.16 の証明を空間次元 $N=1$，つなぐ解の数を $m=2$ とした非常に特別な場合に述べよう．証明のアイデアを明快にするためにあえてもっとも簡単な場合に述べる(もちろん著者の力量不足のために一般的な場合を述べるには紙数がかかりすぎるのである)．一般の場合も楕円型方程式に対する解の正則性，減衰性の議論を合わせれば，これから述べる証明より類推できる．読者に任せたい．

以下では

$$(5.36)\qquad \begin{aligned} &-u_{xx}+u=a(x)u^p && \text{in } \mathbb{R},\\ &u>0 && \text{in } \mathbb{R},\\ &u(x)\in H^1(\mathbb{R}) \end{aligned}$$

を考え，定理 5.19 の特別な場合である次の定理を示す．

定理 5.21 b を上記のように定める．このとき(S)が成立するならば，任意の $d>0$ に対して $K_d>0$ が存在して，$\ell>K_d$ をみたす任意の $\ell\in\mathbb{N}$ に対して

$$\| u(x)-(u_0(x-\ell)+u_0(x+\ell)) \| \leqq d$$

をみたす(5.36)の解 $u(x)$ が存在する． □

では，(S)の仮定のもとで $u_0(x-\ell)$ と $u_0(x+\ell)$ をつなぐ解，言い換えれば $u_0(x-\ell)+u_0(x+\ell)$ の近傍でいかに真の解を見つけるか次節から述べよう．以下の証明は Coti Zelati–Rabinowitz [61]，Montecchiari [141] を参考にしている．

注意 5.22　ここで(5.36)に対する条件(S)に注意しておこう．

（i）0 での安定多様体 $\mathcal{W}_s$ と不安定多様体 $\mathcal{W}_u$ が横断的に交わるならば(5.36)の解は可算無限個であり，特に $\mathcal{C}^{b+\nu}/\mathbb{Z}$ は高々可算個となる．

（ii）(S)よりも弱い条件のもとでも multi-bump 解の存在が知られている．実際，Séré [171] は $\mathcal{C}^{b+\nu}/\mathbb{Z}$ が高々可算個の条件のもとで，また Montecchiari–Nolasco–Terracini [142] は $\mathcal{W}_s \neq \mathcal{W}_u$ のもとでその存在を示している．

§5.5　定理5.21の証明のための準備

$N=1, m=2$ に限ったとはいえ，定理 5.21 の証明は少々複雑である．不等式の準備から始めよう．

(a)　不 等 式

これから $u_0(x-\ell)+u_0(x+\ell)$ の近傍で(5.1)の解を変分的に構成する．そのために全空間 $\mathbb{R}$ ではなく区間 $[\alpha,\beta]$ 上に制限された関数空間，汎関数を考える必要がある．$-\infty \leqq \alpha < \beta \leqq \infty$ に対して

$$\|u\|_{L^q(\alpha,\beta)} = \left(\int_\alpha^\beta |u(x)|^q\,dx\right)^{\frac{1}{q}},$$

$$\| u \|_{H^1(\alpha,\beta)} = \left(\int_\alpha^\beta |u_x(x)|^2 + |u(x)|^2\,dx\right)^{\frac{1}{2}}$$

とおく．この記号のもとでは $\| u \| = \| u \|_{H^1(-\infty,\infty)}$ である．また

$$I(u) = \frac{1}{2}\|u\|^2 - \frac{1}{p+1}\int_{-\infty}^{\infty} a(x)u_+^{p+1}\,dx,$$

$$I_{(\alpha,\beta)}(u) = \frac{1}{2}\|u\|_{H^1(\alpha,\beta)}^2 - \frac{1}{p+1}\int_{\alpha}^{\beta} a(x)u_+^{p+1}\,dx$$

とおく．ここで Sobolev の埋め込み定理に関して次の注意をしておこう．α,β に依存しない定数 $C_1>0$ が存在して $\beta-\alpha \geqq 1$ をみたす任意の $-\infty \leqq \alpha<\beta\leqq\infty$ に対して

$$\|u\|_{L^\infty(\alpha,\beta)} \leqq C_1\|u\|_{H^1(\alpha,\beta)} \qquad \forall u\in H^1(\alpha,\beta) \tag{5.37}$$

が成立する．次をみたす関数 $\zeta(x)\in C^\infty(\mathbb{R})$ をひとつ固定する．

$$\zeta(x)\in[0,1],\ \zeta'(x)\geqq 0 \qquad \forall x\in\mathbb{R},$$
$$\zeta(x)=1 \qquad \forall x\in[2/3,\infty),$$
$$\zeta(x)=0 \qquad \forall x\in(-\infty,1/3).$$

以後頻繁に $u(x)\in H^1(\mathbb{R})$ に $\zeta(x)\in C^\infty(\mathbb{R})$ をかけ“カットオフ”する．次の不等式をこれから繰り返し用いる．

補題 5.23　$u(x), v(x)\in H^1(\mathbb{R})$ に依存しない定数 $C_2>0$ が存在して次が成立する．

(i)　$\|\zeta(x)u(x)\|_{H^1(0,1)}\leqq C_2\|u\|_{H^1(0,1)}$,
$\|(1-\zeta(x))u(x)\|_{H^1(0,1)}\leqq C_2\|u\|_{H^1(0,1)}$.

(ii)　$|I'(\zeta(x)u)v-I'(u)(\zeta(x)v)|\leqq C_2(\|u\|_{H^1(0,1)}+\|u\|_{H^1(0,1)}^p)\|v\|_{H^1(0,1)}$.

[証明]　(i) 直接計算すると

$$\begin{aligned}\|\zeta u\|_{H^1(0,1)}^2 &= \int_0^1 (\zeta u)_x^2+(\zeta u)^2\,dx \leqq \int_0^1 2(\zeta^2u_x^2+\zeta_x^2u^2)+(\zeta u)^2\,dx\\ &= \int_0^1 2\zeta^2u_x^2+(2\zeta_x^2+\zeta^2)u^2\,dx\\ &\leqq C_2^2\|u\|_{H^1(0,1)}^2.\end{aligned}$$

ここで $C_2=2\max_{x\in[0,1]}\sqrt{\zeta_x(x)^2+\zeta(x)^2}$ である．次の $\|(1-\zeta(x))u(x)\|_{H^1(0,1)}\leqq C_2\|u\|_{H^1(0,1)}$ も同様．

(ii) これもまた直接計算すると

$$\begin{aligned} I'(\zeta u)v - I'(u)(\zeta v) &= (\!(\zeta u, v)\!) - (\!(u, \zeta v)\!) - \int_{-\infty}^{\infty} a(x)(\zeta^p - \zeta)u_+^p v\,dx \\ &= \int_0^1 (\zeta u)_x v_x - u_x(\zeta v)_x\,dx - \int_0^1 a(x)(\zeta^p - \zeta)u_+^p v\,dx \\ &= \int_0^1 \zeta_x(uv_x - u_x v)\,dx - \int_0^1 a(x)(\zeta^p - \zeta)u_+^p v\,dx. \end{aligned}$$

したがって必要ならより大きく C_2 を取り替えて

$$\begin{aligned} |I'(\zeta u)v - I'(u)(\zeta v)| &\leqq 2\max|\zeta_x(x)| \cdot \| u \|_{H^1(0,1)} \| v \|_{H^1(0,1)} \\ &\quad + C\max|a(x)| \cdot \max|\zeta(x)^p - \zeta(x)| \cdot \| u \|_{H^1(0,1)}^p \| v \|_{H^1(0,1)} \\ &\leqq C_2(\| u \|_{H^1(0,1)} + \| u \|_{H^1(0,1)}^p) \| v \|_{H^1(0,1)}. \end{aligned}$$

よって成立する. ∎

次に汎関数 $I_{(\alpha,\beta)}(u)$ の 0 の近傍での凸性について注意しておこう.

補題 5.24　ある $\rho_0 > 0$ が存在して $\beta - \alpha \geqq 1$ をみたす任意の $-\infty \leqq \alpha < \beta \leqq \infty$ に対して

$$I_{(\alpha,\beta)}(u) : H^1(\alpha,\beta) \to \mathbb{R}$$

は $\{u \in H^1(\alpha,\beta);\ \| u \|_{H^1(\alpha,\beta)} \leqq \rho_0\}$ 上狭義凸.

［証明］　(5.37)に注意すれば $\| u \|_{H^1(\alpha,\beta)}$ が小のとき

$$I''_{(\alpha,\beta)}(u)(h,h) = \| h \|_{H^1(\alpha,\beta)}^2 - p\int_\alpha^\beta a(x)u_+^{p-1}h^2\,dx$$

は正定値. よって補題 5.24 は成立. ∎

ここで必要ならば $\rho_0 > 0$ をさらに小にとり, $\beta - \alpha \geqq 1$ のとき $\| u \|_{H^1(\alpha,\beta)} \leqq \rho_0$ をみたす任意の $u(x)$ に対して次が成立するとしてよい.

$$0 < \rho_0 < 1, \tag{5.38}$$

$$a(x)|u(x)|^{p-1} \leqq \frac{1}{2} \qquad \forall x \in [\alpha,\beta], \tag{5.39}$$

$$|u(x)| \leqq 1 \qquad \forall x \in [\alpha,\beta], \tag{5.40}$$

$$\frac{1}{2}\| u \|_{H^1(\alpha,\beta)}^2 \leqq \int_\alpha^\beta |u_x|^2 + |u|^2 - a(x)u_+^{p+1}\,dx, \tag{5.41}$$

$$(5.42)\qquad \frac{1}{4}\|u\|_{H^1(\alpha,\beta)}^2 \leqq \int_\alpha^\beta \frac{1}{2}(|u_x|^2+|u|^2)-\frac{1}{p+1}a(x)u_+^{p+1}\,dx$$
$$\leqq \frac{1}{2}\|u\|_{H^1(\alpha,\beta)}^2.$$

また次が成立する.

補題 5.25　定数 $C_3, C_4>0$ が存在して $k\geqq 1$ に対して $u(x)\in H^1(\mathbb{R})$ が
$$\|u\|_{H^1(-k,k)}\leqq \rho_0$$
をみたすならば, 関数 $\widetilde{u}(x)\in H^1(\mathbb{R})$ で次をみたすものが存在する.

(i)　$\widetilde{u}(x)=u(x)\qquad \forall x\in\mathbb{R}\backslash(-k,k)$,

(ii)　$\|\widetilde{u}\|_{H^1(-k,k)}\leqq \rho_0$,

(iii)　$I(\widetilde{u})\leqq I(u)$,

(iv)　$\|\widetilde{u}\|_{H^1(-1,1)}\leqq C_3e^{-C_4k}$.

さらに $k\geqq 1$ を固定するとき
$$u(x)\mapsto \widetilde{u}(x);\quad \{u\in H^1(\mathbb{R});\ \|u\|_{H^1(-k,k)}\leqq \rho_0\}\to H^1(\mathbb{R})$$
は連続.

[証明]　定理の条件をみたす $k\geqq 1$, $u(x)\in H^1(\mathbb{R})$ に対して次の最小化問題を考える.
$$\inf\{I_{(-k,k)}(v);\ v\in H^1(-k,k),\ \|v\|_{H^1(-k,k)}\leqq \rho_0,\ v(\pm k)=u(\pm k)\}.$$
補題 5.24, 定理 1.25 により, この問題は一意的な最小点をもつ. それを $v(x)$ とし
$$\widetilde{u}(x)=\begin{cases} v(x), & x\in[-k,k],\\ u(x), & x\in\mathbb{R}\backslash[-k,k]\end{cases}$$
とおけば(i)-(iii)および $u\mapsto\widetilde{u}$ の連続性が得られる.

(iv)については, $v(x)$ が $(-k,k)$ において
$$-v_{xx}+(1-a(x)v_+^p)v=0$$
をみたすこと, および(5.39)に注意して
$$-w_{xx}+\frac{1}{4}w=0\quad \text{in } (-k,k),$$

$$w(\pm k) = 1$$

の解 $w(x)=(e^k+1)^{-1}(e^{-\frac{1}{2}(x-k)}+e^{\frac{1}{2}(x+k)})$ と比較すると，$|v(x)|\leqq w(x)$ $(x\in(-k,k))$ を得る．これより直ちに(iv)を得る． ∎

(b)　$\boldsymbol{u}_0(\boldsymbol{x})$ の近傍での $\|\boldsymbol{I}'(\boldsymbol{u})\|_{H^{-1}}$ の評価

次の補題が定理5.19，定理5.21の証明のキーとなる．条件(S)から得られるこの補題はAnnulus Lemmaとも呼ばれ，$u_0(x)$ のまわりの環状領域での $\|I'(u)\|_{H^{-1}}$ の評価を与える．

補題5.26 (Annulus Lemma)　条件(S)のもとで，ある定数 $d_0>0$ が存在し任意の $0<d<d'<d_0$ に対して

$$\inf\{\|I'(u)\|_{H^{-1}(\mathbb{R})};\ d\leqq\|u-u_0\|\leqq d'\}>0$$

が成立する． □

この補題を示すためにまず $I(u)$ の基本的な性質を思い出しておこう．定数 $r_0>0$ が存在して次が成立する．

$$\|u\|\geqq r_0 \qquad \forall u\in\mathcal{C}\setminus\{0\}, \tag{5.43}$$

$$I(u)\geqq b \qquad \forall u\in\mathcal{C}\setminus\{0\}. \tag{5.44}$$

また次の注意をする．

補題5.27　条件(S)の仮定のもとで

$$\inf\{\|v-u_0\|;\ v\in\mathcal{C}^{b+\nu}\setminus\{u_0\}\}>0.$$

［証明］　仮定(S)により $\mathcal{C}^{b+\nu}/\mathbb{Z}$ は有限個．したがって適当な $u_0,u_1,\cdots,u_m\in\mathcal{C}^{b+\nu}$ を用いて

$$\mathcal{C}^{b+\nu}=\{u_i(x-n);\ i\in\{0,1,\cdots,m\},\ n\in\mathbb{Z}\}$$

とかける．ここで $i\neq 0$ または $n\neq 0$ のとき

$$u_i(x-n)\neq u_0(x)$$

であり，さらに

$$\|u_i(x-n)-u_0(x)\|^2\to\|u_i\|^2+\|u_0\|^2 \quad (|n|\to\infty)$$

に注意すれば，補題5.27が成立することがわかる． ∎

［補題5.26の証明］　補題5.27に注意して，$d_0>0$ を

(5.45) $$d_0 \leqq r_0,$$

(5.46) $$d_0 \leqq \frac{1}{2}\inf\{\|v-u_0\|; v\in \mathcal{C}^{b+\nu}\setminus\{u_0\}\},$$

かつ

(5.47) $$\|u-u_0\| \leqq d_0 \implies \frac{1}{2}b \leqq I(u) \leqq \min\left\{b+\nu, \frac{3}{2}b\right\}$$

をみたすようにとり

$$0 < d < d' < d_0$$

とする．結論を否定し，

$$\inf\{\|I'(u)\|_{H^{-1}(\mathbb{R})}; d \leqq \|u-u_0\| \leqq d'\} = 0$$

とする．このとき

(5.48) $$\begin{aligned}&\|u_j-u_0\| \in [d, d'],\\ &\|I'(u_j)\|_{H^{-1}(\mathbb{R})} \to 0\end{aligned}$$

をみたす $(u_j)_{j=1}^{\infty}$ が存在する．$d' < d_0$ および(5.47)により

(5.49) $$\frac{1}{2}b \leqq I(u_j) \leqq \min\left\{b+\nu, \frac{3}{2}b\right\} \qquad \forall j\in\mathbb{N}$$

が成立している．したがって必要ならば部分列をとり $(u_j)_{j=1}^{\infty}$ は (PS)-列であるとしてよい．

定理4.13により[*1]，ある $v_1,\cdots,v_m\in\mathcal{C}\setminus\{0\}$ が存在して $j\to\infty$ のとき

$$\begin{aligned}&\left\|u_j(x)-\sum_{k=1}^{m} v_k(x-n_j^k)\right\| \to 0,\\ &I(u_j) \to \sum_{k=1}^{m} I(v_k),\\ &|n_j^k-n_j^{k'}| \to \infty \qquad (k\neq k').\end{aligned}$$

ここで(5.44), (5.49)により $m=1$ でなければならない．したがって，ある $v_1\in\mathcal{C}\setminus\{0\}$ が存在して

---

*1　$I=I_\infty$ として定理4.13を用いている．この場合 u_0 と $\omega_1,\cdots,\omega_\ell$ を区別する必要がないので，まとめて $v_1,\cdots,v_m$ とした．

$$\|u_j(x)-v_1(x-n_j^1)\| \to 0,$$

$$I(u_j) \to I(v_1) \in \left[\frac{1}{2}b, b+\nu\right].$$

これより特に $v_1 \in \mathcal{C}^{b+\nu} \setminus \{0\}$.

ここで

$$\|u_j-u_0\|^2 = \|v_1(x-n_j^1)-u_0\|^2+o(1)$$

であるから，$|n_j^1| \to \infty$ とすると

$$\|u_j-u_0\|^2 \to \|v_1\|^2+\|u_0\|^2 \geqq 2r_0^2.$$

これは(5.45),(5.48)に反する．また n_j^1 が有界にとどまるとすると($n_j^1 \to n_0$ とする)

$$\|u_j-u_0\| \to \|v_1(x-n_0)-u_0\|.$$

この右辺は(5.46)より 0 あるいは $2d_0$ 以上である．これも(5.48)に反する．したがって補題5.26の結論が成立する． ∎

(c)　$\boldsymbol{u_0(x+\ell)+u_0(x-\ell)}$ の近傍での $\boldsymbol{\|I'(u)\|_{H^{-1}}}$ の評価

以下では $\ell \in \mathbb{N}$, $0 \leqq \alpha < \beta < \infty$ に対して次の記号を用いる．

$$Q_\ell(\alpha,\beta) = \Big\{u \in H^1(\mathbb{R});\ \max\{\|u(x)-u_0(x+\ell)\|_{H^1(-\infty,0)},$$
$$\|u(x)-u_0(x-\ell)\|_{H^1(0,\infty)}\} \in [\alpha,\beta]\Big\}.$$

$\|u_0(x-\ell)\|_{H^1(-\infty,0)}$,　$\|u_0(x+\ell)\|_{H^1(0,\infty)} \to 0\ (\ell \to \infty)$ より，任意の $\beta>0$ に対して十分大きな ℓ をとると

$$u_0(x+\ell)+u_0(x-\ell) \in Q_\ell(0,\beta)$$

が成立し，$Q_\ell(\alpha,\beta)$ は $u_0(x+\ell)+u_0(x-\ell)$ のまわりの円環状の領域をあらわしている．定理5.21の証明のためには，任意の $\beta>0$ に対して

$$Q_\ell(0,\beta) \cap \mathcal{C} \neq \varnothing \qquad (\ell \gg 1)$$

を示せば十分である．

ここでは $u_0(x+\ell)+u_0(x-\ell)$ の近くの環状領域での $\|I'(u)\|_{H^{-1}}$ の評価を与える．

補題5.28　条件(S)のもと，定数 $d_1>0$ が存在し d, d' が $0<d<d'<d_1$

をみたすとき $\mu_1=\mu_1(d,d')>0$，$\ell_1=\ell_1(d,d')>0$ が存在して，$\ell\geqq\ell_1$ のとき

$$\inf_{u\in Q_\ell(d,d')}\|I'(u)\|_{H^{-1}(\mathbb{R})}\geqq\mu_1$$

が成立する．

［証明］　最初にパラメーターの選び方をまとめて述べる．まず $d_1>0$ を小に選び，次が成立するものとする．

$$d_1\leqq\min\{\rho_0/3,d_0\}. \tag{5.50}$$

ここで，$\rho_0>0$，$d_0>0$ は(5.38)-(5.42)，補題5.25，補題5.26により与えられた数．$0<d<d'<d_1$ とし，$\delta>0$ を $0<d-\delta<d'+\delta<d_1$ をみたすようにとる．

§5.5(a)で導入したカットオフ関数 $\zeta(x)$ を用いると，次が成立する．

$$\begin{aligned}&\bigl|\|u(x)-u_0(x-\ell)\|_{H^1(0,\infty)}-\|\zeta(x)u(x)-u_0(x-\ell)\|_{H^1(0,\infty)}\bigr|\\&\quad\leqq\|(1-\zeta(x))u(x)\|_{H^1(0,\infty)}\\&\quad\leqq C_2\|u\|_{H^1(0,1)}\qquad\forall u\in H^1(\mathbb{R}).\end{aligned} \tag{5.51}$$

$\eta>0$ を

$$C_2\eta<\frac{\delta}{4}, \tag{5.52}$$

$$C_2(\eta+\eta^p)<\frac{1}{6}\mu_0(d-\delta,d'+\delta) \tag{5.53}$$

をみたすようにとる．ここで

$$\mu_0(d-\delta,d'+\delta)\equiv\inf\{\|I'(u)\|_{H^{-1}(\mathbb{R})};\ \|u-u_0\|_{H^1(\mathbb{R})}\in[d-\delta,d'+\delta]\}>0 \tag{5.54}$$

であり，C_2 は補題5.23にあらわれる数である．

また $\ell_1\geqq1$ を

$$\|u_0(x-\ell)\|_{H^1(-\infty,0)}\leqq\frac{\delta}{4}\qquad\forall\ell\geqq\ell_1, \tag{5.55}$$

$$(5.56)\qquad \|u_0(x+\ell)\|_{H^1(0,\infty)} \leqq \frac{\delta}{4} \qquad \forall \ell \geqq \ell_1$$

をみたし，さらに $\|u_0(x-\ell)\|_{H^1(0,[\ell/2]+1)} \to 0$,　$\|u_0(x+\ell)\|_{H^1(-[\ell/2]-1,0)} \to 0$ $(\ell \to \infty)$，および(5.50)に注意して

$$(5.57)\qquad u \in Q_\ell(0,d_1),\ \ell \geqq \ell_1 \implies \|u\|_{H^1(-[\ell/2]-1,[\ell/2]+1)} \leqq \rho_0,$$

$$(5.58)\qquad \frac{2\rho_0^2}{\ell_1-4} \leqq \frac{1}{6C_2}\eta^2$$

をみたすように選ぶ.

以下では $\ell \geqq \ell_1$ かつ $u \in Q_\ell(d,d')$ とする．一般性を失わずに

$$\|u(x)-u_0(x-\ell)\|_{H^1(0,\infty)} \in [d,d'],$$
$$\|u(x)-u_0(x+\ell)\|_{H^1(-\infty,0)} \leqq d'$$

としてよい．次の2つの場合を考える.

Case 1: $\|u\|_{H^1(-1,1)} < \eta$,

Case 2: $\|u\|_{H^1(-1,1)} \geqq \eta$.

Case 1: $\|u\|_{H^1(-1,1)} < \eta$ のとき.

このとき(5.51), (5.52)により

$$\|\zeta(x)u(x)-u_0(x-\ell)\|_{H^1(0,\infty)} \in \left[d-\frac{\delta}{4}, d'+\frac{\delta}{4}\right].$$

(5.55)を用いると

$$\|\zeta(x)u(x)-u_0(x-\ell)\| \in \left[d-\frac{\delta}{4}, d'+\frac{\delta}{2}\right].$$

(5.54)を ℓ だけシフトしたものを考えると，上式より，ある $w \in H^1(\mathbb{R})$ が存在して $\|w\| \leqq 1$ かつ

$$I'(\zeta u)w \geqq \frac{2}{3}\mu_0(d-\delta, d'+\delta).$$

補題5.23(ii), (5.53)を用いると

$$I'(u)(\zeta w) \geqq I'(\zeta u)w - C_2(\|u\|_{H^1(0,1)} + \|u\|_{H^1(0,1)}^p)\|w\|_{H^1(0,1)}$$

$$\geqq \frac{2}{3}\mu_0(d-\delta, d'+\delta) - C_2(\eta+\eta^p)$$
$$\geqq \frac{1}{2}\mu_0(d-\delta, d'+\delta).$$

一方,

$$\begin{aligned}\|\zeta w\|_{H^1(\mathbb{R})} &= \sqrt{\|\zeta w\|^2_{H^1(0,1)} + \|w\|^2_{H^1(1,\infty)}} \\ &\leqq \|\zeta w\|_{H^1(0,1)} + \|w\|_{H^1(0,\infty)} \\ &\leqq (1+C_2)\|w\|_{H^1(\mathbb{R})} \\ &\leqq 1+C_2.\end{aligned}$$

よって

$$\|I'(u)\|_{H^{-1}(\mathbb{R})} \geqq \frac{1}{2(1+C_2)}\mu_0(d-\delta, d'+\delta).$$

Case 2: $\|u\|_{H^1(-1,1)} \geqq \eta$ のとき.

(5.57)に注意すると $\|u\|_{H^1(-[\ell/2]-1,[\ell/2]+1)} \leqq \rho_0$ である.

$$k_- \in \{-[\ell/2], \cdots, -2\}, \quad k_+ \in \{2, \cdots, [\ell/2]\}$$

に対して

$$w(x) = \zeta(x-k_-)\zeta(-x+k_+)u(x) \in H^1_0(-k,k) \subset H^1_0(-[\ell/2]-1, [\ell/2]+1)$$

とおくと

$$\begin{aligned}I'(u)w &= \int_{k_-}^{k_+} u_x w_x + uw - a(x)u_+^p w\,dx \\ &\geqq \int_{k_-+1}^{k_+-1} |u_x|^2 + |u|^2 - a(x)u_+^{p+1}\,dx \\ &\quad - C_2(\|u\|^2_{H^1(k_-,k_-+1)} + \|u\|^2_{H^1(k_+-1,k_+)}).\end{aligned}$$

この変形では(5.39)から $\|u\|_{H^1(k_-,k_-+1)} \leqq \rho_0$ ならば $\max_{x\in(k_-,k_-+1)} a(x)|u(x)|^{p-1} \leqq 1/2$ であることにより

$$\int_{k_-}^{k_-+1} u_x w_x + uw - a(x)u_+^p w\,dx$$

$$= \int_{k_-}^{k_-+1} u_x(\zeta u)_x + u(\zeta u) - a(x)u_+^p \zeta u\,dx$$

$$\geqq \int_{k_-}^{k_-+1} u_x(\zeta u)_x + u(\zeta u) - \frac{1}{2}u_+\zeta u\,dx$$

$$\geqq \int_{k_-}^{k_-+1} u_x(\zeta u)_x\,dx$$

$$\geqq -\|u\|_{H^1(k_-,k_-+1)}\|\zeta u\|_{H^1(k_-,k_-+1)}$$

$$\geqq -C_2\|u\|_{H^1(k_-,k_-+1)}^2$$

が従うこと等を用いた.

(5.41)に注意すると

$$I'(u)w \geqq \frac{1}{2}\|u\|_{H^1(k_-+1,k_+-1)}^2 - C_2(\|u\|_{H^1(k_-,k_-+1)}^2 + \|u\|_{H^1(k_+-1,k_+)}^2)$$

$$\geqq \frac{1}{2}\|u\|_{H^1(-1,1)}^2 - C_2(\|u\|_{H^1(k_-,k_-+1)}^2 + \|u\|_{H^1(k_+-1,k_+)}^2)$$

$$\geqq \frac{1}{2}\eta^2 - C_2(\|u\|_{H^1(k_-,k_-+1)}^2 + \|u\|_{H^1(k_+-1,k_+)}^2).$$

一方,

$$\sum_{k=2}^{[\ell/2]}\|u\|_{H^1(k-1,k)}^2 = \|u\|_{H^1(1,[\ell/2])}^2 \leqq \rho_0^2$$

により $k_+ \in \{2, \cdots, [\ell/2]\}$ を

$$\|u\|_{H^1(k_+-1,k_+)}^2 \leqq \frac{\rho_0^2}{[\ell/2]-1} \leqq \frac{\rho_0^2}{\ell/2-2} = \frac{2\rho_0^2}{\ell-4}$$

をみたすようにとれる. ℓ_1 の選び方(5.58)より $\|u\|_{H^1(k_+-1,k_+)}^2 \leqq \dfrac{1}{6C_2}\eta^2$. 同様に k_- を $\|u\|_{H^1(k_-,k_-+1)}^2 \leqq \dfrac{1}{6C_2}\eta^2$ をみたすように選べる. 以上あわせて

$$I'(u)w \geqq \frac{1}{2}\eta^2 - \frac{1}{6}\eta^2 - \frac{1}{6}\eta^2 = \frac{1}{6}\eta^2.$$

一方,

$$\|w\|_{H^1(\mathbb{R})}^2 = \|\zeta(x-k_-)u\|_{H^1(k_-,k_-+1)}^2 + \|u\|_{H^1(k_-+1,k_+-1)}^2$$
$$+ \|\zeta(-x+k_+)u\|_{H^1(k_+-1,k_+)}^2$$

$$\leqq \|u\|^2_{H^1(k_-+1,k_+-1)}+C_2^2(\|u\|^2_{H^1(k_-,k_-+1)}+\|u\|^2_{H^1(k_+-1,k_+)})$$
$$\leqq \rho_0^2+2C_2^2\rho_0^2.$$

したがって，この場合

$$\|I'(u)\|_{H^{-1}(\mathbb{R})}\geqq\frac{\eta^2}{6\sqrt{1+2C_2^2}\ \rho_0}.$$

以上 Case 1，Case 2 をまとめると

$$\mu_1(d,d')=\min\left\{\frac{1}{2(1+C_2)}\mu_0(d-\delta,d'+\delta),\frac{\eta^2}{6\sqrt{1+2C_2^2}\ \rho_0}\right\}>0$$

とおけば補題 5.28 の結論を得る． ∎

この節の最後に次の補題を述べよう．

補題 5.29 $\ell\geqq 1$ とする．$r_0>0$ を(5.43)で与えられた数とする．$d\in(0,r_0/2)$ に対して

$$Q_\ell(0,d)\cap\mathcal{C}=\varnothing$$

ならば

$$\inf_{u\in Q_\ell(0,d)}\|I'(u)\|_{H^{-1}(\mathbb{R})}>0$$

が成立する． □

注意 5.30 $\inf_{u\in Q_\ell(0,d)}\|I'(u)\|_{H^{-1}(\mathbb{R})}$ の値は ℓ にもちろん依存する．補題 5.28 では ℓ に依存しない評価を得ている．比較していただきたい．

［証明］ 背理法により示す．すなわち $\inf_{u\in Q_\ell(0,d)}\|I'(u)\|_{H^{-1}(\mathbb{R})}=0$ ならば $Q_\ell(0,d)\cap\mathcal{C}\neq\varnothing$ を示す．

$\inf_{u\in Q_\ell(0,d)}\|I'(u)\|_{H^{-1}(\mathbb{R})}=0$ としよう．このとき $(u_j)\subset Q_\ell(0,d)$ が存在して

$$I'(u_j)\to 0$$

をみたす．したがって必要ならば部分列をとり (u_j) は (PS)-列であるとしてよい．

定理 4.13 を用いると有限個の $v_1,\cdots,v_m\in\mathcal{C}\setminus\{0\}$ および $(n_j^1),\cdots,(n_j^m)\subset\mathbb{Z}$ が存在して

$$
\begin{aligned}
&\left\| u_j - \sum_{k=1}^{m} v_k(x-n_j^k) \right\| \to 0, \\
(5.59) \qquad &I(u_j) \to \sum_{k=1}^{m} I(v_k), \\
&\left| n_j^k - n_j^{k'} \right| \to \infty \qquad (k \neq k')
\end{aligned}
$$

が成立する．

$|n_j^k|\to\infty$ をみたす k が存在するとしよう((5.59)により $m\geqq 2$ のときはつねに存在する)．$n_j^k\to\infty$ とすると

$$
\liminf_{j\to\infty} \| u_j - u_0(x-\ell) \|_{H^1(0,\infty)} \geqq \| v_k \| \geqq r_0
$$

が成立する．しかし，これは $u_j\in Q_\ell(0,d)$，$d\leqq r_0/2$ に反する．$n_j^k\to-\infty$ のときも同様にして

$$
\liminf_{j\to\infty} \| u_j + u_0(x+\ell) \|_{H^1(-\infty,0)} \geqq \| v_k \|_{H^1(\mathbb{R})} \geqq r_0
$$

が成立し，矛盾を得る．

したがって $m=1$ かつ n_j^1 は有界にとどまり，(u_j) は強収束部分列をもち，その極限は $Q_\ell(0,d)\cap\mathcal{C}$ に属する．よって $Q_\ell(0,d)\cap\mathcal{C}\neq\varnothing$． ∎

§5.6　定理5.21の証明

以上の準備のもとで定理5.21の証明を行う．補題5.28，補題5.29により ℓ が大きなとき $u_0(x+\ell)+u_0(x-\ell)$ の近くの環状領域での $\|I'(u)\|_{H^{-1}(\mathbb{R})}$ の下からの評価を得ている．特に補題5.28においては ℓ に依存しない一様評価を得ている．これらの情報から，いかに定理5.21が導かれるかをみていこう．

まず臨界点 $u_0(x)$ の特徴づけを行い，$u_0(x+\ell)+u_0(x-\ell)$ の近傍で真の解を見いだすための 写像 $g_\ell(s_1,s_2)\colon [0,M]\times[0,M]\to H^1(\mathbb{R})$ を定義する．

(a)　$\boldsymbol{u}_0(\boldsymbol{x})$ の特徴づけと $\boldsymbol{g}_\ell(\boldsymbol{s}_1, \boldsymbol{s}_2)$

$u_0(x)$ は $b = \inf_{v \in \Sigma_+} J(v)$ に対応していた．言い換えれば，$I(u)$ に対する峠の定理に対応する(§2.5(a)を参照のこと)．ここでは次の形に述べておこう．$M > 0$ に対して

$$\Gamma = \{\gamma(s) \in C([0,M], H^1(\mathbb{R}));\ \gamma(0) = 0, I(\gamma(M)) < 0\}$$

とおく．b は次のようにも特徴づけられる*2．

$$b = \inf_{\gamma \in \Gamma} \max_{s \in [0,M]} I(\gamma(s)).$$

ここで $M > 0$ は正の数ならば任意にとることができる．記号を簡単にするためにここでは $M > 1$ を $I(Mu_0) \leqq -2$ をみたす数としよう．

$$\gamma_0(s) = su_0 : [0,M] \to H^1(\mathbb{R})$$

とおくと $\gamma_0 \in \Gamma$ であり，ミニマックス値 b を達成するものとなっている．さらに次が成立する．

(5.60)　$\max_{s \in [0,M]} I(\gamma_0(s)) = b$ かつ $I(\gamma_0(s)) = b$ となる s は $s = 1$ に限られる．

(5.61)　$\epsilon \to 0$ のとき $\sigma_1(\epsilon) \to 0$ をみたす $\sigma_1(\epsilon) > 0$ が存在して次をみたす．

$$\| \gamma_0(s) - u_0 \| \geqq \sigma_1(\epsilon) \implies I(\gamma_0(s)) \leqq b - 3\epsilon.$$

次に $\ell \geqq 1$ に対して

$$g_\ell(s_1, s_2) = s_1 u_0(x+\ell) + s_2 u_0(x-\ell) : [0,M] \times [0,M] \to H^1(\mathbb{R})$$

とおく．この $g_\ell(s_1, s_2)$ を勾配流等を用いて変形し，$Q_\ell(0,d) \cap \mathcal{C} \neq \varnothing$ を示すこととなる．

任意の $\epsilon > 0$ に対して，ある $\ell_2(\epsilon) \geqq 1$ と $\sigma_2(\epsilon) > 0$ が存在して，次をみたすことは容易に確かめられよう．

(5.62)　$\max_{(s_1,s_2) \in [0,M] \times [0,M]} I(g_\ell(s_1, s_2)) \leqq 2b + \epsilon \qquad \forall \ell \geqq \ell_2(\epsilon),$

(5.63)　$I(g_\ell(s_1, s_2)) \leqq b + \epsilon \qquad \forall (s_1, s_2) \in \partial([0,M] \times [0,M]) \equiv$

---

*2　ふつう峠の定理において端点 e_0 を $I(e_0) < 0$ ととるが，端点はそこで I が負になれば固定する必要がないことに注意しよう．

$$(\{0,M\}\times[0,M])\cup([0,M]\times\{0,M\}),\ \forall\ell\geqq\ell_2(\epsilon),$$

(5.64)
$$g_\ell(s_1,s_2)\notin Q_\ell(0,\sigma_2(\epsilon)),\ \ell\geqq\ell_2(\epsilon)$$
$$\Longrightarrow\ I(g_\ell(s_1,s_2))\leqq 2b-2\epsilon.$$

ここでもちろん $\sigma_2(\epsilon)\to 0\ (\epsilon\to 0)$ である．

(5.62)-(5.64)に加えて必要なら $\ell_2(\epsilon)$ をより大きく取り，$\ell\geqq\ell_2(\epsilon)$ に対して次が成立するようにできる．

(5.65) $$I_{(-\infty,0)}(g_\ell(0,s_2))\leqq b/4 \qquad \forall s_2\in[0,M],$$

(5.66) $$I_{(-\infty,0)}(g_\ell(M,s_2))\leqq -2 \qquad \forall s_2\in[0,M],$$

(5.67) $$I_{(0,\infty)}(g_\ell(s_1,0))\leqq b/4 \qquad \forall s_1\in[0,M],$$

(5.68) $$I_{(0,\infty)}(g_\ell(s_1,M))\leqq -2 \qquad \forall s_1\in[0,M],$$

(5.69) $$\|g_\ell(s_1,s_2)\|_{H^1(-\ell/2,\ell/2)}\leqq\rho_0 \qquad \forall(s_1,s_2)\in[0,M]\times[0,M],$$

(5.70) $$\|u_0(x+\ell)\|_{H^1(-\ell/2,0)}+\|u_0(x-\ell)\|_{H^1(0,\ell/2)}\leqq\rho_0/2.$$

ここで $\rho_0\in(0,1)$ は(5.38)-(5.42)および補題5.25であたえられた数である．必要ならより小にとり

(5.71) $$\rho_0^2<b/4$$

がみたされているとしよう．

定理5.21の証明のためにはパラメーター ϵ,ℓ_0 等を適切に選ぶ必要がある．その選び方は若干複雑であるので，最初にまとめておこう．

1°　まず $d'\in(0,\min\{r_0/2,\rho_0/4,d_1\})$ を任意にとる(r_0 は(5.43)，d_1 は補題5.28で与えられた数)．目標は

$$Q_\ell(0,d')\cap\mathcal{C}\neq\varnothing \qquad (\ell\gg 1)$$

を示すことである．

2°　d を $0<d<d'$ をみたすように選び，$\epsilon>0$ を次をみたすようにとる．

(5.72) $$\epsilon<1/2,$$

(5.73) $$\epsilon<b/3,$$

(5.74) $$\epsilon<\frac{1}{4}(d'-d)\mu_1(d,d'),$$

(5.75) $$\sigma_2(\epsilon) < d.$$

ここで $\mu_1(d,d')>0$ は補題 5.28 で与えられた数.

3° 次に $\ell_0 \geqq 1$ を

$$\ell_0 \geqq \max\{\ell_1(d,d'), \ell_2(\epsilon)\},$$
$$(1+4C_2^2)C_3^2 e^{-2C_4\ell_0} \leqq \epsilon$$

をみたすようにとる($C_2, C_3, C_4>0$ は補題 5.23, 5.25, $\ell_1(d,d')$ は補題 5.28 に現れた数).

ここでこのように d', d, ϵ, ℓ_0 をとったときの $g_\ell(s_1,s_2)$ の性質をまとめておこう.

補題 5.31 $\ell \geqq \ell_0$ のとき次が成立する.

(i) $I(g_\ell(s_1,s_2)) \leqq 2b+\epsilon \qquad \forall (s_1,s_2) \in [0,M]\times[0,M].$

(ii) $(s_1,s_2) \in \partial([0,M]\times[0,M])$ ならば
$$I(g_\ell(s_1,s_2)) \leqq 2b-2\epsilon.$$
さらに(5.65)-(5.68)をみたす.

(iii) $g_\ell(s_1,s_2) \notin Q_\ell(0,d) \Longrightarrow I(g_\ell(s_1,s_2)) \leqq 2b-2\epsilon.$

[証明] (i), (iii)は(5.62), (5.64)そのもの. (ii)は(5.73), (5.63)より従う. ∎

(b) $g_\ell(s_1,s_2)$ の変形

以下で $\ell \geqq \ell_0$ のとき $Q_\ell(0,d') \cap \mathcal{C} \neq \emptyset$ を示す. 背理法をここでも用い,
$$Q_\ell(0,d') \cap \mathcal{C} = \emptyset$$
と仮定し矛盾を導く. 証明のアイデアを紹介するよりも直接証明をみていこう. まず勾配流を用いて $g_\ell(s_1,s_2)$ を変形する. 次を思い出しておこう.

補題 5.32 $\ell \geqq \ell_0$ かつ $Q_\ell(0,d') \cap \mathcal{C} = \emptyset$ とすると次が成立する.

(5.76) $$\inf_{u \in Q_\ell(0,d')} \| I'(u) \|_{H^{-1}(\mathbb{R})} > 0,$$

(5.77) $$\inf_{u \in Q_\ell(d,d')} \| I'(u) \|_{H^{-1}(\mathbb{R})} \geqq \mu_1(d,d').$$

[証明] (5.76)は補題 5.29, (5.77)は補題 5.28 による. ∎

ここで次の 2 つのカットオフ関数 $\varphi_1(r)$, $\varphi_2(r) \in C^\infty(\mathbb{R})$ で次をみたすも

のをとる.

$$\begin{aligned}
&\varphi_1(r)\in[0,1] && \forall r\in\mathbb{R},\\
&\varphi_1(r)=1 && \forall r\in\left(-\infty,\frac{d+d'}{2}\right],\\
&\varphi_1(r)=0 && \forall r\in[d',\infty),
\end{aligned}$$

$$\begin{aligned}
&\varphi_2(r)\in[0,1] && \forall r\in\mathbb{R},\\
&\varphi_2(r)=1 && \forall r\in[2b-\epsilon,\infty),\\
&\varphi_2(r)=0 && \forall r\in(-\infty,2b-2\epsilon].
\end{aligned}$$

$X(u)$ を次で定義する.

$$\begin{aligned}
X(u)=\varphi_1(\max\{\|u-u_0(x+\ell)\|_{H^1(-\infty,0)},\|u-u_0(x-\ell)\|_{H^1(0,\infty)}\})\\
\times\varphi_2(I(u))\frac{\nabla I(u)}{\|\nabla I(u)\|}
\end{aligned}$$

とおく. $X(u)$ は局所 Lipschitz 連続なベクトル場であり, 次をみたす[*3].

(a) $\|X(u)\|\leqq 1 \qquad \forall u\in H^1(\mathbb{R})$,

(b) $u\in H^1(\mathbb{R})\backslash Q_\ell(0,d') \Longrightarrow X(u)=0$,

(c) $I(u)\leqq 2b-2\epsilon \Longrightarrow X(u)=0$,

(d) $\langle I'(u),X(u)\rangle=\varphi_1\varphi_2\|I'(u)\|\geqq 0 \qquad \forall u\in H^1(\mathbb{R})$,

(e) $u\in Q_\ell\left(d,\dfrac{d+d'}{2}\right)$ かつ $I(u)\in[2b-\epsilon,\infty) \Longrightarrow \langle I'(u),X(u)\rangle=\|I'(u)\|_{H^{-1}(\mathbb{R})}\geqq\mu_1(d,d')$,

(f) ある $c>0$ が存在して

$$u\in Q_\ell\left(0,\frac{d+d'}{2}\right) \text{ かつ } I(u)\in[2b-\epsilon,\infty) \Longrightarrow \langle I'(u),X(u)\rangle\geqq c.$$

次の常微分方程式で定義される勾配流を考える.

$$\begin{cases}\dfrac{d\eta}{dt}=-X(\eta),\\ \eta(0,u)=u.\end{cases}$$

*3 ここで $I(u)\in C^2(H^1(\mathbb{R}),\mathbb{R})$ に注意されたい. $\nabla I(u)$ は(0.5)で定義されたもの. $\|\nabla I(u)\|=\|I'(u)\|_{H^{-1}(\mathbb{R})}$ である.

ここで

$$\bar{g}_\ell(s_1, s_2) = \eta\Big(\frac{2\epsilon}{c}, g_\ell(s_1, s_2)\Big)$$

とおく．このとき次が成立する．

補題 5.33　$\ell \geqq \ell_0$ とする．このとき次が成立する．

（i）　$I(\bar{g}_\ell(s_1, s_2)) \leqq 2b-\epsilon \qquad \forall (s_1, s_2) \in [0, M]\times[0, M]$.

（ii）　$(s_1, s_2) \in \partial([0, M]\times[0, M]) \implies \bar{g}_\ell(s_1, s_2) = g_\ell(s_1, s_2),\ I(\bar{g}(s_1, s_2)) \leqq 2b-2\epsilon$.

（iii）　$g_\ell(s_1, s_2) \notin Q_\ell(0, d) \implies \bar{g}_\ell(s_1, s_2) = g_\ell(s_1, s_2),\ I(\bar{g}_\ell(s_1, s_2)) \leqq 2b-2\epsilon$.

（iv）　任意の $(s_1, s_2) \in [0, M]\times[0, M]$ に対して

$$\bar{g}_\ell(s_1, s_2) \in g_\ell([0, M]\times[0, M]) \cup Q_\ell(0, d').$$

（v）　$\| \bar{g}_\ell(s_1, s_2) \|_{H^1(-\ell/2, \ell/2)} \leqq \rho_0 \qquad \forall (s_1, s_2) \in [0, M]\times[0, M]$.

［証明］　まず(ii)，(iii)は補題 5.31(ii)，(iii)により $I(g_\ell(s_1, s_2)) \leqq 2b-2\epsilon$ が従うことおよび $X(u)$ の性質(c)より成立する．以下に(i)，(iv)，(v)を示す．

(i) 補題 5.31(i)より任意の (s_1, s_2) に対して

$$I(g_\ell(s_1, s_2)) \leqq 2b+\epsilon$$

が成立している．次の3つの場合を考える．

1°　$g_\ell(s_1, s_2) \notin Q_\ell(0, d)$,

2°　$g_\ell(s_1, s_2) \in Q_\ell(0, d)$ かつすべての $t \in [0, 2\epsilon/c]$ に対して $\eta(t, g_\ell(s_1, s_2)) \in Q_\ell\Big(0, \dfrac{d+d'}{2}\Big)$,

3°　$g_\ell(s_1, s_2) \in Q_\ell(0, d)$ かつある $t_0 \in [0, 2\epsilon/c]$ が存在して $\eta(t_0, g_\ell(s_1, s_2)) \in \partial Q_\ell\Big(0, \dfrac{d+d'}{2}\Big)$.

1°の場合：(iii)より明らかに成り立つ．

2°の場合：もし $I(\bar{g}_\ell(s_1, s_2)) > 2b-\epsilon$ とすると，$X(u)$ の性質(f)により

$$\frac{d}{dt} I(\eta(t, g_\ell(s_1, s_2))) = -\langle I'(\eta), X(\eta)\rangle \leqq -c \qquad \forall t \in [0, 2\epsilon/c].$$

したがって

$$\begin{aligned} I(\bar{g}_\ell(s_1,s_2)) &= I(\eta(\frac{2\epsilon}{c}, g_\ell(s_1,s_2))) \\ &= I(g_\ell(s_1,s_2)) + \int_0^{2\epsilon/c} \frac{d}{dt} I(\eta)dt \\ &\leqq I(g_\ell(s_1,s_2)) - c\frac{2\epsilon}{c} \\ &= 2b-\epsilon \end{aligned}$$

となり矛盾．よって $I(\bar{g}_\ell(s_1,s_2)) \leqq 2b-\epsilon$.

3° の場合: 次のような $0 \leqq t_1 < t_2 \leqq t_0$ を選ぶことができる．

$$\begin{aligned} &\eta(t_1, g_\ell(s_1,s_2)) \in \partial Q_\ell(0,d), \\ &\eta(t_2, g_\ell(s_1,s_2)) \in \partial Q_\ell\left(0, \frac{d+d'}{2}\right), \\ &\eta(t, g_\ell(s_1,s_2)) \in Q_\ell\left(d, \frac{d+d'}{2}\right) \qquad \forall t \in [t_1,t_2]. \end{aligned}$$

もし $I(\eta(t_2, g_\ell(s_1,s_2))) \leqq 2b-\epsilon$ ならば明らかに

$$\begin{aligned} I(\bar{g}_\ell(s_1,s_2)) &= I(\eta(\frac{c}{2\epsilon}, g_\ell(s_1,s_2))) \\ &\leqq I(\eta(t_2, g_\ell(s_1,s_2))) \\ &\leqq 2b-\epsilon. \end{aligned}$$

よって $I(\eta(t_2, g_\ell(s_1,s_2))) > 2b-\epsilon$ とする．このとき $[t_1,t_2]$ 上 $I(\eta(t, g_\ell(s_1,s_2))) > 2b-\epsilon$ が成立する．また $\eta(t_1, g_\ell(s_1,s_2)) \in \partial Q_\ell(0,d)$, $\eta(t_2, g_\ell(s_1,s_2)) \in \partial Q_\ell\left(0, \frac{d+d'}{2}\right)$ により $\| \eta(t_2, g_\ell(s_1,s_2)) - \eta(t_1, g_\ell(s_1,s_2)) \| \geqq \frac{d'-d}{2}$. したがって $X(u)$ の性質(a)により $\left\| \frac{d\eta}{dt} \right\| \leqq 1$ であるから

$$t_2 - t_1 \geqq \frac{d'-d}{2}$$

が成立しなければならない．$X(u)$ の性質(e)により $t \in [t_1,t_2]$ において

$$\frac{d}{dt} I(\eta(t, g_\ell(s_1,s_2))) = -\langle I'(\eta), X(\eta) \rangle \leqq -\mu_1(d,d')$$

であるから

$$I(\bar{g}_\ell(s_1,s_2)) = I(\eta(\frac{2\epsilon}{c}, g_\ell(s_1,s_2))) \leqq I(\eta(t_2, g_\ell(s_1,s_2)))$$
$$\leqq I(\eta(t_1, g_\ell(s_1,s_2))) - (t_2-t_1)\mu_1(d,d')$$
$$\leqq I(g_\ell(s_1,s_2)) - \frac{1}{2}(d'-d)\mu_1(d,d')$$
$$\leqq (2b+\epsilon) - 2\epsilon = 2b-\epsilon.$$

したがって，この場合も成立する．

(iv)は $X(u)$ の性質(b)より明らか．

(v)は(5.69)により $\bar{g}_\ell(s_1,s_2) = g_\ell(s_1,s_2)$ のとき成立し，$u = \bar{g}_\ell(s_1,s_2) \in Q_\ell(0,d')$ のとき

$$\|u\|_{H^1(-\ell/2,\ell/2)} \leqq \|u\|_{H^1(-\ell/2,0)} + \|u\|_{H^1(0,\ell/2)}$$
$$\leqq \|u-u_0(x+\ell)\|_{H^1(-\ell/2,0)} + \|u_0(x+\ell)\|_{H^1(-\ell/2,0)}$$
$$+ \|u-u_0(x-\ell)\|_{H^1(0,\ell/2)} + \|u_0(x-\ell)\|_{H^1(0,\ell/2)}$$
$$\leqq 2d' + \rho_0/2 \leqq \rho_0.$$

ここで $d' < \rho_0/4$ および(5.70)を用いた． ∎

次に $\bar{g}_\ell(s_1,s_2)$ を接合部 $[-\ell/2,\ell/2]$ において変形する．すなわち，補題5.25を $[-\ell/2,\ell/2]$ において $\bar{g}_\ell(s_1,s_2)$ に適用して得る関数を $\widetilde{g}_\ell(s_1,s_2)$ とおく．このとき次が成立する．

補題 5.34

(i)　$I(\widetilde{g}_\ell(s_1,s_2)) \leqq 2b-\epsilon \qquad \forall (s_1,s_2) \in [0,M]\times[0,M]$.

(ii)　$\|\widetilde{g}_\ell(s_1,s_2)\|_{H^1(-\ell/2,\ell/2)} \leqq \rho_0 \qquad \forall (s_1,s_2) \in [0,M]\times[0,M]$.

(iii)　$\|\widetilde{g}_\ell(s_1,s_2)\|_{H^1(-1,1)} \leqq C_3 e^{-C_4\ell} \qquad \forall (s_1,s_2) \in [0,M]\times[0,M]$.

(iv)　任意の $(s_1,s_2) \in [0,M]\times[0,M]$，$(\alpha,\beta) \subset (-\infty,\infty)$ $(\beta-\alpha \geqq 1)$ に対して

$$|I_{(\alpha,\beta)}(\widetilde{g}_\ell(s_1,s_2)) - I_{(\alpha,\beta)}(\bar{g}_\ell(s_1,s_2))| \leqq \rho_0^2.$$

[証明]　(i),(ii),(iii)は補題5.25と補題5.33(i),(v)により従う．

(iv)について，まず任意の $(s_1,s_2) \in [0,M]\times[0,M]$ に対して

$$\widetilde{g}_\ell(s_1,s_2)(x) = \bar{g}_\ell(s_1,s_2)(x) \qquad (|x| \geqq \ell/2)$$

に注意して(5.42)を用いると

$$
\begin{aligned}
&|I_{(\alpha,\beta)}(\widetilde{g}_\ell(s_1,s_2)) - I_{(\alpha,\beta)}(\bar{g}_\ell(s_1,s_2))| \\
&\leqq \frac{1}{2}\|\widetilde{g}_\ell(s_1,s_2)\|^2_{H^1(-\ell/2,\ell/2)} + \frac{1}{2}\|\bar{g}_\ell(s_1,s_2)\|^2_{H^1(-\ell/2,\ell/2)} \\
&\leqq \rho_0^2.
\end{aligned}
$$

■

次に $\widetilde{g}_\ell(s_1,s_2)$ が $[-1,1]$ において ℓ に関して指数的に減少していくこと(補題 5.34(iii))に注意して 0 の近傍 $(-1/3,1/3)$ においてカットオフする. すなわち

$$
h_\ell(s_1,s_2)(x) = (\zeta(-x)+\zeta(x))\widetilde{g}_\ell(s_1,s_2)(x) : [0,M]\times[0,M] \to H^1(\mathbb{R})
$$

とおく. これは次をみたす.

補題 5.35

(i)　$\mathrm{supp}\, h_\ell(s_1,s_2)(\cdot) \subset \mathbb{R}\setminus(-1/3,1/3) \qquad \forall (s_1,s_2)\in[0,M]\times[0,M]$.

(ii)　任意の $(s_1,\ s_2)\in[0,\ M]\times[0,M]$, $(\alpha,\beta)\subset(-\infty,\infty)\ (\beta-\alpha\geqq 1)$ に対して

$$
|I_{(\alpha,\beta)}(h_\ell(s_1,s_2)) - I_{(\alpha,\beta)}(\widetilde{g}_\ell(s_1,s_2))| \leqq \frac{1}{2}\epsilon.
$$

[証明]　(i) $h_\ell(s_1,s_2)$ の定義より自明.

(ii) $\widetilde{g}_\ell(s_1,s_2)(x) = h_\ell(s_1,s_2)(x)\ (|x|\geqq 1)$ に注意する.

$$
\begin{aligned}
\|h_\ell(s_1,s_2)\|_{H^1(-1,1)} &\leqq \|h_\ell(s_1,s_2)\|_{H^1(-1,0)} + \|h_\ell(s_1,s_2)\|_{H^1(0,1)} \\
&= \|\zeta(-x)\widetilde{g}_\ell(s_1,s_2)\|_{H^1(-1,0)} + \|\zeta\widetilde{g}_\ell(s_1,s_2)\|_{H^1(0,1)} \\
&\leqq C_2(\|\widetilde{g}_\ell(s_1,s_2)\|_{H^1(-1,0)} + \|\widetilde{g}_\ell(s_1,s_2)\|_{H^1(0,1)}) \\
&\leqq 2C_2C_3e^{-C_4\ell}
\end{aligned}
$$

が補題 5.34(iii)より従うので(5.42)を用いて

$$
\begin{aligned}
&|I_{(\alpha,\beta)}(\widetilde{g}_\ell(s_1,s_2)) - I_{(\alpha,\beta)}(h_\ell(s_1,s_2))| \\
&\leqq \frac{1}{2}\|\widetilde{g}_\ell(s_1,s_2)\|^2_{H^1(-1,1)} + \frac{1}{2}\|h_\ell(s_1,s_2)\|^2_{H^1(-1,1)} \\
&\leqq \frac{1}{2}C_3^2e^{-2C_4\ell} + 2C_2^2C_3^2e^{-2C_4\ell}
\end{aligned}
$$

$$= \frac{1}{2}(1+4C_2^2)C_3^2 e^{-2C_4\ell}$$
$$\leqq \frac{1}{2}\epsilon$$

を得る. ∎

今までの議論をまとめると次がえられる.

命題 5.36　$\ell \geqq \ell_0$ とする. このとき次が成立する.

(i)　$I(h_\ell(s_1,s_2)) \leqq 2b - \dfrac{\epsilon}{2} \qquad \forall (s_1,s_2) \in [0,M]\times[0,M]$.

(ii)　$I_{(-\infty,0)}(h_\ell(0,s_2)) \leqq \dfrac{2}{3}b \qquad \forall s_2 \in [0,M]$,

$I_{(-\infty,0)}(h_\ell(M,s_2)) \leqq -\dfrac{1}{2} \qquad \forall s_2 \in [0,M]$,

$I_{(0,\infty)}(h_\ell(s_1,0)) \leqq \dfrac{2}{3}b \qquad \forall s_1 \in [0,M]$,

$I_{(0,\infty)}(h_\ell(s_1,M)) \leqq -\dfrac{1}{2} \qquad \forall s_1 \in [0,M]$.

(iii)　$h_\ell(0,0) = 0$.

[証明]　(i) 補題 5.34(i)および補題 5.35(ii)を $(\alpha,\beta)=(-\infty,\infty)$ として用いることにより従う.

(ii) まず補題 5.33(ii)により $(s_1,s_2)\in\partial([0,M]\times[0,M])$ に対して

$$\bar{g}_\ell(s_1,s_2) = g_\ell(s_1,s_2)$$

が成立していることに注意すると補題 5.34(iv), 補題 5.35(ii)により任意の $(s_1,s_2)\in\partial([0,M]\times[0,M])$ に対して

$$I_{(-\infty,0)}(h_\ell(s_1,s_2)) \leqq I_{(-\infty,0)}(\bar{g}_\ell(s_1,s_2)) + \rho_0^2 + \frac{1}{2}\epsilon$$
$$= I_{(-\infty,0)}(g_\ell(s_1,s_2)) + \rho_0^2 + \frac{1}{2}\epsilon.$$

(5.38), (5.71)-(5.73)および(5.65), (5.66)により, (ii)の前半の不等式が得られる. 後半も同様. (iii) 自明. ∎

$(-\infty,0)$ において $h_\ell(s_1,s_2)$ に等しく, $[0,\infty)$ において 0 をとる関数を $h_\ell(s_1,s_2)|_{(-\infty,0)}$ とかくと補題 5.35(i)により $h_\ell(s_1,s_2)|_{(-\infty,0)} \in H^1(\mathbb{R})$. 同様

に $h_\ell(s_1,s_2)\,|_{(0,\infty)}$ を定めると $h_\ell(s_1,s_2)\,|_{(0,\infty)}\in H^1(\mathbb{R})$．さらに $\gamma(s)$ を $[0,M]\times[0,M]$ 内で $(0,0)$ と $[0,M]\times\{M\}$（あるいは $\{M\}\times[0,M]$）をつなぐ連続曲線とすると命題5.36(ii)により $h_\ell(\gamma(s))\,|_{(0,\infty)}$（あるいは $h_\ell(\gamma(s))\,|_{(-\infty,0)}$）は Γ に属する．一方，命題5.36(i)を用いると以下のように矛盾を得ることができる．

［定理5.21の証明の終わり］　$\ell\geqq\ell_0$ かつ $Q_\ell(0,d')\cap\mathcal{C}=\varnothing$ とすると命題5.36の(i)-(iii)をみたす $h_\ell(s_1,s_2)\colon[0,M]\times[0,M]\to H^1(\mathbb{R})$ が存在する．ここで

$$J_+=\{(s_1,s_2)\in[0,M]\times[0,M];\ I_{(0,\infty)}(h_\ell(s_1,s_2))<b-\epsilon/6\},$$
$$J_-=\{(s_1,s_2)\in[0,M]\times[0,M];\ I_{(-\infty,0)}(h_\ell(s_1,s_2))<b-\epsilon/6\}$$

とおくと

$$I(h_\ell(s_1,s_2))\leqq 2b-\frac{1}{2}\epsilon\qquad\forall\,(s_1,s_2)\in[0,M]\times[0,M]$$

により

$$[0,M]\times[0,M]\subset J_+\cup J_-.$$

また命題5.36(ii)より

$$([0,M]\times\{0\})\cup([0,M]\times\{M\})\subset J_+,$$
$$(\{0\}\times[0,M])\cup(\{M\}\times[0,M])\subset J_-.$$

J_+,J_- はともに開集合であり，次の命題のうちどちらかが成立する．

1°　$(0,0)$ と $[0,M]\times\{M\}$ を J_+ 内でつなぐ連続曲線 $\gamma_+(s)\colon[0,M]\to J_+$ が存在する．

2°　$(0,0)$ と $\{M\}\times[0,M]$ を J_- 内でつなぐ連続曲線 $\gamma_-(s)\colon[0,M]\to J_-$ が存在する．

ここでは1°が成立するとして議論を続ける（2°が成立するときも議論は同様である）．このとき次の写像を考える．

$$\zeta(s)=h_\ell(\gamma_+(s))\,|_{(0,\infty)}\colon\ [0,M]\to H^1(\mathbb{R}).$$

このとき $\zeta\in\Gamma$ であり，しかし一方，

$$I(\zeta(s))\leqq b-\frac{1}{3}\epsilon\qquad\forall s\in[0,M].$$

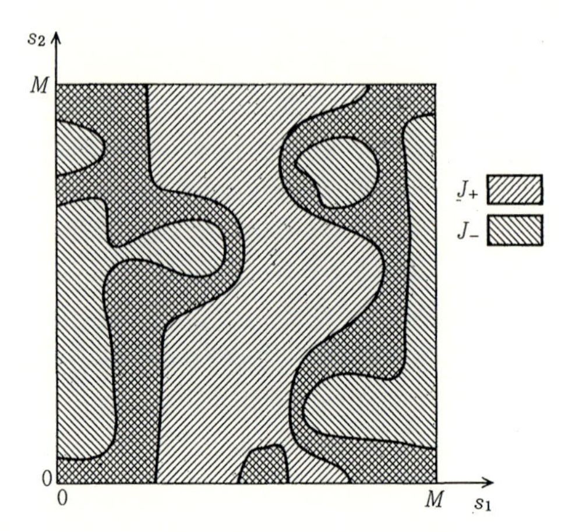

図 5.2 $(0,0)$ と $[0,M]\times\{M\}$ を J_+ 内でつなぐ連続曲線が存在する場合

これはミニマックス値 b の定義に反する．したがって $Q_\ell(0,d')\cap\mathcal{C}\neq\varnothing$ である． ∎

以上で定理 5.21 の証明が終わった．証明は背理法を多用し少々複雑であるが用いているアイデアは基本的なものが多い．もっとも基本的なものは補題 5.33(i)，(iv)の証明に現れた勾配流の性質である．近似解 $u_0(x-\ell)+u_0(x+\ell)$ の近くの環状領域上での $\|I'(u)\|$ の下からの一様評価(補題 5.28)がいかに使われているかみてほしい．また $u_0(x)$ の特徴づけ(5.60)，(5.61)も基本的な役割を果たしている．

最後に，定理 5.16 の一般化について注意をしておこう．先に注意 5.18 で述べたように定理 5.16 はさらに一般的な非線形項をもった方程式についても成立する．

$$f(x,u):\mathbb{R}^N\times\mathbb{R}\to\mathbb{R}$$

を次をみたす非線形項としよう．

(f1)　$f(x,u)\in C^2(\mathbb{R}^N\times\mathbb{R},\mathbb{R})$ かつ $f(x,u)$ は x について空間周期的．

(f2)　$f(x,0)=f_u(x,0)=0 \qquad \forall x\in\mathbb{R}^N$.

(f3)　ある定数 $a_1,a_2>0$ が存在して

$$|f_u(x,u)|\leqq a_1+|u|^{p-1} \qquad \forall x\in\mathbb{R}^N,\ \forall u\in\mathbb{R}.$$

ここで p は(5.2)をみたす定数.

(f4)　ある $\mu>2$ が存在して

$$0<\mu\int_0^u f(x,t)\,dt \leqq f(x,u)u \qquad \forall x\in\mathbb{R}^N,\ \forall u\in\mathbb{R}\setminus\{0\}.$$

このとき楕円型方程式

$$\begin{aligned}&-\Delta u+u=f(x,u) && \text{in } \mathbb{R}^N,\\ &u>0 && \text{in } \mathbb{R}^N,\\ &u\in H^1(\mathbb{R}^N)\end{aligned} \tag{5.78}$$

に対して定理 5.16 と同様の結果が得られている([61]). この設定においても定理 5.19 と同じように, (S)の仮定のもとで $|n_i-n_j|$ が十分大きいとき $\sum_{i=1}^m u_0(x-n_i)$ の近傍に(5.78)の真の解を見つけることができる. ただし, この場合, b は峠の定理により与えられるミニマックス値とし, $u_0(x)$ は b に対応した臨界点である.

Bahri-Li の定理 5.1 では極限方程式(5.10)の解の一意性が (PS)-条件の崩れ方を知るうえで本質的であったが, 定理 5.19 においては $u_0(x)$ のミニマックスによる特徴づけと補題 5.26, 5.28 が基本的であり, かなり一般的な状況で同様の議論を展開できる. ハミルトン系については直接文献に当たられたい.

6

2 体問題型ラグランジュ系

この章では第3章と同様にハミルトン系に対する周期問題を扱う．第3章では一般的なハミルトン系を考えたが，ここではもっとも親しみやすい問題のひとつである天体力学における2体問題を取り上げる*1．太陽の位置を $0 \in \mathbb{R}^3$ とし，質量等を正規化すると，惑星の運動は Newton のポテンシャル $V_{\mathrm{Newton}}(q) = -\dfrac{1}{|q|}$ を用いて

$$\ddot{q} + \nabla V_{\mathrm{Newton}}(q) = 0$$

とかくことができ，この方程式は周期的な楕円軌道をもつ．このような問題においてポテンシャル $V_{\mathrm{Newton}}(q)$ に摂動を加えた場合にも周期解が存在するか否かは非常に重要な問題となる．ここではより一般的に考え，$\mathbb{R}^N$ においてポテンシャル $V(q)$ が図 6.1 のように $q \to 0$ のとき $V(q) \to -\infty$, $|q| \to \infty$ のとき $V(q) \to 0$ と振る舞うときラグランジュ系

$$\textbf{(LS)} \qquad \ddot{q} + \nabla V(q) = 0$$

の周期解の存在が保証されるかどうか考えよう．

ここではこの問を(LS)に対応する汎関数

$$I(q) = \int \frac{1}{2}|\dot{q}|^2 - V(q)\, dt$$

---

*1 この章にあらわれる方程式はすべて(LS)の形のラグランジュ系であり，第3章と独立に読むことができる．なおこの章のテーマに関して Ambrosetti と Coti Zelati [12]を参考文献としてあげる．Siegel-Moser [173]，Wintner [197]も参照されたい．

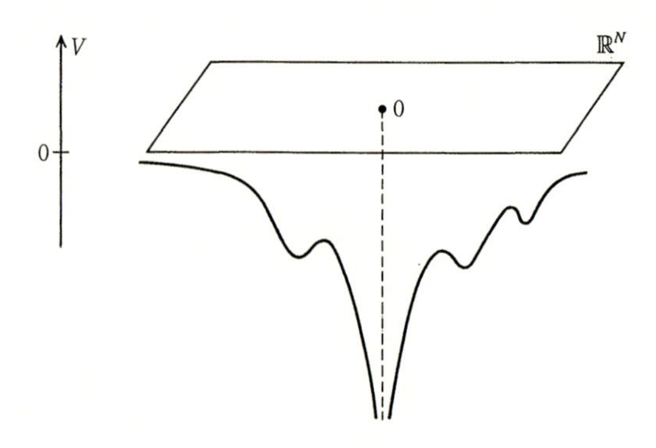

図 6.1　2体問題型ポテンシャル $V(q)$

を通じて考える．この汎関数を扱う際にはポテンシャル $V(q)$ の $q=0$ での特異性の強さ，すなわち $V(q)$ が $-\infty$ に発散する速さ，が重要となる．直感に反するかも知れないが，特異性が強い場合，すなわち速く $-\infty$ へと発散する場合のほうが特異性の弱い場合よりも扱い易い．その理由を簡単に説明しよう．汎関数 $I(q)$ は周期関数よりなる Sobolev 空間の開集合

$$\Lambda=\{q\in H^1(S^1,\mathbb{R}^N);\ q(t)\neq 0\ \forall t\}$$

上で定義されていると考えるのが自然である．Λ は $\mathbb{R}^N\backslash\{0\}$ に値をとる周期関数全体からなる集合であり，非常に豊かな位相的構造をもっている．$V(q)$ の特異性がある程度強いと Λ の境界 $\partial\Lambda$ に q が近づくとき $I(q)$ は ∞ に発散し Λ の位相を反映した議論の展開が可能となる．しかし特異性が弱い場合は q が $\partial\Lambda$ に近づいても $I(q)$ は ∞ に発散するとは限らず，汎関数 $I(q)$ によって 0 を通過する軌道としない軌道を区別しにくく，周期解を求めることが難しくなる．

この章の §6.1，§6.2 においては特異性が強い場合に(LS)の周期解を Λ の位相を反映した方法で構成する．ここで用いられている方法はコンパクト Riemann 多様体上に少なくとも 1 つ閉測地線が存在することを保証する Lyusternik–Fet [127]の議論と共通する部分が多い．測地線については西川[147]，Klingenberg [109]を参照されたい．なお Lyusternik–Fet の議論は Klingenberg [109]の付録に簡明にまとめられている．

次いで§6.3, §6.4では特異性の弱い場合を扱う．第1章§1.4(e)で導入したMorse指数とスケール変換が主要な道具立てとなる．

§6.1　2体問題型ラグランジュ系

$N \geqq 2$ とし $\mathbb{R}^N$ における次のハミルトン系(ラグランジュ系)を考察する．

(LS)
$$\ddot{q}+\nabla V(t,q)=0.$$

ポテンシャル $V(t,q)$ として天体力学における2体問題に類似した状況を考え，周期解の存在を議論する．求める周期解の周期は一般性を失わず1とする．$V(t,q)$ に次の仮定をおく．

(V0)　$V(t,q)\in C^1(\mathbb{R}\times(\mathbb{R}^N\setminus\{0\}),\mathbb{R})$ かつ

$$V(t+1,q)=V(t,q)\qquad \forall t\in\mathbb{R},\ \forall q\in\mathbb{R}^N\setminus\{0\}.$$

(V1)

(i)　$V(t,q)<0\qquad \forall t\in\mathbb{R}, \forall q\in\mathbb{R}^N\setminus\{0\}.$

(ii)　t について一様に

$$V(t,q),\quad |\nabla V(t,q)|\to 0\qquad (|q|\to\infty).$$

(V2)　t について一様に

$$V(t,q)\to -\infty\qquad (q\to 0).$$

以上の仮定のもとで，(LS)の周期解を求める．対応する汎関数は次のものである．

$$I(q)=\int_0^1 \frac{1}{2}\left|\dot{q}\right|^2-V(t,q)\,dt.$$

この汎関数を $\mathbb{R}^N$-値の周期1の関数よりなる次のSobolev空間 E 上で考える．

$$E=\{q(t)\in H^1([0,1],\mathbb{R}^N);\ q(1)=q(0)\}.$$

E のノルムとして次のものを採用する．

$$\|q\|_E=\left(\int_0^1\left|\dot{q}\right|^2dt+|[q]|^2\right)^{1/2}.$$

ここで

$$[q]=\int_0^1 q(t)\,dt$$

である．もちろんここで定義された $\|\cdot\|_E$ は通常の H^1 ノルムと同値である．

なお以下では $S^1=[0,1]/\{0,1\}$ と見なし，$\mathbb{R}^N$-値の 1-周期の連続関数，2 乗可積分関数全体のなす空間を $C(S^1,\mathbb{R}^N)$, $L^2(S^1,\mathbb{R}^N)$ とかく．そのノルムを

$$\|q\|_\infty=\max_{t\in S^1}|q(t)|,$$

$$\|q\|_2=\left(\int_0^1|q|^2\,dt\right)^{1/2}$$

で定める．このとき

$$\|q\|_E=\left(\|\dot q\|_2^2+|[q]|^2\right)^{1/2}\qquad \forall q\in E$$

である．E が $C(S^1,\mathbb{R})$ にコンパクトに埋め込めることおよび次の不等式が成立することに注意しておこう．

$$\|q-[q]\|_\infty\leqq\|\dot q\|_2, \tag{6.1}$$

$$\|q\|_\infty\leqq 2\|q\|_E. \tag{6.2}$$

仮定(V2)により $I(q)$ の被積分関数の第2項は $q=0$ で特異性をもつので，$I(q)$ は次のように定義されているとみるのが自然である．

$$I(q):\ \varLambda\to\mathbb{R}.$$

ここで $\varLambda$ は 0 を通らない 1-周期関数全体．すなわち

$$\varLambda=\{q\in E;\ \text{すべての}\ t\ \text{に対して}\ q(t)\neq 0\}.$$

$\varLambda$ は E の開集合となっている．まず次が成立する．

補題 6.1　$I(q)\in C^1(\varLambda,\mathbb{R})$ であり

$$I'(q)h=\int_0^1\dot q\,\dot h-\nabla V(t,q)h\,dt\qquad \forall q\in\varLambda,\ \forall h\in E.$$

特に $q\in\varLambda$ が $I(q)$ の臨界点，すなわち $I'(q)=0$，ならば $q(t)$ は(LS)の 1-周期解となり C^2-級．

［証明］　読者に任せたい．　∎

以下 $I(q)$ の臨界点を求めることが目標となる．まず次に注意をしておこう．

補題 6.2

（i）　$I(q)>0 \qquad \forall q\in\Lambda.$

（ii）　$\inf_{q\in\Lambda} I(q)=0.$

［証明］（i）は(V1)よりしたがう．（ii）は $|x_n|\to\infty$ なる $x_n\in\mathbb{R}^N$ を選び，$q_n(t)\equiv x_n$ とおけば，$I(q_n)=\int_0^1 -V(t,x_n)\,dt\to 0\ (n\to\infty)$ であるから明らか． ∎

特に補題 6.2 により $\inf_{q\in\Lambda} I(q)$ は達成されず，直接の最小化法では $I(q)$ の臨界点は求めることができないことがわかる．

ここで $I(q)$ が 0 に近いときの q について調べておこう．

補題 6.3　(V0)-(V1)の仮定のもとで $\delta\to 0$ のとき $m(\delta)\to\infty$ をみたす関数 $m(\delta):(0,\infty)\to(0,\infty)$ が存在して $I(q)\leqq\delta$ をみたす任意の $q\in\Lambda$ に対して次が成立する．

$$\|\dot{q}\|_2\leqq\sqrt{2\delta}, \tag{6.3}$$

$$\|q(t)-[q]\|_\infty\leqq\sqrt{2\delta}, \tag{6.4}$$

$$|[q]|\geqq m(\delta). \tag{6.5}$$

特にある $\delta_0>0$ が存在して $I(q)\leqq\delta_0$ ならば

$$\|q-[q]\|_\infty\leqq\frac{1}{2}|[q]| \tag{6.6}$$

が成立する．

［証明］(V1)から $I(q)\leqq\delta$ より(6.3)および

$$\int_0^1 -V(t,q(t))\,dt\leqq\delta \tag{6.7}$$

がしたがう．(6.4)は(6.1)より明らか．(6.5)について，まず $t\in S^1$，$q\in\mathbb{R}^N\setminus\{0\}$ に対して

$$-V(t,q)\leqq\delta \implies |q|\geqq\widetilde{m}(\delta),$$
$$\widetilde{m}(\delta)\to\infty \qquad (\delta\to 0)$$

をみたす $\widetilde{m}(\delta)\colon (0,\infty)\to(0,\infty)$ が(V1)より存在する．(6.7)をみたす $q\in \Lambda$ に対して $-V(s,q(s))\leqq\delta$ をみたす $s\in[0,1]$ が存在する．よって $|q(s)|\geqq \widetilde{m}(\delta)$．(6.4)に注意すると

$$\begin{aligned}|[q]| &\geqq |q(s)|-|q(s)-[q]|\geqq |q(s)|-\|q-[q]\|_\infty\\ &\geqq \widetilde{m}(\delta)-\sqrt{2\delta}.\end{aligned}$$

よって $m(\delta)=\widetilde{m}(\delta)-\sqrt{2\delta}$ として(6.5)が成立する．

(6.6)については，$\sqrt{2\delta_0}<\dfrac{1}{2}m(\delta_0)$ をみたすように $\delta_0>0$ を小にとればよい． ∎

§6.2　(SF)条件のもとでの臨界点の存在

(a)　(SF)条件

第1章でみたように開集合上定義された汎関数の臨界点を求める際には Λ の境界

$$\partial\Lambda=\{q\in E;\ \text{ある } t_0\in[0,1] \text{ に対して } q(t_0)=0\}$$

の近傍での $I(q)$ の挙動が重要である．次の Gordon [93]による条件は $\partial\Lambda$ での $I(q)$ の挙動をみやすくする．

(SF)　0 の近傍 $N\subset\mathbb{R}^N$ と $U(q)\in C^1(N\setminus\{0\},\mathbb{R})$ が存在して次をみたす．

$$U(q)\to\infty \qquad (q\to 0), \tag{6.8}$$

$$-V(t,q)\geqq|\nabla U(q)|^2 \qquad \forall t\in S^1,\ \forall q\in N\setminus\{0\}. \tag{6.9}$$

この条件(SF)をみたすポテンシャルを**強い力**(strong force)と呼ぶ．

補題 6.4　$V(q)$ は(V0)-(V2)，(SF)をみたすとする．点列 $(q_n(t))_{n=1}^\infty\subset\Lambda$ が $q_0(t)\in\partial\Lambda$ へ E において弱収束するならば

$$I(q_n)\to\infty \qquad (n\to\infty) \tag{6.10}$$

が成立する．

［証明］　$q_n(t)$ が $q_0(t)$ へ E において弱収束することにより $q_n(t)$ は $q_0(t)$ へ一様収束する．したがって，$q_0(t)$ が 0 に恒等的に等しいならば(V2)より

明らかに(6.10)が成立.

$q_0(t)\not\equiv 0$ としよう. $q_0(t)\in\partial\Lambda$ より $0\leqq t_0<t_1<1$ を

$$
q_0(t_0)=0,\quad q_0(t_1)\neq 0,\qquad q_0(t)\in N\qquad \forall t\in[t_0,t_1] \tag{6.11}
$$

をみたすようにとれる. $q_n(t)$ が $q_0(t)$ に一様収束することにより $q_n(t)\in N$ $(t\in[t_0,t_1])$ が十分大きな n について成立する. (6.9)を用いると

$$
\begin{aligned}
I(q_n) &\geqq \int_{t_0}^{t_1}\frac{1}{2}|\dot{q}_n|^2-V(t,q_n)\,dt\\
&\geqq \int_{t_0}^{t_1}\frac{1}{2}|\dot{q}_n|^2+|\nabla U(q_n)|^2\,dt\\
&\geqq \sqrt{2}\int_{t_0}^{t_1}|\dot{q}_n||\nabla U(q_n)|\,dt\\
&\geqq \sqrt{2}\left|\int_{t_0}^{t_1}\dot{q}_n\,\nabla U(q_n)\,dt\right|\\
&= \sqrt{2}\,|U(q_n(t_1))-U(q_n(t_0))|.
\end{aligned}
$$

$n\to\infty$ とすると(6.8), (6.11)により $I(q_n)\to\infty$. よって示された. ∎

ここで(SF)が成立する例, しない例をあげよう.

例 6.5 (i) $V(q)=-\dfrac{1}{|q|^\alpha}$ $(\alpha\geqq 2)$ のとき(SF)が成立する. $U(q)=|\log|q||$ とおけばよい.

(ii) $V(q)=-\dfrac{1}{|q|^\alpha}$ $(\alpha\in(0,2))$ のとき(SF)は成立しない. 実際, $e_1=(1,0,\cdots,0)$ として $p\in(1/2,1/\alpha)$ に対して $q_n(t)=\left(\left|t-\dfrac{1}{2}\right|^p+\dfrac{1}{n}\right)e_1$ $(t\in[0,1])$ とおくと, $q_n(t)\to q_0(t)=\left|t-\dfrac{1}{2}\right|^p e_1\in\partial\Lambda$ かつ $\limsup_{n\to\infty} I(q_n)<\infty$. 補題6.4に注意すれば(SF)は成立しないことがわかる. □

(b) (PS)-条件

次に (PS)-条件について考えよう. 補題6.2より定理1.3に注意すれば $(PS)_0$-条件が成立しないことがわかる. しかし(SF)のもとでは $c>0$ に対して $(PS)_c$-条件が成立する.

命題 6.6　(V0)-(V2)，(SF)のもとで任意の $c>0$ に対して $(PS)_c$-条件が成立する．

［証明］　(V0)-(V2)，(SF)のもとで $(q_n)_{n=1}^{\infty}\subset\Lambda$ を $c>0$ に対する $(PS)_c$-列とする．すなわち

$$I(q_n)\to c>0, \tag{6.12}$$

$$\|I'(q_n)\|_{E^*}\to 0 \tag{6.13}$$

をみたすとする．

Step 1：$(q_n)_{n=1}^{\infty}$ は E における有界列である．

まず(6.12)より十分大きな n に対して

$$I(q_n)\leqq c+1$$

が成り立つ．これより

$$\|\dot{q}_n\|_2\leqq\sqrt{2(c+1)}. \tag{6.14}$$

$\|q_n\|_E$ が有界にとどまることを示すには $[q_n]$ が有界にとどまることを示せばよい．(6.1)より $\|q_n-[q_n]\|_\infty\leqq\sqrt{2(c+1)}$ が成立するので，もし $[q_n]$ が有界にとどまらないならば，ある部分列 n_k に対して

$$\min_t|q_{n_k}(t)|\geqq|[q_{n_k}]|-\|q_{n_k}-[q_{n_k}]\|_\infty\geqq|[q_{n_k}]|-\sqrt{2(c+1)}\to\infty$$

が成立する．

(6.14)より $\|q_{n_k}-[q_{n_k}]\|_E=\|\dot{q}_{n_k}\|_2\leqq\sqrt{2(c+1)}$ がしたがうことに注意すると

$$I(q_{n_k})-\frac{1}{2}I'(q_{n_k})(q_{n_k}-[q_{n_k}])\to c>0 \qquad (k\to\infty).$$

よって

$$\int_0^1 -V(t,q_{n_k})+\frac{1}{2}\nabla V(t,q_{n_k})(q_{n_k}-[q_{n_k}])\,dt\to c>0.$$

被積分関数は $\min_t|q_{n_k}(t)|\to\infty$ のとき 0 へ収束するので，これは矛盾．したがって q_n は E において有界にとどまる．

Step 2：(q_n) はある $q_0\in\Lambda$ へ強収束する部分列をもつ．

Step 1 により $(q_n)_{n=1}^{\infty}$ は E における有界列．したがって弱収束する部分列 $(q_{n_k})_{k=1}^{\infty}$ をもつ．その弱極限を $q_0 \in E$ とすると補題 6.4 より $q_0 \in \Lambda$.

q_{n_k} が q_0 に強収束することを示せばよい．そのためには $\|q_{n_k}\|_E \to \|q_0\|_E$ を示せばよいので，$\|\dot{q}_{n_k}\|_2 \to \|\dot{q}_0\|_2$ を示せば十分.

E が $C(S^1, \mathbb{R}^N)$ にコンパクトに埋め込まれていることおよび $q_0 \in \Lambda$ に注意すると $I'(q_{n_k})q_{n_k} \to 0$ より

$$\lim_{k\to\infty} \|\dot{q}_{n_k}\|_2^2 = \int_0^1 \nabla V(t, q_0) q_0 \, dt.$$

また $I'(q_{n_k})q_0 \to 0$ より

$$\|\dot{q}_0\|_2^2 = \int_0^1 \nabla V(t, q_0) q_0 \, dt.$$

これらより $\|\dot{q}_{n_k}\|_2 \to \|\dot{q}_0\|_2$．よって q_{n_k} は q_0 へ強収束する. ∎

(c)　臨界点の存在($N=2$ の場合)

まず空間次元 N が 2 のときを考える．空間次元 N が 2 である場合の特質として，各 $\gamma \in \Lambda$ に対して回転数 $\mathrm{wind}(\gamma) \in \mathbb{Z}$ を対応させることができる．ここで回転数とは $\gamma(t)$ が 0 のまわりを反時計まわりに何回まわったかをあらわす整数である*2.

$n \in \mathbb{Z}$ に対して

$$\Lambda_n = \{\gamma \in \Lambda;\ \mathrm{wind}(\gamma) = n\}$$

とおこう．各 Λ_n は E の開集合であり

$$\Lambda_i \cap \Lambda_j = \varnothing \quad (i \neq j),$$
$$\Lambda = \bigcup_{n\in\mathbb{Z}} \Lambda_n$$

が成立する．I の Λ_1 への制限 $I|_{\Lambda_1}\colon \Lambda_1 \to \mathbb{R}$ について考えよう．この汎関数の臨界点ももちろん(LS)の周期軌道となる．次が成立する.

---

*2　$\gamma(t) = (\gamma_1(t), \gamma_2(t))$ とすると $\mathrm{wind}(\gamma)$ は次のようにあらわすことができる.

$$\mathrm{wind}(\gamma) = \frac{1}{2\pi} \int_0^1 \frac{\dot{\gamma}_2 \gamma_1 - \dot{\gamma}_1 \gamma_2}{\gamma_1^2 + \gamma_2^2} \, dt.$$

補題 6.7
$$\inf_{q\in\Lambda_1} I(q) > 0.$$

［証明］　補題 6.3 により与えられる $\delta_0>0$ をとると $I(q)\leqq\delta_0$ ならば(6.6)が成立し，$q(t)$ は $[q]$ を中心とする半径 $\frac{1}{2}|[q]|$ の球内にとどまる．特に $\mathrm{wind}(\gamma)=0$．よって $q\in\Lambda_0$．したがって $q\in\Lambda_1$ に対して $I(q)\geqq\delta_0$．特に $\inf_{q\in\Lambda_1} I(q)\geqq\delta_0$．∎

したがって $I|_{\Lambda_1}$ に最小化法が適用できる．次の定理は Gordon [93]による．

定理 6.8（Gordon [93]）　$N=2$ とする．(V0)-(V2)，(SF)の条件のもとで $I(q)=\inf_{\Lambda_1} I>0$ をみたす $q\in\Lambda_1$ が存在する．この $q\in\Lambda_1$ は(LS)の 1-周期解を与える．

［証明］　補題 6.4，6.7，命題 6.6 に注意すれば最小化法(定理 1.3)により $I|_{\Lambda_1}\colon \Lambda_1\to\mathbb{R}$ は最小点をもつ．この最小点は(LS)の 1-周期解を与える．∎

以上の議論は $I|_{\Lambda_n}\colon \Lambda_n\to\mathbb{R}$ $(n\neq 0)$ にも同様に適用できる．すなわち次の定理が成り立つ．

定理 6.9　$N=2$ とする．(V0)-(V2)，(SF)の仮定のもとで $n\neq 0$ に対して $\inf_{q\in\Lambda_n} I(q)>0$ である．さらにこの下限を達成する $q_n(t)\in\Lambda_n$ が存在し，(LS)の 1-周期解を与える．特に(LS)は無限個の 1-周期解をもつ．□

この小節の最後に，ポテンシャル $V(q)$ が t に依存しない場合の $I|_{\Lambda_1}\colon \Lambda_1\to\mathbb{R}$ の最小点の典型的な性質を述べておこう．

命題 6.10（Coti Zelati [58]）　$N=2$ とする．(V0)-(V2)，(SF)に加えてポテンシャル $V(q)$ は C^2-級であり t に依存しないとする．このとき $I|_{\Lambda_1}\colon \Lambda_1\to\mathbb{R}$ の最小点は自己交叉をもたない．すなわち
$$q(t)\neq q(s) \qquad (t\neq s).$$

［証明］　図 6.2(a)のように最小元 $q(t)$ が自己交叉をもったとする．常微分方程式に対する初期値問題の解の一意性により交叉は横断的であることに注意する．一般性を失わずに $q(t)$ は $0,\ s\in(0,1)$ において交叉し $\mathrm{wind}(\gamma|_{[0,s]})=1$ をみたすとしてよい．ここで図 6.2(b)のように

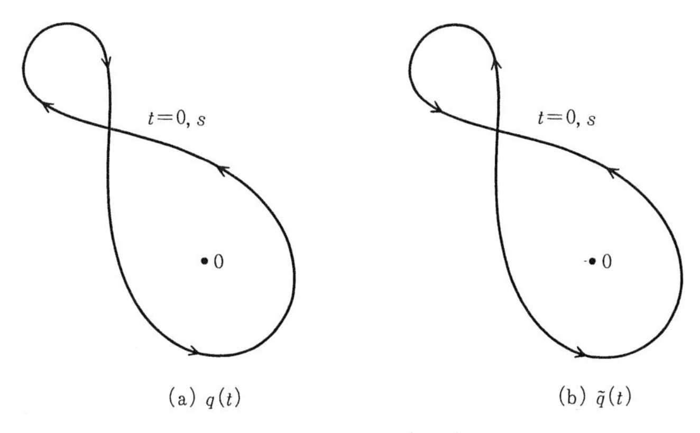

図 6.2 $\tilde{q}(t)$ の定め方

$$\tilde{q}(t) = \begin{cases} q(t), & t \in [0,s], \\ q(1+s-t), & t \in (s,1] \end{cases}$$

とおくと $\tilde{q}(t) \in \Lambda_1$ でありかつ $I(\tilde{q}) = I(q) = \inf_{\Lambda_1} I$. したがって $\tilde{q}(t)$ も $I|_{\Lambda_1}$ の最小値. 補題 6.1 によれば $\tilde{q}(t)$ は(LS)の C^2-級の周期解にならねばならない. しかし $q \notin C^1$. これは矛盾. したがって $q(t)$ は自己交叉をもたない. ∎

(d) 臨界点の存在($N \geqq 3$ の場合)

次に空間次元 N が 3 以上のときを考えよう. このときは $N=2$ の場合と異なり $q \in \Lambda$ に対して回転数が定義されない. また Λ が連結であることも容易にわかる. したがって補題 6.2 に注意すれば最小化法を $I: \Lambda \to \mathbb{R}$ に適用できず, われわれはミニマックス法を用いる必要がある. ここで述べる周期解の存在結果は Greco [94], Bahri–Rabinowitz [22], Ambrosetti–Coti Zelati [5] らによる. Majer [128] も参照されたい.

上述のように $S^1 = [0,1]/\{0,1\}$ とみなし, ミニマックスを与えるクラスのためのパラメーターの空間として

$$S^{N-2} = \{\xi \in \mathbb{R}^{N-1};\ |\xi| = 1\}$$

を用いる.

S^{N-2} から Λ への写像 $\gamma\in C(S^{N-2},\Lambda)$ に対して，$\widetilde{\gamma}\in C(S^{N-2}\times S^1,S^{N-1})$ を次で定義する.

$$\widetilde{\gamma}(\xi,t)=\frac{\gamma(\xi)(t)}{|\gamma(\xi)(t)|}.$$

このとき $S^{N-2}\times S^1$, S^{N-1} の向きをそれぞれ1つ固定すると Brouwer の写像度 $\deg\widetilde{\gamma}$ が定義される．ここで

$$\Gamma=\{\gamma\in C(S^{N-2},\Lambda);\ \deg\widetilde{\gamma}\neq 0\}$$

とおく.

Brouwer の写像度については Milnor [140]，Hirsch [98]等を参照されたい．ここでは次の事実を用いる.

M, N をともに境界をもたない向き付けられた連結コンパクト n 次元多様体とする．連続写像 $f: M\to N$ に対して写像度 $\deg f\in\mathbb{Z}$ が定義され，次が成立する.

（i）（ホモトピー不変性）$f_\theta: [0,1]\times M\to N$ を連続写像とすると

$$\deg f_1=\deg f_0.$$

（ii）$f: M\to N$ を C^1-級写像であり $q\in N$ を正則値，すなわち $f(p)=q$ をみたすすべての $p\in M$ において $Df(p): T_pM\to T_qN$ は同型写像であるとする．このとき $Df(p): T_pM\to T_qN$ が向き付けを保つとき $\operatorname{sign}Df(p)=1$，保たないとき $\operatorname{sign}Df(p)=-1$ と定めると

$$\deg f=\sum_{p\in f^{-1}(q)}\operatorname{sign}Df(p).$$

（iii）$\deg f\neq 0$ ならば $f: M\to N$ は上への写像である.

次が成立する.

補題 6.11　$\Gamma\neq\varnothing$.

［証明］　具体的に $\deg\gamma=1$ となる $\gamma\in C(S^{N-2},\Lambda)$ の例をあげる.

$\xi=(\xi_1,\cdots,\xi_{N-1})\in S^{N-2}$ に対して

$$\gamma(\xi)(t)=\Big((3+\cos 2\pi t)\xi_1-3,(3+\cos 2\pi t)\xi_2,\cdots,(3+\cos 2\pi t)\xi_{N-1},\sin 2\pi t\Big)$$

とおく．$e_1=(1,0,\cdots,0)$ に対して $\widetilde{\gamma}^{-1}(e_1)=((1,0,\cdots,0),0)\in S^{N-2}\times S^1$ であり

$$\begin{aligned}\deg\widetilde{\gamma} &= \sum_{p\in\widetilde{\gamma}^{-1}(e_1)} \operatorname{sign} D\widetilde{\gamma}(p)\\ &= \operatorname{sign} D\widetilde{\gamma}((1,0,\cdots,0),0)\\ &= 1.\end{aligned}$$

よって，$\gamma\in\Gamma$ であり $\Gamma\neq\varnothing$． ∎

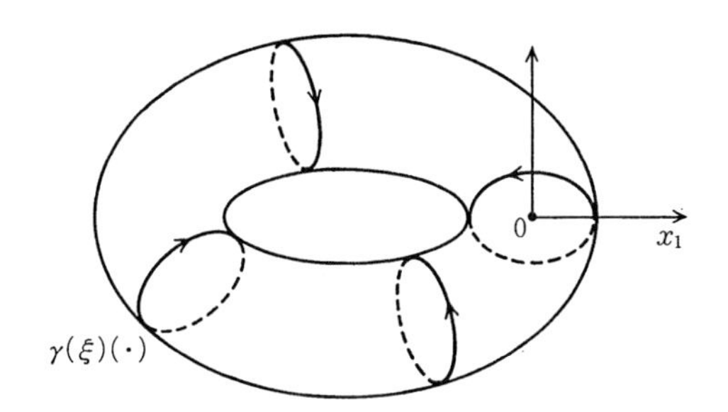

図 6.3 $\gamma(\xi)(t)$ の軌道．原点 0 はトーラスの内側にある．

注意 6.12 上の補題により特に Λ の $N-2$ 次のホモトピー群を $\pi_{N-2}(\Lambda)$ とかくと $\pi_{N-2}(\Lambda)\neq 0$ がわかる．Λ は S^{N-2} 上の固定点をもたないループ空間(free loop space)とホモトピックであり非常に豊かな位相的構造をもっている．例えば Fadell-Husseini [76], [77], [78] により

$$\operatorname{cat}(\Lambda)=\infty \tag{6.15}$$

がえられている．ここで cat は Lyusternik-Schnirelman のカテゴリーをあらわす．この応用はのちに注意 6.17 で述べる．

補題 6.11 に注意して，ミニマックス値 b を次で定めよう．

$$b=\inf_{\gamma\in\Gamma}\max_{\xi\in S^{N-2}} I(\gamma(\xi)). \tag{6.16}$$

このとき次が成立する．

定理 6.13 (V0)-(V2), (SF)のもとで $b>0$ であり，かつ b は $I(q)$ の臨界値を与える．特に(LS)は少なくとも 1 つ 1-周期解をもつ． □

証明には次の集合 S を用いる．

$$S=\{q\in\Lambda;\ \|q-[q]\|_\infty>\frac{1}{2}|[q]|\}.$$

この集合は定理1.14，補題1.15においてあらわれた S と同様の性質をもつ．すなわち次の2つの補題が成立する．

補題 6.14　$S\cap\gamma(S^{N-2})\neq\varnothing \qquad \forall\gamma\in\Gamma.$

［証明］　まず $q\in\Lambda\backslash S$ とすると $\|q-[q]\|_\infty\leqq\dfrac{1}{2}|[q]|$ により

$$(1-\theta)q(t)+\theta[q]\neq 0 \qquad \forall t\in S^1,\ \forall\theta\in[0,1]$$

が成立することに注意しよう．

$S\cap\gamma(S^{N-2})=\varnothing$ とすると次のホモトピー $\widetilde{\gamma}_\theta\colon[0,1]\times S^{N-2}\times S^1\to S^{N-1}$ が well-defined であり，$\widetilde{\gamma}_0=\widetilde{\gamma}$ をみたす．

$$\widetilde{\gamma}_\theta(\xi,t)=\frac{(1-\theta)\gamma(\xi)(t)+\theta[\gamma(\xi)]}{|(1-\theta)\gamma(\xi)(t)+\theta[\gamma(\xi)]|}.$$

このとき $\widetilde{\gamma}_1(\xi,t)$ は t に依存せず S^{N-2} から S^{N-1} への写像とみなすことができる．したがって特に $\widetilde{\gamma}_1$ は上への写像ではない．よって $\deg\widetilde{\gamma}_1=0$．写像度のホモトピー不変性より

$$\deg\widetilde{\gamma}=\deg\widetilde{\gamma}_0=\deg\widetilde{\gamma}_1=0.$$

これは $\gamma\in\Gamma$ に反する．よって補題6.14が成立する．　■

補題 6.15　(V0)-(V2)の仮定のもとで次が成立する．

$$\inf_{q\in S}I(q)>0.$$

□

この補題は条件(SF)を仮定していないことに注意して頂きたい．

［証明］　補題6.3により与えられる $\delta_0>0$ をとれば，$I(q)\leqq\delta_0$ より $q\in\Lambda\backslash S$ がしたがう．よって $\inf_S I\geqq\delta_0>0$．　■

補題6.14，6.15より次がしたがう．

補題 6.16　(V0)-(V2)のもとで $b>0$．

［証明］　補題6.14により任意の $\gamma\in\Gamma$ に対してある $\xi_0\in S^{N-2}$ が存在

し $\gamma(\xi_0)\in S$. よって補題 6.15 により $\max_{\xi\in S^{N-2}} I(\gamma(\xi)) \geqq I(\gamma(\xi_0)) \geqq \inf_{q\in S} I(q) \geqq \delta_0 > 0$. したがって $b \geqq \delta_0 > 0$. ■

［定理 6.13 の証明］　ここでは定理 1.28 を用いて証明を与える. 定理 1.28 は E 上定義された汎関数 $I\in C^1(E,\mathbb{R})$ について述べられているが, 補題 6.4 に注意すると $I(q)\in C^1(\Lambda,\mathbb{R})$ に対しても適用可能である. 今ミニマックス値 $b>0$ が臨界値でないとする. このとき, ある $\epsilon>0$ と連続写像 $f\colon [0,1]\times[I\leqq b+\epsilon]_\Lambda \to [I\leqq b+\epsilon]_\Lambda$ が存在して次が成立する.

（i）　$f(0,u)=u \qquad \forall u\in[I\leqq b+\epsilon]_\Lambda$,

（ii）　$f(t,u)=u \qquad \forall t\in[0,1],\ \forall u\in[I\leqq b-\epsilon]_\Lambda$,

（iii）　すべての $u\in[I\leqq b+\epsilon]_\Lambda$ に対して $t\mapsto I(f(t,u))$ は非増加関数,

（iv）　$f(1,u)\in[I\leqq b-\epsilon]_\Lambda \qquad \forall u\in[I\leqq b+\epsilon]_\Lambda$.

ミニマックス値 b の定義より, ある $\gamma\in\Gamma$ が存在して

$$\max_{\xi\in S^{N-2}} I(\gamma(\xi)) \leqq b+\epsilon$$

が成立する. ここで

$$\bar{\gamma}(\xi) = f(1,\gamma(\xi)) : S^{N-2}\to\Lambda$$

を考えると, $\bar{\gamma}$ は γ を連続的に変形したものであるから

$$\deg\widetilde{\bar{\gamma}} = \deg\widetilde{\gamma} \neq 0.$$

したがって $\bar{\gamma}\in\Gamma$. さらに $\gamma(S^{N-2})\subset[I\leqq b+\epsilon]_\Lambda$ に注意すると(iv)により, $\bar{\gamma}(S^{N-2}) = f(1,\gamma(S^{N-2}))\subset[I\leqq b-\epsilon]_\Lambda$. これは $\max_{\xi\in S^{N-2}} I(\bar{\gamma}(\xi))\leqq b-\epsilon$ にほかならず, b の定義に反する. よって b は臨界値である. ■

注意 6.17　定理 6.13 の仮定に加えてポテンシャル $V(q)$ が t に依存しないとすると, 各 $n\in\mathbb{N}$ に対して $\dfrac{1}{n}$-周期解が存在することが定理 6.13 よりわかる. よって(LS)は無限個の 1-周期解をもつことがわかる. 定理 6.9 からの類推によりポテンシャル $V(t,q)$ が t に周期的に依存しても無限個の周期解が存在することが期待される. 実際, (6.15)を用いることによりそれを示すことができる(Rabinowitz [161]).

§6.3　(WF)条件のもとでの周期解の存在

今まで(SF)条件のもとで $I(q)$ の臨界点の存在を議論してきた．例6.5でみたように(SF)条件は比較的強い特異性を要求しており，例えば，Newtonのポテンシャル $-\dfrac{1}{|q|}$ は(SF)をみたさないポテンシャルとなっている．この節では，(SF)をみたさない弱い特異性をもつポテンシャルについて考える．Coti Zelati-Serra [62]，Serra-Terracini [172]，Beaulieu [26]，Tanaka [185]による議論を紹介しよう．

(a)　(WF)条件

ポテンシャルのクラスをここでは C^2-級のものに限定し，0の近くでは $-\dfrac{1}{|q|^\alpha}$ $(\alpha>0)$ のように振る舞うものを考えよう．すなわち，先の(V1)および次の条件を仮定する．

(V0′)　$V(t,q)\in C^2(\mathbb{R}\times(\mathbb{R}^N\setminus\{0\}),\mathbb{R})$ であり，t について1-周期的．

(WF)　ある $\alpha\in(0,2)$ が存在して次の意味で

$$V(t,q)\sim-\frac{1}{|q|^\alpha}\qquad(q\sim0).$$

$W(t,q)=V(t,q)+\dfrac{1}{|q|^\alpha}$ とおくと t について一様に*3

$$|q|^\alpha W(t,q),\quad |q|^{\alpha+1}\nabla W(t,q),\quad |q|^{\alpha+2}\nabla^2W(t,q),$$
$$|q|^\alpha W_t(t,q)\to0\qquad(q\to0).$$

(WF)にあらわれる指数 α は特異点のオーダーをあらわし，もし $\alpha\geqq2$ ならば $V(t,q)$ は(SF)条件をみたすこととなる．どの範囲の $\alpha\in(0,2)$ に対して(LS)の周期解の存在を保証できるかを論じよう．ここではおもに $N\geqq3$ の場合をあつかう．

(V0′)，(V1)，(WF)をみたすポテンシャル $V(t,q)$ に対して摂動 $-\dfrac{\epsilon}{|q|^2}$

---

*3　ここで $\nabla^2W(t,q)$ は $\left(\dfrac{\partial^2W(t,q)}{\partial q_i\partial q_j}\right)_{i,j=1,2,\cdots,N}$ をあらわす．

を加えたポテンシャル

$$V_\epsilon(t,q) = V(t,q) - \frac{\epsilon}{|q|^2} \qquad (\epsilon \in (0,1])$$

を導入する．このポテンシャルは(SF)条件をみたす*4．$V_\epsilon(t,q)$ に対応して

$$I_\epsilon(q) = \int_0^1 \frac{1}{2}|\dot{q}|^2 - V_\epsilon(t,q)\,dt \in C^2(\Lambda,\mathbb{R}) \tag{6.17}$$

とおく．次のアプローチをとろう．

1°　$\epsilon \in (0,1]$ に対して前節のミニマックス法を適用することにより

$$\ddot{q} + \nabla V_\epsilon(t,q) = 0 \tag{LS$_\epsilon$}$$

の 1-周期解 $q_\epsilon(t)$ を求める．同時に次の一様評価が成立することをみる．

$$m_1 \leqq I_\epsilon(q_\epsilon) \leqq m_2, \tag{6.18}$$

$$\operatorname{index} I''_\epsilon(q_\epsilon) \leqq N-2. \tag{6.19}$$

ここで $m_1, m_2 > 0$ は $\epsilon \in (0,1]$ に依存しない定数．$\operatorname{index} I''_\epsilon(q_\epsilon)$ は $I_\epsilon(q)$ の q_ϵ における Morse 指数をあらわす．

2°　$q_\epsilon(t)$ は E において $\epsilon \to 0$ のとき有界にとどまることを示す．よって弱収束する部分列 $q_{\epsilon_n}(t) \rightharpoonup q_0(t)$ が存在することとなる．

この弱極限 $q_0(t)$ が 0 を通過しないならば，すなわち

$$q_0(t) \neq 0 \qquad \forall t \in \mathbb{R}$$

ならば，$q_0(t)$ は(LS)の 1-周期解であることがわかる．では $q_0(t)$ が 0 を通過する可能性をいかに扱うかが問題となる．天体力学からの類推で $q_0(t)$ が 0 を通過することを**衝突**(collision)と呼ぶ．ここでは衝突の回数と Morse 指数の関係を与える次の補題を用いる．この補題を用いることにより衝突の回数を上から評価できる．

補題 6.18 (Tanaka [185])　$(\epsilon_n)_{n=1}^\infty \subset (0,1]$，$(q_n)_{n=1}^\infty \subset \Lambda$ を次をみたす列とする．

1°　$\epsilon_n \to 0\ (n \to \infty)$．

---

*4　$U(q) = \sqrt{\epsilon}|\log|q||$ に対して(SF)をみたしている．

2°　$q_n(t)$ は $I_{\epsilon_n}(q)$ の臨界点．すなわち $I'_{\epsilon_n}(q_n)=0$．

3°　n によらない定数 $m_1, m_2>0$ が存在して

(6.20)　$$m_1 \leqq I_{\epsilon_n}(q_n) \leqq m_2 \qquad \forall n\in\mathbb{N}.$$

4°　ある $q_0\in E$ が存在して

$$q_n \rightharpoonup q_0 \quad \text{weakly in } E.$$

このとき次が成立する．

(6.21)　$$\liminf_{n\to\infty} \operatorname{index} I''_{\epsilon_n}(q_n) \geqq (N-2)i(\alpha)\nu(q_0).$$

ここで $\nu(q_0)$ は $q_0(t)$ の衝突の回数

$$\nu(q_0)=\#\{t\in[0,1);\ q_0(t)=0\}.$$

また $i(\alpha)\in\mathbb{N}$ は次で定義される α により定まる自然数．

$$i(\alpha)=\max\{k\in\mathbb{N};\ k<\frac{2}{2-\alpha}\}.$$

□

$i(\alpha)=1$ $(\alpha\in(0,1])$，$i(\alpha)\geqq 2$ $(\alpha\in(1,2))$ に注意すると次の定理が得られる．

定理 6.19　(V0′)，(V1)，(WF)を仮定する．$\alpha\in(1,2)$ ならば(LS)は少なくとも 1 つ 1-周期解をもつ．　□

定理 6.19′　(V0′)，(V1)，(WF)を仮定する．$\alpha\in(0,1]$ ならば $q_\epsilon(t)$ の弱極限 $q_0(t)$ は周期内に高々 1 回の衝突をもつ．　□

[定理 6.19，6.19′の証明]　上の 1°，2° で得られる点列 $(q_\epsilon)_{\epsilon\in(0,1]}$ に補題 6.18 を適用する．(6.19)と(6.21)を比較することにより

$$\nu(q_0)\begin{cases} =0, & \alpha\in(1,2), \\ \leqq 1, & \alpha\in(0,1] \end{cases}$$

を得る．これは定理 6.19，定理 6.19′ にほかならない．　■

この節では近似解 $(q_\epsilon)_{\epsilon>0}$ の構成と一様評価に述べ，次節で補題 6.18 について述べる．

(b)　近似解の構成と一様評価

ここでは近似解 $(q_\epsilon(t))_{\epsilon\in(0,1]}$ を構成する．

(6.17)により定義される $I_\epsilon(q)$ ($\epsilon\in(0,1]$) に対して(6.16)で導入されたミニマックス法を適用し

$$(6.22)\qquad b_\epsilon=\inf_{\gamma\in\Gamma}\max_{\xi\in S^{N-2}} I_\epsilon(\gamma(\xi))$$

とおく．便宜上 $I_0(q)=I(q)$，$b_0=\inf_{\gamma\in\Gamma}\max_{\xi\in S^{N-2}} I_0(\gamma(\xi))$ とかく．次が成立する．

補題 6.20

(i)

$$(6.23)\qquad 0<b_0\leqq b_\epsilon\leqq b_1 \qquad \forall\epsilon\in(0,1].$$

(ii) 任意の $\epsilon\in(0,1]$ に対して次をみたす $q_\epsilon\in\Lambda$ が存在する．

$$(6.24)\qquad b_\epsilon=I_\epsilon(q_\epsilon),$$

$$(6.25)\qquad I'_\epsilon(q_\epsilon)=0,$$

$$(6.26)\qquad \mathrm{index}\, I''_\epsilon(q_\epsilon)\leqq N-2,$$

$$(6.27)\qquad \|q_\epsilon\|_E\leqq M.$$

ここで $M>0$ は $\epsilon\in(0,1]$ に依存しない定数である．

[証明] (i) $I_\epsilon(q)$ の定義より各 $q\in\Lambda$ に対して $I_0(q)\leqq I_\epsilon(q)\leqq I_1(q)$ であるから，b_ϵ の定義(6.22)より $b_0\leqq b_\epsilon\leqq b_1$ がしたがう．$b_0>0$ は補題 6.16 による．

(ii) $\epsilon\in(0,1]$ に対して $I_\epsilon(q)$ が(SF)条件をみたしていることにより，定理 1.35 と類似の結果が b_ϵ に対しても成り立つことに注意すると(6.24)-(6.26)をみたす $q_\epsilon\in\Lambda$ が存在することがわかる．(6.27)は(6.23)-(6.25)によりしたがう．実際，(6.23),(6.24)により

$$\|\dot q_\epsilon\|_2^2\leqq 2b_1.$$

もし $|[q_{\epsilon_n}]|\to\infty$ なる $\epsilon_n\in(0,1]$ が存在すると(6.1)より

$$\min_t |q_{\epsilon_n}(t)|\to\infty.$$

一方，

$$I_{\epsilon_n}(q_{\epsilon_n})-\frac{1}{2}I'_{\epsilon_n}(q_{\epsilon_n})(q_{\epsilon_n}-[q_{\epsilon_n}])\geqq b_0 \qquad \forall n\in\mathbb{N}$$

により

$$\int_0^1 -V(t,q_{\epsilon_n})+\frac{1}{2}\nabla V(q_{\epsilon_n})(q_{\epsilon_n}-[q_{\epsilon_n}])+\frac{\epsilon_n}{|q_{\epsilon_n}|^4}-\frac{2\epsilon_n q_{\epsilon_n}(q_{\epsilon_n}-[q_{\epsilon_n}])}{|q_{\epsilon_n}|^6}\,dt \geqq b_0.$$

被積分関数は $\min_t |q_{\epsilon_n}| \to \infty$ のとき 0 へ収束するので，これは(6.23)と矛盾．したがって(6.27)が成立．■

上の補題により，次のような $\epsilon_n \to 0$ が存在することがわかる．

(a)　ある $q_0 \in E$ が存在して q_{ϵ_n} は q_0 に弱収束する．

(b)　$I_{\epsilon_n}(q_{\epsilon_n}) \in [b_0, b_1]$.

(c)　$\mathrm{index}\, I''_\epsilon(q_{\epsilon_n}) \leqq N-2$.

次に定理6.19，6.19′の証明のキーである補題6.18に証明を与えよう．

§6.4　補題6.18の証明

(a)　スケール変換

$q_n(t) \in \Lambda$, $\epsilon_n \in (0,1]$ を補題6.18の仮定をみたす列とする．まず次に注意する．

補題6.21　$m_1, m_2 > 0$ のみに依存した定数 $C(m_1,m_2) > 0$ が存在して次が成立する．

$$(6.28)\qquad \int_0^1 \frac{1}{|q_n|^\alpha}\,dt \leqq C(m_1,m_2),$$

$$(6.29)\qquad \left|\frac{1}{2}|\dot{q}_n(t)|^2 + V_{\epsilon_n}(t,q_n(t))\right| \leqq C(m_1,m_2) \qquad \forall n \in \mathbb{N},\ \forall t \in S^1.$$

［証明］　(6.20)より

$$(6.30)\qquad \frac{1}{2}\|\dot{q}_n\|_2^2,\ \int_0^1 -V_{\epsilon_n}(t,q_n)\,dt \leqq m_2$$

がしたがう．これより特に(6.28)が成立する．(6.29)を示すために

$$\begin{aligned} E_n(t) &= \frac{1}{2}|\dot{q}_n(t)|^2 + V_{\epsilon_n}(t,q_n(t)) \\ &= \frac{1}{2}|\dot{q}_n(t)|^2 - \frac{1}{|q_n|^\alpha} + W(t,q_n(t)) - \frac{\epsilon_n}{|q_n|^2} \end{aligned}$$

とおこう．(6.30)より

(6.31)　$$\int_0^1 |E_n(t)|\,dt \leqq \int_0^1 \frac{1}{2}\left|\dot{q}_n(t)\right|^2 - V_{\epsilon_n}(t,q_n)\,dt \leqq 2m_2.$$

また $q_n(t)\in\Lambda$ が $I_{\epsilon_n}(q)$ の臨界点，すなわち $(\mathrm{LS}_{\epsilon_n})$ の解であることに注意すると

$$\frac{d}{dt}E_n(t) = (\ddot{q}_n + \nabla V_{\epsilon_n}(t,q_n))\,\dot{q}_n(t) + W_t(t,q_n)$$
$$= W_t(t,q_n)$$

が成立する．(WF)，(6.28)より

$$\int_0^1 \left|\frac{d}{dt}E_n\right| dt = \int_0^1 |W_t(t,q_n)|\,dt \leqq C' \int_0^1 \frac{1}{|q_n|^\alpha}\,dt \leqq C''.$$

したがって上式と(6.31)により(6.29)が得られる．　■

以下，$q_n(t)$ の弱極限 $q_0(t)$ が衝突する，すなわち $q_0\in\partial\Lambda$，として関係式(6.21)を導こう．$q_0(t_0)=0$ として $n\to\infty$ のとき衝突にいたる様子を $t=t_0$ の近くでスケール変換により拡大して詳しくみてみる．

$t_0\in(0,1)$ として一般性を失わない．このとき必要ならば部分列をとると——部分列も n であらわそう——次のような $(t_n)_{n=1}^\infty\subset(0,1)$ が存在する．

(6.32)　$|q_n(t)|$ は $t=t_n$ において極小値をとる．

(6.33)　$t_n\to t_0 \qquad (n\to\infty).$

(6.34)　$|q_n(t_n)|\to 0 \qquad (n\to\infty).$

実際(6.28)より $\displaystyle\int_0^1 \frac{1}{|q_0|^\alpha}\,dt<\infty$ であるので，各 n に対して次をみたす a_n, $b_n\in(0,1)$ が存在する．

$$t_0-\frac{1}{n} < a_n < t_0 < b_n < t_0+\frac{1}{n},$$
$$|q_0(a_n)|\neq 0, \quad |q_0(b_n)|\neq 0.$$

$q_n(t)$ が $q_0(t)$ に一様収束することより，十分大きな k_n に対して $|q_{k_n}(t_0)|\leqq \frac{1}{2}\min\{|q_{k_n}(a_n)|,|q_{k_n}(b_n)|\}$．ここで $[a_n,b_n]$ での $|q_{k_n}(t)|$ の最小値をとる t を

t_{k_n} とし，k_n を改めて n とかけば(6.32)-(6.34)が成立する．

(6.32)-(6.34)をみたす t_n に対して

$$\delta_n = |q_n(t_n)| > 0$$

とおき，$q_n(t)$ のスケール変換 $x_n(s)$ を次により定める．

$$x_n(s) = \delta_n^{-1} q_n(\delta_n^{(\alpha+2)/2} s + t_n) \qquad s \in \mathbb{R}. \tag{6.35}$$

この $x_n(s)$ は $t=t_n$ を $s=0$ にうつし，さらに $s=0$ での $0 \in \mathbb{R}^N$ からの距離が 1 となるように変換している．また s の前の係数 $\delta_n^{(\alpha+2)/2}$ はこの変換により方程式の主部 $\ddot{q} + \dfrac{\alpha q}{|q|^{\alpha+2}}$ が不変になるように導入している．

(6.29), $(\mathrm{LS}_{\epsilon_n})$, (6.32)-(6.34)より次が成立する．

補題 6.22

(i) $\delta_n \to 0$.

(ii) $|x_n(s)|$ は $s=0$ で極小値 1 をとる．

(iii) $|x_n(0)|=1$, $\quad x_n(0) \perp \dot{x}_n(0)$.

(iv) $\ddot{x}_n + \dfrac{\alpha x_n}{|x_n|^{\alpha+2}} - \delta_n^{\alpha+1} \nabla W(\delta^{(\alpha+2)/2} s + t_n, \delta_n x_n) + \dfrac{2\epsilon_n}{\delta_n^{2-\alpha}} \dfrac{x_n}{|x_n|^4} = 0.$

(v) $\left| \dfrac{1}{2} |\dot{x}_n|^2 - \dfrac{1}{|x_n|^\alpha} + \delta_n^\alpha W(\delta^{(\alpha+2)/2} s + t_n, \delta_n x_n) - \dfrac{\epsilon_n}{\delta_n^{2-\alpha}} \dfrac{1}{|x_n|^2} \right|$
$\leqq C(m_1, m_2) \delta_n^\alpha \qquad \forall s \in \mathbb{R},\ \forall n \in \mathbb{N}.$ □

(iv), (v)にあらわれる係数 $\dfrac{\epsilon_n}{\delta_n^{2-\alpha}}$ の $n \to \infty$ のときの挙動が気になるところである．必要ならば部分列をとり

$$\frac{\epsilon_n}{\delta_n^{2-\alpha}} \to d \in [0, \infty] \tag{6.36}$$

とする．まず $d < \infty$ のときを考える．

補題 6.22(v)により $|\dot{x}_n(0)| \to \sqrt{2(1+d)}$ であるから，補題 6.22(iii)に注意すると，必要ならば部分列をとり

$$x_n(0) \to e_1, \quad \dot{x}_n(0) \to \sqrt{2(1+d)}\, e_2$$

が $\mathbb{R}^N$ の適当な正規直交系 $e_1, \cdots, e_N$ に対して成立しているとしてよい．(WF)に注意すると次が成立することがわかる．

補題 6.23 (6.36)において $d \in [0, \infty)$ のとき，任意の $\ell > 0$ に対して $[-\ell, \ell]$ 上一様に $x_n(s)$ は次の方程式の解 $y_{\alpha,d}(s)$ に収束する．

(6.37)　$$\ddot{y}+\frac{\alpha y}{|y|^{\alpha+2}}+\frac{2dy}{|y|^4}=0,$$

(6.38)　$$y(0)=e_1,$$

(6.39)　$$\dot{y}(0)=\sqrt{2(1+d)}\,e_2.$$ □

(6.36)において $d=\infty$ のときは(6.35)の代わりにスケール変換

$$z_n(s)=\delta_n^{-1}q_n\left(\left(\frac{\epsilon_n}{\delta_n^4}\right)^{-1/2}s+t_n\right)$$

を考えると，必要なら部分列をとり次が成立することがわかる.

補題 6.23′　(6.36)において $d=\infty$ とする．このとき任意の $\ell>0$ に対して $[-\ell,\ell]$ 上一様に $z_n(s)$ は次の方程式の解 $y_\infty(s)$ に収束する.

$$\ddot{y}+\frac{2y}{|y|^4}=0,$$

$$y(0)=e_1,$$

$$\dot{y}(0)=\sqrt{2}\,e_2.$$

この解 $y_\infty(s)$ は

$$y_\infty(s)=e_1\cos\sqrt{2}\,s+e_2\sin\sqrt{2}\,s$$

とかける. □

極限関数 $y_{\alpha,d}(s)$, $y_\infty(s)$ の挙動が補題6.18の証明において重要である.

(b)　$y_{\alpha,d}(s)$ の性質

まず極限関数 $y_{\alpha,d}(s)$ は e_1,e_2 の張る2次元平面内を動くことに注意する．すなわち

$$y_{\alpha,d}(s)\in\operatorname{span}\{e_1,e_2\}\qquad\forall\, s\in\mathbb{R}.$$

$y_{\alpha,d}(s)$ の性質を極座標に変換して調べよう.

(6.40)　$$\begin{aligned}&y_{\alpha,d}(s)=r_{\alpha,d}(s)(\cos\theta_{\alpha,d}(s)e_1+\sin\theta_{\alpha,d}(s)e_2),\\&\theta_{\alpha,d}(0)=0\end{aligned}$$

とおく.

補題 6.24　$d\in[0,\infty)$ とする．(6.37)-(6.39)の解 $y_{\alpha,d}(s)$ に対して(6.40)の記号を用いると次が成立する．

(i)　$r_{\alpha,d}(s)\geqq 1 \qquad \forall s\in\mathbb{R}$.

(ii)　$r_{\alpha,d}(s)\to\infty \qquad (s\to\pm\infty)$.

(iii)　$\dot{\theta}_{\alpha,d}(s)>0 \qquad \forall s\in\mathbb{R}$.

(iv)　$\theta_{\alpha,d}(s)\to\pm\dfrac{\pi\sqrt{1+d}}{2-\alpha} \qquad (s\to\pm\infty)$.

［証明］　Newton が2体問題において運動方程式 $\ddot{q}+\dfrac{q}{|q|^3}=0$ から Kepler の法則を導いた方法をまねて証明を与えることができる．ここでは概略を述べるに止める．

まず $\dfrac{d}{ds}(y_{\alpha,d}\times\dot{y}_{\alpha,d})=0$ より $y_{\alpha,d}\times\dot{y}_{\alpha,d}$ は保存されるので*5

$$r_{\alpha,d}(s)^2\,\dot{\theta}_{\alpha,d}(s)=\sqrt{2(1+d)} \qquad \forall s\in\mathbb{R}.$$

したがって，$\theta_{\alpha,d}(s)$ は s の単調増加関数．独立変数を s から θ へ変換すると $\rho=\rho_{\alpha,d}(\theta)=\dfrac{1}{r_{\alpha,d}(\theta)}$ は次をみたす．

$$(1+d)\rho_{\theta\theta}+\rho-\frac{\alpha}{2}\rho^{\alpha-1}=0,$$
$$\rho(0)=1,$$
$$\rho_\theta(0)=0.$$

また

$$(1+d)\rho_\theta^2+\rho^2-\rho^\alpha=0 \tag{6.41}$$

が成立することもわかる．これらより(i)-(iii)が成立することがわかる．(iv)については(6.41)より

$$-\frac{\sqrt{1+d}\,\rho_\theta}{\sqrt{\rho^\alpha-\rho^2}}=1$$

が成立するので，これを積分して

$$\theta=\int_{\rho_{\alpha,d}(\theta)}^{1}\frac{\sqrt{1+d}}{\sqrt{\rho^\alpha-\rho^2}}\,d\rho.$$

$s\to\infty$ のとき $\rho_{\alpha,d}(s)\to 0$ であるので

*5　ここでは $y_{\alpha,d}\in\mathbb{R}^2$ とみなし $y_{\alpha,d}\times\dot{y}_{\alpha,d}=\det[y_{\alpha,d},\dot{y}_{\alpha,d}]$ とする．

$$\lim_{s\to\infty}\theta_{\alpha,d}(s)=\int_0^1\frac{\sqrt{1+d}}{\sqrt{\rho^\alpha-\rho^2}}\,d\rho=\frac{\pi\sqrt{1+d}}{2-\alpha}.$$ ∎

$y_{\alpha,d}(s)$ の概形は図 6.4 のようになる．$\alpha>1$ ならば $y_{\alpha,d}(s)$ は必ず自己交叉をもつことに注意しよう．

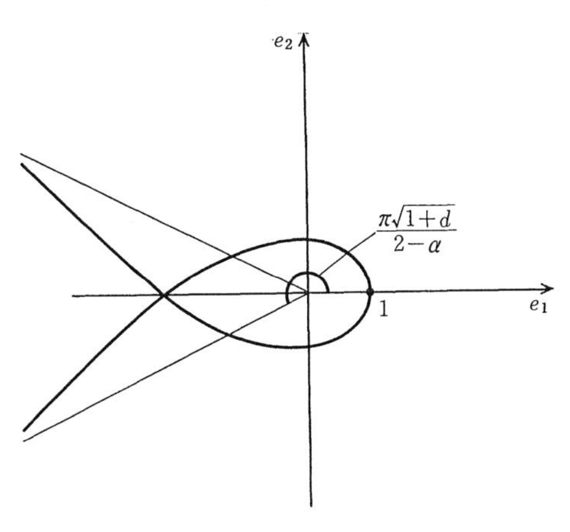

図 6.4　$y_{\alpha,d}(s)$ の概形

(c)　Morse 指数の評価

以上の $q_n(t)$ の挙動に関する情報を生かして $I''_{\epsilon_n}(q_n)$ の Morse 指数の評価を行う．以下 $d\in[0,\infty)$ の場合をおもに扱う．まず任意の $q\in\Lambda$, $h\in E$ に対して

$$\begin{aligned}I''_\epsilon(q)(h,h)&=\int_0^1\left|\dot h\right|^2-\nabla^2V_\epsilon(t,q)(h,h)\,dt\\&=\int_0^1\left|\dot h\right|^2-\frac{\alpha}{|q|^{\alpha+2}}|h|^2+\frac{\alpha(\alpha+2)(q,h)^2}{|q|^{\alpha+4}}\\&\quad-\nabla^2W(t,q)(h,h)-\frac{2\epsilon}{|q|^4}|h|^2+\frac{8\epsilon}{|q|^6}(q,h)^2\,dt\end{aligned}\tag{6.42}$$

が成立することに注意する．コンパクトな台をもつ実数値 C^∞-級関数 $\varphi(s)\in C_0^\infty(\mathbb{R},\mathbb{R})$ と $j\in\{3,4,\cdots,N\}$ に対して

(6.43) $$h_n(t)=\varphi(\delta_n^{-(\alpha+2)/2}(t-t_n))e_j$$

とおく．$\delta_n\to 0$ より十分大きな n について $h_n(t)$ の台は t_0 の小さな近傍に含まれ $h_n\in E$ とみなすことができる．(6.42)に代入して計算すると $n\to\infty$ のとき

$$\begin{aligned}\delta_n^{(\alpha+2)/2}I''_{\epsilon_n}(q_n)(h_n,h_n)&=\int_{-\infty}^{\infty}|\dot\varphi|^2-\frac{\alpha\varphi^2}{|x_n|^{\alpha+2}}+\frac{\alpha(\alpha+2)(x_n,e_j)^2}{|x_n|^{\alpha+4}}\varphi^2\\&\quad-\delta_n^{\alpha+2}\nabla^2W(\delta_n^{(\alpha+2)/2}s+t_n,\delta_nx_n)(e_j,e_j)\varphi^2\\&\quad-\frac{2\epsilon_n}{\delta_n^{2-\alpha}}\frac{\varphi^2}{|x_n|^4}+\frac{8\epsilon_n}{\delta_n^{2-\alpha}}\frac{(x_n,e_j)^2}{|x_n|^6}\varphi^2ds\\&\to\int_{-\infty}^{\infty}|\dot\varphi|^2-\left(\frac{\alpha}{|y_{\alpha,d}|^{\alpha+2}}+\frac{2d}{|y_{\alpha,d}|^4}\right)\varphi^2\,ds.\end{aligned}$$

ここで $y_{\alpha,d}(s)\in\mathrm{span}\{e_1,e_2\}$ であることを用いた．

したがって $C_0^\infty(\mathbb{R})$ 上の双線形形式

$$B_{\alpha,d}(\varphi)=\int_{-\infty}^{\infty}|\dot\varphi|^2-\left(\frac{\alpha}{|y_{\alpha,d}|^{\alpha+2}}+\frac{2d}{|y_{\alpha,d}|^4}\right)\varphi^2\,ds$$

の Morse 指数を $i(\alpha,d)$，すなわち

$$i(\alpha,d)=\max\{\dim H;\ H\subset C_0^\infty(\mathbb{R},\mathbb{R})\text{ は部分空間であり，かつ } B_{\alpha,d}(\varphi)<0\ \forall\varphi\in H\setminus\{0\}\}$$

とおく．$i(\alpha,d)$ の定義にあらわれる $H\subset C_0^\infty(\mathbb{R},\mathbb{R})$ を任意にひとつ選び，その基底を $\{\varphi_1(s),\varphi_2(s),\cdots,\varphi_{i(\alpha,d)}(s)\}$ とすると $\{\varphi_k(s)e_j;\ k=1,2,\cdots,i(\alpha,d),\ j=3,4,\cdots,N\}$ に対応した部分空間上 $I''_{\epsilon_n}(q_n)$ は n が大きいとき負定値となる．したがって十分大きな n に対して

$$\mathrm{index}\,I''_{\epsilon_n}(q_n)\geqq(N-2)i(\alpha,d)$$

が成立する．

上記の $i(\alpha,d)$ は次のように表示できる．

補題 6.25

(6.44) $$i(\alpha,d)=\max\left\{k\in\mathbb{N};\ k<\frac{2\sqrt{1+d}}{2-\alpha}\right\}.$$

[証明]　$\ell>0$ に対して $B_{\alpha,d}$ を $H_0^1(-\ell,\ell;\mathbb{R})$ に制限して考え，そこでの

Morse 指数を $i(\alpha,d;\ell)$ とかく．すなわち

$$i(\alpha,d;\ell)=\max\{\dim H;\ H\subset H_0^1(-\ell,\ell;\mathbb{R})\text{ は部分空間であり，かつ } B_{\alpha,d}(\varphi)<0\ \forall\varphi\in H\setminus\{0\}\}.$$

明らかに $i(\alpha,d;\ell)$ は ℓ について単調増加であり

$$\lim_{\ell\to\infty} i(\alpha,d;\ell)=i(\alpha,d).$$

$i(\alpha,d;\ell)$ は次の固有値問題の負の固有値の数に等しい．

$$-\ddot{\varphi}-\left(\frac{\alpha}{|y_{\alpha,d}(s)|^{\alpha+2}}+\frac{2d}{|y_{\alpha,d}(s)|^4}\right)\varphi=\lambda\varphi \qquad \text{in } (-\ell,\ell), \tag{6.45}$$

$$\varphi(-\ell)=\varphi(\ell)=0. \tag{6.46}$$

Sturm–Liouville の理論[*6]により，(6.45)-(6.46)の負の固有値の数は次の初期値問題の解 $\eta(s)$ の $(-\ell,\ell)$ でのゼロ点の数に等しい．

$$-\ddot{\eta}-\left(\frac{\alpha}{|y_{\alpha,d}(s)|^{\alpha+2}}+\frac{2d}{|y_{\alpha,d}(s)|^4}\right)\eta=0 \qquad \text{in } (-\ell,\ell), \tag{6.47}$$

$$\eta(-\ell)=0,\quad \dot{\eta}(-\ell)\neq 0. \tag{6.48}$$

ここで(6.37)と(6.47)を見くらべると，$y_{\alpha,d}(s)$ の第1成分，第2成分はともに(6.47)の解を与え，またそれらは1次独立であることがわかる．したがって，(6.47)の解は定数倍を除いて

$$\eta(s)=r_{\alpha,d}(s)\sin(\theta_{\alpha,d}(s)-\beta) \qquad (\beta\in\mathbb{R})$$

とかくことができる．ここで $r_{\alpha,d}(s)$, $\theta_{\alpha,d}(s)$ は(6.40)で与えられたものである．したがって，(6.47)-(6.48)の解は

$$\eta(s)=r_{\alpha,d}(s)\sin(\theta_{\alpha,d}(s)-\theta_{\alpha,d}(-\ell))$$

で与えられるので

$$i(\alpha,d;\ell)=\max\{k\in\mathbb{N};\ \pi k<\theta_{\alpha,d}(\ell)-\theta_{\alpha,d}(-\ell)\}.$$

したがって，補題 6.24(iv)により(6.44)が成立する． ∎

$d=\infty$ のときは(6.43)のかわりに

$$h_n(t)=\varphi\left(\left(\frac{\epsilon_n}{\delta_n^4}\right)^{1/2}(t-t_n)\right)e_j$$

---

*6 Hartman [95]，小谷-俣野[111]等をご覧いただきたい．

とおいて議論を繰り返せば

$$\lim_{n\to\infty} \operatorname{index} I''_{\epsilon_n}(q_n) = \infty$$

を得る．以上あわせると $d=0$ の場合が評価が最も悪くなり

$$\lim_{n\to\infty} \operatorname{index} I''_{\epsilon_n}(q_n) \geqq (N-2)i(\alpha)$$

を得る．

［補題 6.18 の証明］　$t_1, \cdots, t_m, \cdots \in [0,1)$ を $q_0(t)=0$ をみたす点とする．上記の方法を各 t_j で用いることにより，少なくとも $(N-2)i(\alpha)$ 次元の部分空間 $H_j \subset E$ で十分大きな n に対して $I''_{\epsilon_n}(q_n)$ が負定値となるものを見つけることができる．各 H_j に属する関数の台は t_j の十分小さな近傍に含まれることにより十分大きな n に対して $I''_{\epsilon_n}(q_n)$ は $H_1 \oplus \cdots \oplus H_m$ 上負定値であり，$\dim(H_1 \oplus \cdots \oplus H_m) \geqq (N-2)i(\alpha)m$ がわかる．したがって(6.21)が成立する． ∎

以上により，$N \geqq 3$ のとき $\alpha > 1$ に対して周期解の存在が得られた．$N=2$ のときも $\alpha > 1$ のもとで周期解の存在が得られている場合がある．次の定理は Coti Zelati [58]による．

定理 6.26　$N=2$ とし(V0′)，(V1)，(WF)を仮定し，さらにポテンシャル $V(q)$ は t に依存しないとする．このとき $\alpha > 1$ ならば(LS)は 1-周期解をもつ．

［証明］　定理 6.19 の証明と同様のアプローチをとり $b_\epsilon = \inf_{\Lambda_1} I_\epsilon$ に対応する(LS$_\epsilon$)の解 $q_\epsilon \in \Lambda_1$ をまず最小化法により構成する．

部分列をとり $q_\epsilon(t)$ は $\epsilon \to 0$ のとき $q_0(t) \in E$ に弱収束するとする．もし $q_0(t)$ が衝突をもつならばスケール変換を用いて補題 6.18 の証明と同様に議論することにより，$\alpha > 1$ ならば $q_\epsilon(t)$ は十分小さい $\epsilon > 0$ に対して自己交叉をもつことがわかる．これは命題 6.10 に反する．よって $q_0(t)$ は衝突をもたず(LS)の 1-周期解を与える． ∎

注意 6.27　以上により，$\alpha > 1$ に対しては 1-周期解の存在が示された．$\alpha \in (0,1]$ のときは仮定(V0′)，(V1)，(WF)のもとで周期解が存在するか否かはわかっていないと思われる．$\alpha = 1$ での問題の難しさの一端は，Gordon [92]，Capozzi-Solimini-Terracini [47]に見ることができる．なお $\alpha \in (0,1]$ であっても

さらに条件を仮定すると周期解の存在がわかっている場合がある．Ambrosetti-Coti Zelati[6], [7], Ambrosetti-Coti Zelati-Ekeland[4], Degiovanni-Giannoni[66], Degiovanni-Giannoni-Marino [65], Ramos-Terracini [162]等を参照されたい．

注意 6.28 (WF), $\alpha > 1$ の条件のもとでもポテンシャル $V(q)$ が t に依存しないならば各 $n \in \mathbb{N}$ に対して $\frac{1}{n}$-周期解が存在することが定理 6.19 によりわかる．したがって，(LS)は無限個の周期解をもつこととなる．(SF)条件が仮定された場合と異なり，$V(t,q)$ が t に周期的に依存する場合，$\alpha > 1$ であっても(LS)の解の多重度は一般に知られていない．

§6.5 諸注意

(a) エネルギー曲面上の周期解

第3章§3.5と同様に，ポテンシャル $V(q)$ が t に依存しない場合，与えられた $h \in \mathbb{R}$ に対してエネルギー曲面

$$S_h = \{(p,q);\ \frac{1}{2}|p|^2 + V(q) = h\}$$

上の周期解の存在を議論できる[*7]．

(V0)-(V2)の仮定のもとでは S はコンパクトでない曲面となり，第3章とは異なった状況となる．この場合，$V(q)$ の 0 での特異性の強さが周期解の存在に本質的に関わってくる．例えば $V(q) = -\frac{1}{|q|^\alpha}$ $(\alpha > 0)$ の場合，S_h 上に周期解が存在するための必要十分条件は

(6.49) $\alpha > 2$ のとき $h > 0$,

(6.50) $\alpha = 2$ のとき $h = 0$,

(6.51) $\alpha \in (0,2)$ のとき $h < 0$

が成立することとなる．実際 $q(t)$ が S_h 上の

$$\ddot{q} + \frac{\alpha q}{|q|^{\alpha+2}} = 0 \tag{6.52}$$

*7 ここではもちろん周期解の T は前もって定めずに周期解の存在を議論する．

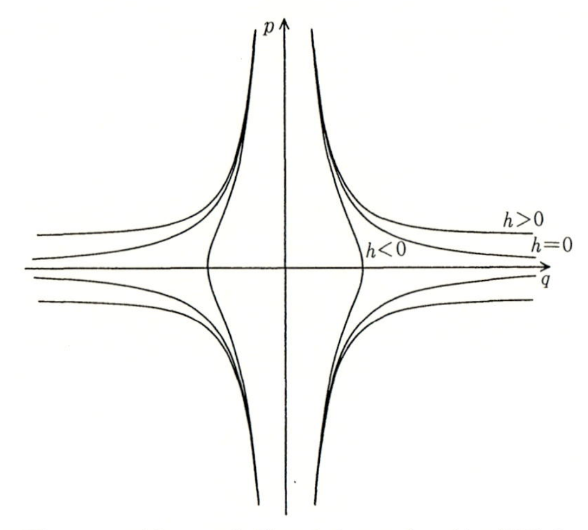

図 6.5 $V(q)=-1/|q|^{\alpha}$ のときのエネルギー曲面 S_h

の T-周期解とすると(6.52)と $q(t)$ の積をとり，$[0,T]$ 上で積分することにより

$$\int_0^T |\dot{q}|^2 - \frac{\alpha}{|q|^{\alpha}}\, dt = 0.$$

$q(t)\in S_h$ より $|\dot{q}|^2 = 2h + \dfrac{2}{|q|^{\alpha}}$. 代入して

$$(\alpha-2)\int_0^T \frac{1}{|q|^{\alpha}}\, dt = 2hT.$$

よって(6.49)-(6.51)が周期解の存在のために必要となる．逆に(6.49)-(6.51)のもとでは適切に r, ω を選ぶことにより $q(t)=(r\cos\omega t, r\sin\omega t, 0, \cdots, 0)$ が S_h 上の周期解を与えることがわかる．

(6.49)-(6.51)を一般化した状況での周期解の存在については Ambrosetti-Coti Zelati [8]，Pisani [150]，Tanaka [186], [187]，および Ambrosetti-Coti Zelati [12]の文献を参照にされたい．

(b) n-体問題型のラグランジュ系

今まで 2 体問題型のラグランジュ系の周期問題を扱ってきたが，3 体問題あるいはより一般的に n-体問題に関連した状況において同様の問題を考察できる．

$m_i > 0$ $(i = 1, 2, \cdots, n)$ および(V0)-(V2)をみたすポテンシャル $V_{ij}(t, q) \in C^1(\mathbb{R} \times (\mathbb{R}^N \setminus \{0\}), \mathbb{R})$ $(i \neq j)$ が与えられたとき，次の汎関数の臨界点の存在が問題となる．

$$F(q) = \int_0^T \frac{1}{2} \sum_{i=1}^n m_i \left|\dot{q}_i\right|^2 - \sum_{i \neq j} V_{ij}(t, q_i - q_j)\, dt : \widetilde{\Lambda} \to \mathbb{R}.$$

ここで $q(t) = (q_1(t), \cdots, q_n(t)) : \mathbb{R} \to \mathbb{R}^{nN}$ であり

$$\widetilde{\Lambda} = \{q(t) = (q_1(t), \cdots, q_n(t));\ q_i(t) \neq q_j(t)\ \forall i \neq j\ \forall t\}$$

である．

各 $V_{ij}(t, q)$ に(SF)条件を課した場合の $F(q)$ の臨界点の存在が Bahri-Rabinowitz [24]，Riahi [163], [165]，Majer-Terracini [130], [131], [132]，Ambrosetti-Coti Zelati [10] らにより考察されている．

(WF)等のより弱い特異性を仮定した場合 §6.3，§6.4 と同様の考察が n-体問題の状況でも Riahi [164] により試みられている．

付録 A Kwong の一意性の定理

§A.1 Kwong の定理

指数 p は次の範囲にあるとしよう.

$$1 < p < \frac{N+2}{N-2} \quad (N \geqq 3), \qquad 1 < p < \infty \quad (N=1,2).$$

次の楕円型方程式の球対称(radially symmetric)正値解の一意性が Kwong [112]により示されている.

$$\text{(A.1)} \qquad \begin{aligned} -\Delta u + u &= u^p && \text{in } \mathbb{R}^N, \\ u &> 0 && \text{in } \mathbb{R}^N, \\ u &\in H^1(\mathbb{R}^N). \end{aligned}$$

$r=|x|$ として(A.1)を $u(r)$ の方程式として書き直すと

$$\text{(A.2)} \qquad -u_{rr} - \frac{N-1}{r} u_r + u = u^p,$$

$$\text{(A.3)} \qquad u(r) > 0,$$

$$\text{(A.4)} \qquad u(r) \in H^1_{rad}(\mathbb{R}^N)$$

となる. ただし $H^1_{rad}(\mathbb{R}^N)$ は球対称な H^1 関数のなす空間. 言い換えると

$$H^1_{rad}(\mathbb{R}^N) = \{u(r) \in H^1(\mathbb{R}^N);\ \|u\|^2_{H^1_{rad}(\mathbb{R}^N)} \equiv \int_0^\infty (|u_r|^2 + |u|^2) r^{N-1}\, dr < \infty\}.$$

Kwong の結果を定理として述べると

定理 A.1 (Kwong [112])　(A.2)-(A.4)の正値解は一意的である．　□

第4章でも述べたように，Gidas-Ni-Nirenberg [86], [87]，C. Li [116], [117]の結果より，(A.1)の正値解はある $x_0 \in \mathbb{R}^N$ が存在して x_0 に関して球対称となる．すなわち $u(x)=u(|x-x_0|)$ が成立するので，定理A.1により(A.1)の解は平行移動を除いて一意的となる．定理としてまとめると

定理 A.2　(A.1)の正値解は平行移動を除いて一意的である．すなわち，一意的な球対称解を $\omega(x)$ とかくと，(A.1)の任意の解は

$$\omega(x-y) \qquad (y \in \mathbb{R}^N)$$

とあらわされる．　□

定理A.1は通常射的法(shooting method)により示される．すなわち，次の初期値問題を考え，

$$\begin{aligned} -u_{rr}-\frac{N-1}{r}u_r+u &= u^p, \\ u(0) &= a, \\ u_r(0) &= 0. \end{aligned}$$

初期値 $a>0$ を変えるときの解 $u(r;a)$ の挙動をみる．初期値 a が大きいと $u(r;a)$ は有限な r に対して $u(r;a)=0$ となり，また初期値 a が小さいと $u(r;a)$ は正にとどまるが $u(r;a) \notin H^1_{rad}(\mathbb{R}^N)$ となってしまう．(A.2)-(A.4)の解に対応する a はこのような a の間に存在する．(A.2)-(A.4)の解の一意性を示すには対応する初期値 a の一意性を示せばよいが，容易ではなかった．

ここではKwongの定理の証明を与えよう．以下に述べる証明はKwong-Li [113]のアイデアに基づく．Yanagida [198]，Kabeya-Tanaka [108]も参照されたい．

§A.2　定理A.1の証明

定理A.1は $N=1$ のときは相平面を用いる方法等により明らかなので，

$N \geqq 2$ の場合を扱う．以下 $\dfrac{d}{dr}$ を $'$ であらわす．まず次に注意しよう．

補題A.3　$u(r) \in H^1_{rad}(\mathbb{R}^N)$ が方程式(A.1)をみたすとする．このとき，ある定数 $C, \delta > 0$ が存在して

$$\left| \left(\frac{d}{dr} \right)^j u(r) \right| \leqq Ce^{-\delta r} \qquad \forall r \in [0, \infty),\ \forall j = 0, 1, 2 \tag{A.5}$$

が成立する．

［証明］　まず $j=0$ のとき(A.5)を示そう．$u(r) \to 0\ (r \to \infty)$ をまず示す．$u : [0, \infty) \to \mathbb{R}$ に対して通常の Sobolev の不等式により $L > 0$ に対して

$$\|u\|^2_{L^\infty(L,\infty)} \leqq C\|u\|^2_{H^1(L,\infty)}.$$

$H^1_{rad}(\mathbb{R}^N)$ のノルムの定義より

$$\begin{aligned}(\text{上式の右辺}) &= C\int_L^\infty (|u'|^2 + |u|^2)\,dr \\ &\leqq CL^{-(N-1)} \int_L^\infty (|u'|^2 + |u|^2) r^{N-1}\,dr \\ &\leqq CL^{-(N-1)} \|u\|^2_{H^1_{rad}(\mathbb{R}^N)} \to 0 \quad (L \to \infty).\end{aligned}$$

したがって $u(r) \to 0\ (r \to \infty)$ が成立する．

次に $\epsilon_0 \in (0,1)$ に対して $L_0 > 0$ を十分大にとり

$$|u(r)|^{p-1} \leqq \epsilon_0 \qquad \forall r \geqq L_0$$

とする．このとき $[L_0, \infty)$ において $u(r)$ は

$$-u'' - \frac{N-1}{r}u' + (1-\epsilon_0)u = -(\epsilon_0 - u^{p-1})u \leqq 0 \tag{A.6}$$

をみたしている．$P = -\dfrac{\partial^2}{\partial r^2} - \dfrac{N-1}{r}\dfrac{\partial}{\partial r} + 1 - \epsilon_0$ とおこう．$L > L_0$ に対して

$$\phi_L(r) = e^{-\delta(r-L_0)} + e^{-\delta(L-r)}$$

とおくと

$$\begin{aligned}P\phi_L &= \left(-\delta^2 + \frac{N-1}{r}\delta + 1 - \epsilon_0\right)e^{-\delta(r-L_0)} \\ &\quad + \left(-\delta^2 - \frac{N-1}{r}\delta + 1 - \epsilon_0\right)e^{-\delta(L-r)}\end{aligned}$$

により $\delta > 0$ を小にとれば

(A.7)
$$P\phi_L > 0 \qquad \forall r \in [L_0, L]$$

とできる．$u(L_0), u(L) \leqq 1$, $\phi_L(L_0), \phi_L(L) \geqq 1$ に注意して(A.6),(A.7)により $u(r), \phi_L(r)$ を比較すると

$$u(r) \leqq \phi_L(r) \qquad \forall r \in [L_0, L].$$

$L \to \infty$ として

$$u(r) \leqq e^{-\delta(r-L_0)} \qquad \forall r \in [L_0, \infty).$$

よって $j=0$ に対して(A.5)が示された．

$j=1$ に対して(A.5)を示すには次の不等式を用いる．

(A.8)
$$\|u'\|_{L^\infty(t,t+1)} \leqq 2\|u\|_{L^\infty(t,t+1)} + \|u''\|_{L^\infty(t,t+1)} \qquad \forall u \in C^2([t,t+1]).$$

ここで $\|u\|_{L^\infty(t,t+1)} = \sup_{s\in[t,t+1]} |u(s)|$ である．この不等式を示すには，まず任意の s, $s_0 \in [t,t+1]$ に対して

$$\begin{aligned} |u'(s)| &\leqq |u'(s_0)| + |u'(s) - u'(s_0)| \\ &\leqq |u'(s_0)| + \int_t^{t+1} |u''(\tau)|\, d\tau \\ &\leqq |u'(s_0)| + \|u''\|_{L^\infty(t,t+1)} \end{aligned}$$

が成立することに注意する．平均値の定理を $[t,t+1]$ で用いて s_0 として $u'(s_0) = u(t+1) - u(t)$ をみたす s_0 をとると

$$\begin{aligned} |u'(s)| &\leqq |u(t+1) - u(t)| + \|u''\|_{L^\infty(t,t+1)} \\ &\leqq 2\|u\|_{L^\infty(t,t+1)} + \|u''\|_{L^\infty(t,t+1)}. \end{aligned}$$

s は任意であるから(A.8)が成立する．

(A.8)において(A.2)を代入すると

$$\|u'\|_{L^\infty(t,t+1)} \leqq 3\|u\|_{L^\infty(t,t+1)} + \frac{N-1}{t}\|u'\|_{L^\infty(t,t+1)} + \|u\|^p_{L^\infty(t,t+1)}.$$

したがって

$$\left(1 - \frac{N-1}{t}\right)\|u'\|_{L^\infty(t,t+1)} \leqq 3\|u\|_{L^\infty(t,t+1)} + \|u\|^p_{L^\infty(t,t+1)}.$$

これより $j=0$ の場合の(A.5)より $j=1$ の場合が従う.

$j=2$ の場合は $j=0,1$ の場合より方程式(A.2)から従う. ■

注意 A.4　上の補題の証明より(A.5)における δ は1にいくらでも近くとれる. より詳しく評価すると, 実は

$$\lim_{r\to\infty} u(r)\, r^{\frac{N-1}{2}} e^{r}$$

が正の有限確定値をとるという意味で, $u(r) \sim r^{-\frac{N-1}{2}} e^{-r}\ (r\sim\infty)$ が成り立つことがわかる.

以下で背理法により定理A.1を示そう. (A.2)-(A.4)が2つの正値球対称解をもつとしよう. 次が証明のキーとなる.

命題 A.5　(A.2)-(A.4)が2つ以上の相異なる正値解をもつとする. このとき正値解 $u_1(r), u_2(r)$ で

$$u_1(0) < u_2(0), \tag{A.9}$$

$$\#\{r\in(0,\infty);\ u_1(r)=u_2(r)\} \leqq 1 \tag{A.10}$$

をみたすものが存在する. □

この命題は2つの解 $u_1(r), u_2(r)\ (u_1(0)<u_2(0))$ がもし(A.10)をみたさないとすると, (A.2)-(A.4)の解 $u_3(r)$ で $u_1(r)$ と $(0,\infty)$ において高々1回しか交わらないものが存在することを射的法により示すことにより行う. この命題は§A.3で証明することとし, ここではこの命題を認めて定理A.1を示そう.

次の補題が成立する.

補題 A.6　$u_1(r), u_2(r)$ を(A.9)-(A.10)をみたす(A.2)-(A.4)の解とする. このとき

$$\frac{d}{dr}\left(\frac{u_1(r)}{u_2(r)}\right) > 0 \qquad \forall r\in(0,\infty) \tag{A.11}$$

が成立する.

注意 A.7　補題A.6の証明により $\sigma\in(0,\infty]$ に対して(A.2)の解 $u_1(r), u_2(r)$

が

$$0 < u_1(r) < u_2(r) \qquad \forall r \in [0, \sigma)$$

をみたすとき(A.11)が $r \in (0, \sigma)$ に対して成立することもわかる．この事実は次節で命題A.5を証明する際に用いる．

［証明］ $f(r) = r^{N-1}(u_1' u_2 - u_1 u_2')$ とおくと

$$\frac{d}{dr}\left(\frac{u_1}{u_2}\right) = \frac{1}{r^{N-1}u_2^2} f(r). \tag{A.12}$$

さらに(A.2)を用いると

$$\frac{d}{dr} f(r) = r^{N-1} u_1 u_2 (u_2^{p-1} - u_1^{p-1})$$

が成立する．u_1, u_2 が(A.9)-(A.10)をみたすので $\frac{d}{dr} f(r)$ の符号は $(0, \infty)$ において常に正であるか，あるいは正から負へただ1回符号を変える．すなわち，$f(r)$ は $(0, \infty)$ 上単調増加であるか，あるいは始め単調増加でありのちに単調減少となる．ここで $f(0) = 0$ であること，補題A.3より $f(r) \to 0\ (r \to \infty)$ が成り立つことに注意すると

$$f(r) > 0 \qquad \forall r \in (0, \infty)$$

となる．したがって(A.12)により補題A.6が従う． ∎

次にKwong-Li [113]に従い(A.2)-(A.4)の解 $u(r)$ に対して $\alpha = \frac{2(N-1)}{p+3}$ とおき

$$w(r) = r^{\alpha} u(r)$$

とする[*1]．$w(r)$ は次をみたす．

$$r^{\beta} w'' + \frac{\beta}{2} r^{\beta-1} w' + w^p - (r^{\beta} + L r^{\beta-2}) w = 0. \tag{A.13}$$

ここで

$$\beta = (p-1)\alpha = \frac{2(N-1)(p-1)}{p+3},$$

---

*1　α は $w(r) = r^{\alpha} u(r)$ と変形したとき(A.2)が $r^{\beta} w'' + \frac{\beta}{2} r^{\beta-1} w' + w^p +$ (線形項) の形になるように定めた．

$$L=\frac{2(N-1)}{(p+3)^2}((N-2)p+(N-4))$$

である．$0<\beta<2$ であること，および $N=2$ のとき $L<0$，$N\geqq 3$ のとき $L>0$ であることに注意すると，w の係数 $G(r)=r^\beta+Lr^{\beta-2}$ は次をみたす．

（i）　$N\geqq 3$ のとき，$G'(r)=0$ はただ1つ解 $r_0\in(0,\infty)$ をもち

$$(\mathrm{A}.14)_{N\geqq 3}\qquad \begin{aligned} &G'(r)<0 \qquad \forall r\in(0,r_0),\\ &G'(r)>0 \qquad \forall r\in(r_0,\infty). \end{aligned}$$

（ii）　$N=2$ のとき

$$(\mathrm{A}.14)_{N=2}\qquad G'(r)>0 \qquad \forall r\in(0,\infty).$$

また以下では次のものも用いる．

$$E(r;w)=\frac{1}{2}r^\beta w'(r)^2+\frac{1}{p+1}w(r)^{p+1}-\frac{1}{2}G(r)w(r)^2.$$

補題A.8　$N\geqq 3$ のとき

$$\int_0^\infty G'(r)w(r)^2\,dr=0.$$

［証明］　$w(r)$ が(A.13)をみたしていることを用いると

$$(\mathrm{A}.15)\qquad \frac{d}{dr}E(r;w)=-\frac{1}{2}G'(r)w(r)^2.$$

ここで補題A.3より

$$E(r;w)\to 0\quad (r\to\infty).$$

また $r\to 0$ のとき

$$\begin{aligned}\frac{1}{2}r^\beta w'(r)^2&=\frac{1}{2}r^\beta(r^\alpha u)'^2=\frac{1}{2}r^{\beta+2\alpha-2}(\alpha^2u^2+2\alpha ruu'+r^2u'^2)\\ &\to 0\end{aligned}$$

等が成立する[*2]ことより

$$E(r;w)\to 0\quad (r\to 0).$$

---

*2　$N\geqq 3$ のとき $\beta+2\alpha-2=\dfrac{2}{p+3}((N-2)p+(N-4))>0$.

したがって(A.15)により補題の結論が成立する． ∎

［定理 A.1 の証明($N \geqq 3$ のとき)］ $u_1(r)$, $u_2(r)$ を命題 A.5 で与えられるものとし，$w_j(r) = r^\alpha u_j(r)$ とおく．補題 A.8 を用いると $j=1,2$ に対して

$$\int_0^\infty G'(r) w_j(r)^2\, dr = 0.$$

これより任意の $d \in \mathbb{R}$ に対して

$$\int_0^\infty G'(r) w_2(r)^2 \left(\left(\frac{w_1(r)}{w_2(r)} \right)^2 - d \right) dr = 0. \tag{A.16}$$

ここで $d = \left(\dfrac{w_1(r_0)}{w_2(r_0)} \right)^2$ とおく．ここで $r_0 > 0$ は $(\mathrm{A}.14)_{N \geqq 3}$ で与えられた定数である．補題 A.6 に注意すると，$\left(\dfrac{w_1(r)}{w_2(r)} \right)^2 = \left(\dfrac{u_1(r)}{u_2(r)} \right)^2$ は単調増加であるから，(A.16)の被積分関数は $r \neq r_0$ において正となる．これは(A.16)と矛盾．したがって(A.2)-(A.4)の解は一意である． ∎

次に $N=2$ のときを考えよう．

［定理 A.1 の証明($N=2$ のとき)］ まず次の等式が成立することに注意しよう．

(A.17)

$$\frac{d}{dr}\left(E(r;w_2) - \left(\frac{w_2}{w_1} \right)^2 E(r;w_1) \right) = -\left\{ \frac{d}{dr}\left(\left(\frac{w_2(r)}{w_1(r)} \right)^2 \right) \right\} E(r;w_1).$$

補題 A.6 により $\dfrac{w_2}{w_1} = \dfrac{u_2}{u_1}$ は単調減少であるから

$$\frac{d}{dr}\left(\left(\frac{w_2(r)}{w_1(r)} \right)^2 \right) < 0 \qquad \forall r > 0.$$

特に

$$0 < \left(\frac{w_2(r)}{w_1(r)} \right)^2 \leqq \left(\frac{w_2(0)}{w_1(0)} \right)^2 \qquad \forall r > 0. \tag{A.18}$$

また $(\mathrm{A}.14)_{N=2}$ より

$$\frac{d}{dr} E(r;w_2) = -\frac{1}{2} G'(r) w_2(r)^2 < 0 \qquad \forall r > 0,$$

および補題 A.3 により $E(r;w_2) \to 0\ (r \to \infty)$ が従うことにより注意すると

$$E(r;w_2)>0 \qquad \forall r>0$$

が従う．ゆえに(A.17)の右辺は常に正となる．したがって

$$F(r)=E(r;w_2)-\left(\frac{w_2(r)}{w_1(r)}\right)^2 E(r;w_1)$$

とおくと

$$F(\infty)-F(0)>0. \tag{A.19}$$

(A.18)に注意すると $F(r)\to 0\ (r\to\infty)$．したがって(A.19)より

$$F(0)<0. \tag{A.20}$$

一方，

$$\begin{aligned}
F(r) &= r^\beta (r^\alpha u_2)'^2-\left(\frac{u_2}{u_1}\right)^2 r^\beta (r^\alpha u_1)'^2+\frac{1}{p+1}(r^\alpha u_2)^{p+1}\\
&\quad -\frac{1}{p+1}\left(\frac{u_2}{u_1}\right)^2 (r^\alpha u_1)^{p+1}\\
&= 2\alpha r^{\beta+2\alpha-1}\left(u_2u_2'-\left(\frac{u_2}{u_1}\right)^2 u_1u_1'\right)+r^{\beta+2\alpha}\left(u_2'^2-\left(\frac{u_2}{u_1}\right)^2 u_1'^2\right)\\
&\quad +\frac{1}{p+1}(r^\alpha u_2)^{p+1}-\frac{1}{p+1}\left(\frac{u_2}{u_1}\right)^2 (r^\alpha u_1)^{p+1}.
\end{aligned}$$

ここで $\beta+2\alpha-1>0$，$u_j'(0)=0$ に注意すると

$$F(0)=0.$$

これは(A.20)と矛盾する．よって(A.2)-(A.4)の解は一意的．　∎

§A.3　命題 A.5 の証明

この節では命題 A.5 の証明を与える．(A.2)-(A.4)が 2 つの解 $u_1(r)$, $u_2(r)$ をもち

$$u_1(0)<u_2(0),$$
$$\#\{r\in(0,\infty);\ u_1(r)=u_2(r)\}\geqq 2$$

をみたすとしよう．次のように命題 A.5 を示す．まず初期値問題

$$-u''-\frac{N-1}{r}u+u=u^p, \tag{A.21}$$

$$u(0) = a, \tag{A.22}$$

$$u'(0) = 0 \tag{A.23}$$

の解 $u(r;a)$ を考え，初期値 a を $u_2(0)$ より始めて大きくしてゆく．$u_1(r)$ と $u(r;a)$ が交わる r を $0<\sigma_1(a)<\sigma_2(a)<\cdots$ とし，$\sigma_1(a), \sigma_2(a)$ の動きを追う．ある $a_*>u_2(0)$ において

$$\sigma_2(a) \to \infty \quad (a \to a_*-0)$$

をみたすことを確かめ，最後に $u_3(r)=u(r;a_*)$ とおくと $u_1(r), u_3(r)$ が命題A.5の条件をみたしていることを示す．

まず $a\in\mathbb{R}$ に対して初期値問題(A.21)-(A.23)は少なくとも局所的に一意解をもち，解はその存在範囲で初期値 a に連続的に依存する(方程式が $r=0$ で特異性をもつことに注意されたい)．また，解の局所一意可解性により $u_1(r)$ と $u(r;a)$ は交わるならば必ず横断的に交わる．すなわち，$u_1'(r)\neq u'(r;a)$．特に交点は a に関して(存在する限りは)連続的に動く．

次のように3つの段階に分けて証明を行う．

Step 1: ある $\overline{a}>u_2(0)$ が存在して $u(r;\overline{a})$ はある $r_0\in(0,\infty)$ において

$$u(r_0;\overline{a}) = 0, \tag{A.24}$$

$$\#\{r \in (0,r_0);\ u(r;\overline{a}) = u_1(r)\} = 1. \tag{A.25}$$

Step 2: ある $a_*\in(u_2(0),\overline{a})$ が存在して

$$\sigma_2(a) \to \infty \quad (a \to a_*-0).$$

Step 3: $u_3(r)=u(r;a_*)$，$u_1(r)$ は命題A.5の性質をみたす．

Step 1: (A.24), (A.25)をみたす $\overline{a}$ の存在.

解 $u(r;a)$ に対して $v(s;a)=a^{-1}u(a^{-(p-1)/2}s;a)$ とおく．$v(s;a)$ は次をみたす．

$$-v''-\frac{N-1}{s}v'+a^{-(p-1)}v = v^p,$$

$$v'(0) = 0,$$

$$v(0) = 1.$$

$a\to\infty$ とするとコンパクト一様に $v(s;a)$ は次の解 $w(s)$ に収束する．

$$(\text{A}.26)\qquad \begin{aligned} &-w''-\frac{N-1}{s}w'=w^p,\\ &w'(0)=0,\\ &w(0)=1. \end{aligned}$$

この方程式は $-\Delta u=u^p$ に対応し，$w(s)$ はある $s_0\in(0,\infty)$ において $w(s_0)=0$ をみたす．このことは第2章で見たように，$-\Delta u=u^p$，$u|_{|u|=1}=0$ は球対称な正値解 $u_0(r)$ をもつことから

$$w(s)=a_0^{-1}u_0(a_0^{-\frac{p-1}{2}}s),\quad a_0=u_0(0)$$

とおくと $w(s)$ は(A.26)の解であり，$s_0=a_0^{\frac{p-1}{2}}$ とすると $w(s_0)=0$ をみたすことよりわかる．

以上により十分大きな a に対して $u(r;a)$ は(A.24),(A.25)をみたすことがわかる．

Step 2：ある $a_*\in(u_2(0),\overline{a})$ が存在して $\sigma_2(a)\to\infty$ $(a\to a_*-0)$ が成立すること．

$a\geqq u_2(0)$ に対して $u(r;a)$ と $u_1(r)$ が交わる r を小さい順に $0<\sigma_1(a)<\sigma_2(a)<\cdots$ とかく．$\sigma_1(a),\sigma_2(a)$ は少なくとも $u_2(0)$ の近傍で存在し，a について連続的に変化する．$[u_2(0),a_*)$ を $\sigma_1(a),\sigma_2(a)$ がともに存在する a の最大範囲とする．まず任意の $a\in[u_2(0),a_*)$ に対して

$$(\text{A}.27)\qquad u(r;a)>0\qquad \forall r\in[0,\sigma_2(a)]$$

が成立することに注意しよう．実際，(A.27)が成立しないとすると，ある $a_0\in(u_2(0),a_*)$，$r_0\in[0,\sigma_2(a_0))$ に対して

$$\begin{aligned} &u(r;a_0)\geqq 0\qquad \forall r\in[0,\sigma_2(a_0)],\\ &u(r_0;a_0)=0,\\ &u'(r_0;a_0)=0 \end{aligned}$$

が成立することとなるが，$r=r_0$ における初期値問題の一意可解性により $u(r;a_0)\equiv 0$ となり矛盾．

(A.27)および Step 1 により $a_*<\overline{a}$ であり $a\to a_*-0$ のとき $\sigma_2(a)\to\infty$．

したがって Step 2 の結論が成立．

Step 3：$u_3(r)=u(r;a_*)$，$u_1(r)$ は命題 A.5 の性質をみたすこと．

$u_3(r)=u(r;a_*)$ が $H^1_{rad}(\mathbb{R}^N)$ に属し，さらに $u_1(r)$ と高々 1 回しか交わらないことを見よう．次の 2 つの場合がおこりうる．

Case 1：$\sigma_1(a)\to\infty \quad (a\to a_*-0)$．

Case 2：$\sigma_0=\lim_{a\to a_*-0}\sigma_1(a)\in(0,\infty)$ が存在．

まず Case 1 がおこるときを考えよう．$\sigma_1(a)$ の定義より

$$u(r;a)>u_1(r) \qquad \forall r\in[0,\sigma_1(a)].$$

注意 A.7 を用いると $\dfrac{d}{dr}\left(\dfrac{u_1(r)}{u(r;a)}\right)>0$ が $[0,\sigma_1(a)]$ において成立．よって

$$0<u(r;a)<\frac{a}{u_1(0)}u_1(r) \qquad \forall r\in[0,\sigma_1(a)].$$

$a\to a_*-0$ とすると

$$0<u_3(r)<\frac{a_*}{u_1(0)}u_1(r) \qquad \forall r\in[0,\infty).$$

これより $r\to\infty$ のとき $u_1(r)$ が 0 へ指数的に減衰することより $u_3(r)$ も指数的に 0 に減衰する．これより $u_3(r)\in H^1_{rad}(\mathbb{R}^N)$ であることがわかる．

$$\#\{r>0;\ u_3(r)=u_1(r)\}=0$$

は明らか．

次に Case 2 が成立するときを考える．$\sigma_1(a), \sigma_2(a)$ の定義により

$$0<u_1(r)<u(r;a) \qquad \forall r\in(0,\sigma_1(a)),$$
$$0<u(r;a)<u_1(r) \qquad \forall r\in(\sigma_1(a),\sigma_2(a)).$$

$a\to a_*-0$ とすると $\sigma_1(a)\to\sigma_0$，$\sigma_2(a)\to\infty$ により

$$0<u_1(r)<u_3(r) \qquad \forall r\in(0,\sigma_0),$$
$$0<u_3(r)<u_1(r) \qquad \forall r\in(\sigma_0,\infty).$$

これより $u_3(r)\in H^1_{rad}(\mathbb{R}^N)$ であり

$$\#\{r>0;\ u_3(r)=u_1(r)\}=1.$$

したがって，Case 1，Case 2 ともに $u_1(r), u_3(r)$ は命題 A.5 の性質をもつ．

∎

あとがき

あとがきに代えて本書で触れられなかった点を述べておきたい.

まず第0章の準備では，非線形関数解析での基礎的事項(用語等)を本書で必要な範囲で解説した．非線形関数解析での他の重要な事項，たとえば Leray-Schauder の理論，分岐理論等については Ambrosetti-Prodi [11], Jeggle [107]，増田[137]，Schwartz [168]，Zeidler [200], [201]等をご覧いただきたい.

第1章では，最小化法，ミニマックス法による臨界点の構成法を解説したが，紙数の関係もあり残念ながら，臨界点の多重存在のための genus, index あるいは Lyusternik-Schnirelman カテゴリーは紹介できなかった．第1章に続いて Rabinowitz [159]を読まれることを強く勧める．そこでは S^n 上の偶関数は少なくとも $n+1$ 対の臨界点 $\pm u_1, \pm u_2, \cdots, \pm u_{n+1}$ が存在するという事実を基本として，$I(-u)=I(u)$ をみたす汎関数の臨界点の多重度を求めるための genus の理論が展開され，定理 2.22 等が示される．なお Lyusternik-Schnirelman のカテゴリーについては Ambrosetti [9]，Schwartz [168]等を参照されたい.

また第1章では臨界点の存在を勾配流を用いる方法で解説した．臨界点の存在を示す方法としては勾配流を用いる方法のほか，(i) Ekeland の原理を直接示す方法(Ekeland [74]，de Figueiredo [64]，Mawhin-Willem [138], Suzuki [182]等を参照のこと)，(ii) 熱流(heat flow)を用いる方法(西川[147]を参照のこと)がある．なお第1章ではミニマックス法を (PS)-列を生成する方法として導入した．(PS)-列の生成に関しては Morse 指数に関する情報をもった (PS)-列の構成が Fang-Ghoussoub [79], [80]，Ghoussoub [84]により行われている．また有界な (PS)-列の生成が Jeanjean [106]により行われている.

第2, 4, 5章では，非線形楕円型方程式 $-\Delta u=g(x,u)$ をあつかった．これらの章に関連する話題は Brezis-Nirenberg [41] に始まる Sobolev の臨界指数をもった楕円型方程式の話題を始め非常に多い．Struwe [180]，Suzuki [182]等を参照されたい．ここでは特異摂動問題について述べるに止めよう．一般に峠の補題等のミニマックス法により得られる解の形状等の性質を知ることは非常に難しい．しかし特異摂動の設定のもとではそれが可能であることがある．すなわち，$\epsilon>0$ が非常に小さいとき

$$-\epsilon^2\Delta u+u=u^p \qquad \text{in } \Omega$$

の解はただひとつのピークをもつスパイク状の形状をもち，そのピークのあらわれる位置まで特定できる．この事実は Ni-Takagi [144], [145]，Ni-Wei [146] により示されている．Benci-Cerami [31]，Benci-Cerami-Passaseo [33]，del Pino-Felmer [67]，Y. Li [120] 等も参照されたい．最近は複数個のピークをもつ解の変分的な構成等も行われており，そこでは第5章 §5.4-§5.6 で紹介した方法と関連する手法が用いられている．なお，汎関数の群作用に関する不変性が第4-5章での議論で重要であるが，このような不変性(スケール不変性)は偏微分方程式の研究において重要な役割を果たす．儀我-儀我[88]を参照されたい．

第3, 6章では，ハミルトン系の周期解について述べた．関連する話題としては Ekeland [74]，Hofer-Zehnder [104] を参照して頂きたい．ここでは周期解の存在について述べたが，ホモクリニック軌道の存在問題への変分的アプローチによる研究が Rabinowitz [160]，Coti Zelati-Ekeland-Séré [59] により始まり，第5章 §5.4-§5.6 でも紹介した Séré [170], [171] の仕事を経て現在活発に研究が進んでいる．

参考文献

[1] H. Amann and E. Zehnder, Nontrivial solutions for a class of nonresonance problems and applications to nonlinear differential equations. *Ann. Scuola Norm. Sup. Pisa Cl. Sci.* **7**(1980), 539–603.

[2] H. Amann and E. Zehnder, Periodic solutions of asymptotically linear Hamiltonian systems. *Manuscripta Math.* **32**(1980), 149–189.

[3] A. Ambrosetti and P. H. Rabinowitz, Dual variational methods in critical point theory and applications. *J. Functional Analysis* **14**(1973), 349–381.

[4] A. Ambrosetti, V. Coti Zelati and I. Ekeland, Symmetry breaking in Hamiltonian systems. *J. Differential Equations* **67**(1987), 165–184.

[5] A. Ambrosetti and V. Coti Zelati, Critical points with lack of compactness and applications to singular dynamical system. *Ann. Mat. Pura Appl.* **149**(1987), 237–259.

[6] A. Ambrosetti and V. Coti Zelati, Noncollision orbits for a class of Keplerian-like potentials. *Ann. Inst. H. Poincaré, Anal. Non Linéaire* **5**(1988), 287–295.

[7] A. Ambrosetti and V. Coti Zelati, Perturbation of Hamiltonian systems with Keplerian potentials. *Math. Zeit.* **201**(1989), 227–242.

[8] A. Ambrosetti and V. Coti Zelati, Closed orbits of fixed energy for singular Hamiltonian systems. *Arch. Rat. Mech. Anal.* **112**(1990), 339–362.

[9] A. Ambrosetti, Critical points and nonlinear variational problems. Mém. Soc. Math. France (N.S.) No. 49, 1992.

[10] A. Ambrosetti and V. Coti Zelati, Closed orbits of fixed energy for a class of n-body problems. *Ann. Inst. H. Poincaré, Anal. Non Linéaire* **9**(1992), 187–220 and Addendum. *Ann. Inst. H. Poincaré, Anal. Non Linéaire* **9**(1992), 337–338.

[11] A. Ambrosetti and G. Prodi, A primer of nonlinear analysis. Cambridge

Studies in Advanced Mathematics, 34. Cambridge University Press, Cambridge, 1993.

[12] A. Ambrosetti and V. Coti Zelati, Periodic solutions of singular Lagrangian systems. Progress in Nonlinear Differential Equations and their Applications, 10. Birkhäuser Boston, Inc., Boston, MA, 1993.

[13] T. Aubin, Thierry Équations différentielles non linéaires et probléme de Yamabe concernant la courbure scalaire. *J. Math. Pures Appl.* **55**(1976), 269–296.

[14] T. Aubin, Nonlinear analysis on manifolds. Monge-Ampere equations. Grundlehren der Mathematischen Wissenschaften, 252. Springer-Verlag, New York-Berlin, 1982.

[15] T. Aubin, Some nonlinear problems in Riemannian geometry. Springer Monographs in Mathematics. Springer-Verlag, Berlin, 1998.

[16] A. Bahri and H. Berestycki, A perturbation method in critical point theory and applications. *Trans. Amer. Math. Soc.* **267**(1981), 1–32.

[17] A. Bahri and H. Berestycki, Existence of forced oscillations for some nonlinear differential equations. *Comm. Pure Appl. Math.* **37**(1984), 403–442.

[18] A. Bahri and H. Berestycki, Forced vibrations of superquadratic Hamiltonian systems. *Acta Math.* **152**(1984), 143–197.

[19] A. Bahri and P.-L. Lions, Morse index of some min-max critical points. I. Application to multiplicity results. *Comm. Pure Appl. Math.* **41**(1988), 1027–1037.

[20] A. Bahri and J. M. Coron, On a nonlinear elliptic equation involving the critical Sobolev exponent: the effect of the topology of the domain. *Comm. Pure Appl. Math.* **41**(1988), 253–294.

[21] A. Bahri, Critical points at infinity in some variational problems. Pitman Research Notes in Mathematics Series, 182. Longman Scientific & Technical, Harlow; copublished in the United States with John Wiley & Sons, Inc., New York, 1989.

[22] A. Bahri and P. H. Rabinowitz, A minimax method for a class of Hamiltonian systems with singular potentials. *J. Functional Analysis* **82**(1989), 412–428.

[23] A. Bahri and Y. Y. Li, On a min-max procedure for the existence of a positive solution for certain scalar field equations in R^N. *Rev. Mat. Iberoamericana* **6**(1990), 1–15.

[24] A. Bahri and P. H. Rabinowitz, Periodic solutions of Hamiltonian systems of 3-body type. *Ann. Inst. H. Poincaré, Anal. Non Linéaire* **8**(1991), 561–649.

[25] A. Bahri and P. L. Lions, On the existence of a positive solution of semilinear elliptic equations in unbounded domains. *Ann. Inst. H. Poincaré, Anal. Non Linéaire* **14**(1997), 365–413.

[26] A. Beaulieu, Étude des solutions généralisées pour un systéme hamiltonien avec potentiel singulier. *Duke Math. J.* **67**(1992), 21–37.

[27] V. Benci and P. H. Rabinowitz, Critical point theorems for indefinite functionals. *Invent. Math.* **52**(1979), 241–273.

[28] V. Benci, Normal modes of a Lagrangian system constrained in a potential well. *Ann. Inst. H. Poincaré, Anal. Non Linéaire* **1**(1984), 379–400.

[29] V. Benci, Closed geodesics for the Jacobi metric and periodic solutions of prescribed energy of natural Hamiltonian systems. *Ann. Inst. H. Poincaré, Anal. Non Linéaire* **1**(1984), 401–412.

[30] V. Benci and D. Fortunato, Subharmonic solutions of prescribed minimal period for nonautonomous differential equations. Proceedings of the international conference on recent advances in Hamiltonian systems (L'Aquila, 1986), 83–96, World Sci. Publishing, Singapore, 1987.

[31] V. Benci and G. Cerami, Positive solutions of some nonlinear elliptic problems in exterior domains. *Arch. Rat. Mech. Anal.* **99**(1987), 283–300.

[32] V. Benci, H. Hofer and P. H. Rabinowitz, A remark on a priori bounds and existence for periodic solutions of Hamiltonian systems in "Periodic solutions of Hamiltonian systems and related topics" (Il Ciocco, 1986), 85–88, NATO Adv. Sci. Inst. Ser. C: Math. Phys. Sci., 209, Reidel, Dordrecht-Boston, MA, 1987.

[33] V. Benci, G. Cerami and D. Passaseo, On the number of the positive solutions of some nonlinear elliptic problems. Nonlinear analysis, 93–107, Quaderni, Scuola Norm. Sup., Pisa, 1991.

[34] V. Benci and F. Giannoni, A new proof of the existence of a brake orbit,

in "Advanced topics in the theory of dynamical systems", Academic Press, New York, 1990.

[35] V. Benci and D. Fortunato, Estimate of the number of periodic solutions via the twist number. *J. Differential Equations* **133**(1997), 117–135.

[36] H. Berestycki, J.-M. Lasry, G. Mancini and B. Ruf, Existence of multiple periodic orbits on star-shaped Hamiltonian surfaces. *Comm. Pure Appl. Math.* **38**(1985), 253–289.

[37] F. Betheul, H. Brézis and F. Hélein, Ginzburg-Landau vortices. Progress in Nonlinear Differential Equations and their Applications, 13. Birkhäuser Boston, Inc., Boston, MA, 1994.

[38] P. Bolle, On the Bolza problem. *J. Differential Equations* **152**(1999), 274–288.

[39] P. Bolle, N. Ghoussoub and H. Tehrani, The multiplicity of solutions in non-homogeneous boundary value problems. *Manuscripta Math.* **101**(2000), 325–350.

[40] S. V. Bolotin, Libration motions of natural dynamical systems. *Vestnik Moskov. Univ. Ser. I. Mat. Mekh.* **4**(1980), 72–77.

[41] H. Brezis and L. Nirenberg, Positive solutions of nonlinear elliptic equations involving critical Sobolev exponents. *Comm. Pure Appl. Math.* **36**(1983), 437–477.

[42] H. Brezis and J.-M. Coron, Multiple solutions of H-systems and Rellich's conjecture. *Comm. Pure Appl. Math.* **37**(1984), 149–187.

[43] H. Brezis and J.-M. Coron, Convergence of solutions of H-systems or how to blow bubbles. *Arch. Rat. Mech. Anal.* **89**(1985), 21–56.

[44] H. Brezis, Elliptic equations with limiting Sobolev exponents — the impact of topology. Frontiers of the mathematical sciences: 1985 (New York, 1985). *Comm. Pure Appl. Math.* **39**(1986), suppl., S17–S39.

[45] H. ブレジス, 関数解析, 産業図書, 1988.

[46] J. Byeon, Existence of many nonequivalent nonradial positive solutions of semilinear elliptic equations on three-dimensional annuli. *J. Differential Equations* **136**(1997), 136–165.

[47] A. Capozzi, S. Solimini and S. Terracini, On a class of dynamical systems

with singular potential. *Nonlinear Anal.* **16**(1991), 805–815.

[48] A. Castro and A. Lazer, Critical point theory and the number of solutions of a nonlinear Dirichlet problem. *Ann. Mat. Pura Appl.* **120**(1979), 113–137.

[49] G. Cerami, Un criterio di esistenza per i punti critici su varietá ilimitate. *Rend. Acad. Sci. Let. Ist. Lombardo* **112**(1978), 332–336.

[50] K. C. Chang, Solutions of asymptotically linear operator equations via Morse theory. *Comm. Pure Appl. Math.* **34**(1981), 693–712.

[51] K. C. Chang, Infinite-dimensional Morse theory and multiple solution problems. Progress in Nonlinear Differential Equations and their Applications, 6. Birkhäuser Boston, Inc., Boston, MA, 1993.

[52] F. Clarke, A classical variational principle for Hamiltonian trajectories. *Proc. Amer. Math. Soc.* **76**(1979), 186–188.

[53] F. Clarke and I. Ekeland, Hamiltonian trajectories having prescribed minimal period. *Comm. Pure Appl. Math.* **33**(1980), 103–116.

[54] C. V. Coffman, Uniqueness of the ground state solution for $\Delta u - u + u^3 = 0$ and a variational characterization of other solutions. *Arch. Rat. Mech. Anal.* **46**(1972), 81–95.

[55] C. V. Coffman, A nonlinear boundary value problem with many positive solutions. *J. Differential Equations* **54**(1984), 429–437.

[56] C. V. Coffman, Lyusternik-Schnirelman theory: complementary principles and the Morse index. *Nonlinear Anal.* **12**(1988), 507–529.

[57] J. M. Coron, Topologie et cas limite des injections de Sobolev. *C. R. Acad. Sci. Paris Sér. I Math.* **299**(1984), 209–212.

[58] V. Coti Zelati, Periodic solutions for a class of planar, singular dynamical systems. *J. Math. Pures Appl.* **68**(1989), 109–119.

[59] V. Coti Zelati, I. Ekeland and E. Séré, A variational approach to homoclinic orbits in Hamiltonian systems. *Math. Ann.* **288**(1990), 133–160.

[60] V. Coti Zelati and P. H. Rabinowitz, Homoclinic orbits for second order Hamiltonian systems possessing superquadratic potentials. *J. Amer. Math. Soc.* **4**(1991), 693–727.

[61] V. Coti Zelati and P. H. Rabinowitz, Homoclinic type solutions for a semilinear elliptic PDE on $\mathbb{R}^n$. *Comm. Pure Appl. Math.* **45**(1992), 1217–1269.

[62] V. Coti Zelati and E. Serra, Collision and non-collision solutions for a class of Keplerian-like dynamical systems. *Ann. Mat. Pura Appl.* **166**(1994), 343–362.

[63] E. N. Dancer, Degenerate critical points, homotopy indices and Morse inequalities. *J. Reine Angew. Math.* **350**(1984), 1–22.

[64] D. G. de Figueiredo, Lectures on the Ekeland variational principle with applications and detours. Tata Institute of Fundamental Research Lectures on Mathematics and Physics, 81. Published for the Tata Institute of Fundamental Research, Bombay; by Springer-Verlag, Berlin-New York, 1989.

[65] M. Degiovanni, F. Giannoni and A. Marino, Periodic solutions of dynamical systems with Newtonian type potentials, in Periodic solutions of Hamiltonian systems and related topics (P. H. Rabinowitz et al. (eds.)), V209, NATO ASI Series, Reidel (1987), 111–115.

[66] M. Degiovanni and F. Giannoni, Dynamical systems with Newtonian type potentials. *Ann. Scuola Norm. Sup. Pisa* **15**(1988), 467–494.

[67] M. del Pino and P. L. Felmer, Local mountain passes for semilinear elliptic problems in unbounded domains. *Calc. Var. Partial Differential Equations* **4**(1996), 121–137.

[68] W.-Y. Ding, Positive solutions of $\Delta u + u^{(n+2)/(n-2)} = 0$ on contractible domains. *J. Partial Differential Equations* **2**(1989), 83–88.

[69] I. Ekeland, Nonconvex minimization problems. *Bull. Amer. Math. Soc. (N.S.)* **1**(1979), 443–474.

[70] I. Ekeland and J.-M. Lasry, On the number of periodic trajectories for a Hamiltonian flow on a convex energy surface. *Ann. of Math.* **112**(1980), 283–319.

[71] I. Ekeland, Ivar Une théorie de Morse pour les systèmes hamiltoniens convexes. *Ann. Inst. H. Poincaré, Anal. Non Linéaire* **1**(1984), 19–78.

[72] I. Ekeland and L. Lassoued, Un flot hamiltonien a au moins deux trajectoires fermées sur toute surface d'énergie convexe et bornée. *C. R. Acad. Sci. Paris Sér. I Math.* **301**(1985), 161–164.

[73] I. Ekeland, An index theory for periodic solutions of convex Hamiltonian systems. in "Nonlinear functional analysis and its applications", Part

1 (Berkeley, Calif., 1983), 395–423, Proc. Sympos. Pure Math., 45, Part 1, Amer. Math. Soc., Providence, R.I., 1986.

[74] I. Ekeland, Convexity methods in Hamiltonian mechanics. Ergebnisse der Mathematik und ihrer Grenzgebiete, 19. Springer-Verlag, Berlin, 1990.

[75] E. R. Fadell, S. Y. Husseini and P. H. Rabinowitz, Borsuk-Ulam theorems for arbitrary S^1 actions and applications. *Trans. Amer. Math. Soc.* **274**(1982), 345–360.

[76] E. Fadell and S. Husseini, A note on the category of free loop space. *Proc. Amer. Math. Soc.* **107**(1989), 527–536.

[77] E. Fadell and S. Husseini, Category of loop spaces of open subsets in Euclidean space. *Nonlinear Anal.* **17**(1991), 1153–1161.

[78] E. Fadell and S. Husseini, Infinite cup length in free loop spaces with an application to a problem of the N-body type. *Ann. Inst. H. Poincaré, Anal. Non Linéaire* **9**(1992), 305–319.

[79] G. Fang and N. Ghoussoub, Second-order information on Palais-Smale sequences in the mountain pass theorem. *Manuscripta Math.* **75**(1992), 81–95.

[80] G. Fang and N. Ghoussoub, Morse-type information on Palais-Smale sequences obtained by min-max principles. *Comm. Pure Appl. Math.* **47**(1994), 1595–1653.

[81] M. Flucher, Variational problems with concentration. Progress in Nonlinear Differential Equations and their Applications, 36. Birkhäuser Verlag, Basel, 1999.

[82] 深谷賢治, シンプレクティック幾何学, 岩波書店, 2008.

[83] N. Ghoussoub, Location, multiplicity and Morse indices of min-max critical points. *J. Reine Angew. Math.* **417**(1991), 27–76.

[84] N. Ghoussoub, Duality and perturbation methods in critical point theory. With appendices by David Robinson. Cambridge Tracts in Mathematics, 107. Cambridge University Press, Cambridge, 1993.

[85] N. Ghoussoub and D. Preiss, A general mountain pass principle for locating and classifying critical points. *Ann. Inst. H. Poincaré Anal. Non Linéaire* **6**(1989), 321–330.

[86] B. Gidas, W.-M. Ni and L. Nirenberg, Symmetry and related properties via the maximum principle. *Comm. Math. Phys.* **68**(1979), 209–243.

[87] B. Gidas, W.-M. Ni and L. Nirenberg, Symmetry of positive solutions of nonlinear elliptic equations in $\mathbb{R}^n$. *Math. Anal. Appl. Part A. Adv. Math. Suppl. Studies* **7A**(1981), 369–402.

[88] 儀我美一, 儀我美保, 非線形偏微分方程式—解の漸近挙動と自己相似解—, 共立出版, 1999.

[89] D. Gilbarg and N. S. Trudinger, Elliptic partial differential equations of second order, second edition, Springer, 1983.

[90] V. L. Ginzburg, An embedding $S^{2n-1}\to R^{2n}$, $2n-1\geqq 7$, whose Hamiltonian flow has no periodic trajectories. Internat. Math. Res. Notices 1995, 83–97 (electronic).

[91] H. Gluck and W. Ziller, Existence of periodic motions of conservative systems, in "Seminar on minimal submanifolds", E. Bombieri ed., Princeton Univ. Press (1983), 65–98.

[92] W. B. Gordon, A minimizing property of Keplerian orbits. *Amer. J. Math.* **99**(1977), 961–971.

[93] W. B. Gordon, Conservative dynamical systems involving strong forces. *Trans. Amer. Math. Soc.* **204**(1975), 113–135.

[94] C. Greco, Periodic solutions of a class of singular Hamiltonian systems. *Nonlinear Analysis; T. M. A.* **12**(1988), 259–269.

[95] P. Hartman, Ordinary Differential Equations, 2nd edition, Birkhäuser, 1982.

[96] K. Hayashi, Periodic solutions of classical Hamiltonian systems. *Tokyo J. Math.* **6**(1983), 473–486.

[97] M. R. Herman, Examples of compact hypersurfaces in $R^{2p}, 2p\geqq 6$, with no periodic orbits. in "Hamiltonian systems with three or more degrees of freedom" (S'Agaró, 1995), 126, NATO Adv. Sci. Inst. Ser. C Math. Phys. Sci., 533, Kluwer Acad. Publ., Dordrecht, 1999.

[98] M. W. Hirsch, Differential topology, Springer-Verlag, 1976.

[99] H. Hofer, A note on the topological degree at a critical point of mountainpass-type. *Proc. Amer. Math. Soc.* **90**(1984), 309–315.

[100] H. Hofer, A geometrical description of the neighbourhood of a critical point given by the mountain-pass theorem. *J. London Math. Soc.* **31**(1985), 566–570.

[101] H. Hofer and E. Zehnder, Periodic solutions on hypersurfaces and a result by C. Viterbo. *Invent. Math.* **90**(1987), 1–9.

[102] H. Hofer and C. Viterbo, The Weinstein conjecture in cotangent bundles and related results. *Ann. Scuola Norm. Sup. Pisa Cl. Sci.* **15**(1988), 411–445 (1989).

[103] H. Hofer, Pseudoholomorphic curves in symplectizations with applications to the Weinstein conjecture in dimension three. *Invent. Math.* **114**(1993), 515–563.

[104] H. Hofer and E. Zehnder, Symplectic invariants and Hamiltonian dynamics. Birkhäuser Verlag, Basel, 1994.

[105] 伊藤清三, ルベーグ積分入門, 裳華房, 1963.

[106] L. Jeanjean, On the existence of bounded Palais-Smale sequences and application to a Landesman-Lazer-type problem set on R^N. *Proc. Roy. Soc. Edinburgh Sect.* **A 129**(1999), 787–809.

[107] H. Jeggle, Nichtlineare Funktionalanalysis, Teubner Studienbücher, 1979.

[108] Y. Kabeya and K. Tanaka, Uniqueness of positive radial solutions of semilinear elliptic equations in $\mathbb{R}^n$ and Séré's non-degeneracy condition. *Comm. Partial Differential Equations* **24**(1999), 563–598.

[109] W. Klingenberg, Lectures on closed geodesics, Grundlehren der mathematischen Wissenschaften 230, Springer-Verlag, 1978.

[110] 小松彦三郎, Fourier 解析, 岩波 基礎数学, 1979.

[111] 小谷眞一, 俣野博, 微分方程式と固有関数展開, 岩波書店, 2006.

[112] M. K. Kwong, Uniqueness of positive solutions of $\Delta u - u + u^p = 0$ in $\mathbb{R}^n$. *Arch. Rat. Mech. Anal.* **105**(1989), 234–266.

[113] M. K. Kwong and Y. Li, Uniqueness of radial solutions of semilinear elliptic equations. *Trans. Amer. Math. Soc.* **333**(1992), 339–363.

[114] S. Lang, Differential and Riemannian manifolds. Third edition. Graduate Texts in Mathematics, 160. Springer-Verlag, New York, 1995.

[115] A. C. Lazer and S. Solimini, Nontrivial solutions of operator equations

and Morse indices of critical points of min-max type. *Nonlinear Analysis; T. M. A.* **12**(1988), 761–775.

[116] C. Li, Monotonicity and symmetry of solutions of fully nonlinear elliptic equations on bounded domains. *Comm. Partial Differential Equations* **16**(1991), 491–526.

[117] C. Li, Monotonicity and symmetry of solutions of fully nonlinear elliptic equations on unbounded domains. *Comm. Partial Differential Equations* **16**(1991), 585–615.

[118] S. J. Li and J. Q. Liu, Morse theory and asymptotic linear Hamiltonian system. *J. Differential Equations* **78**(1989), 53-73.

[119] Y. Y. Li, Existence of many positive solutions of semilinear elliptic equations on annulus. *J. Differential Equations* **83**(1990), 348–367.

[120] Y. Y. Li, On a singularly perturbed equation with Neumann boundary condition. *Comm. Partial Differential Equations* **23**(1998), 487–545.

[121] P.-L. Lions, The concentration-compactness principle in the calculus of variations. The locally compact case. I. *Ann. Inst. H. Poincaré, Anal. Non Linéaire* **1**(1984), 109–145.

[122] P.-L. Lions, The concentration-compactness principle in the calculus of variations. The locally compact case. II. *Ann. Inst. H. Poincaré, Anal. Non Linéaire* **1**(1984), 223–283.

[123] P.-L. Lions, The concentration-compactness principle in the calculus of variations. The limit case. I. *Rev. Mat. Iberoamericana* **1**(1985), 145–201.

[124] P.-L. Lions, The concentration-compactness principle in the calculus of variations. The limit case. II. *Rev. Mat. Iberoamericana* **1**(1985), 45–121.

[125] Y. Long, Periodic solutions of perturbed superquadratic Hamiltonian systems. *Ann. Scuola Norm. Sup. Pisa Cl. Sci.* **17**(1990), 35–77.

[126] Y. Long, Index theory for symplectic paths with applications. Progress in Mathematics, 207, Birkhäuser Verlag, Basel, 2002.

[127] L. A. Lyusternik and A. I. Fet, Variational problems on closed manifolds. *Dokl. Akad. Nauk USSR. (N.S.)* **81**(1951), 17–18.

[128] P. Majer, Ljusternik-Schnirel'man theory with local Palais-Smale condition and singular dynamical systems. *Ann. Inst. H. Poincaré, Anal. Non*

Linéaire **8**(1991), 459–476.

[129] P. Majer, Two variational methods on manifolds with boundary. *Topology* **34**(1995), 1–12.

[130] P. Majer and S. Terracini, Periodic solutions to some problems of n-body type. *Arch. Rat. Mech. Anal.* **124**(1993), 381–404.

[131] P. Majer and S. Terracini, Periodic solutions to some n-body type problems: the fixed energy case. *Duke Math. J.* **69**(1993), 683–697.

[132] P. Majer and S. Terracini, On the existence of infinitely many periodic solutions to some problems of n-body type. *Comm. Pure Appl. Math.* **48**(1995), 449–470.

[133] A. Marino and G. Prodi, Metodi perturbativi nella teoria di Morse. *Boll. U. M. I.* **11**(1975), 1–32.

[134] D. McDuff and D. Salamon, Introduction to symplectic topology, Oxford Science Publications, 1995.

[135] K. McLeod and J. Serrin, Uniqueness of positive radial solutions of $\Delta u + f(u) = 0$ in R^n. *Arch. Rat. Mech. Anal.* **99**(1987), 115–145.

[136] 増田久弥, 非線型楕円型方程式, 岩波 基礎数学, 1977.

[137] 増田久弥, 非線型数学, 朝倉書店, 1985.

[138] J. Mawhin and M. Willem, Critical point theory and Hamiltonian systems. Appl. Math. Sci. 74, Springer, New York, Berlin, Heidelberg, London, Paris, Tokyo, 1989.

[139] J. ミルナー, 志賀浩二訳, モース理論: 多様体上の解析学とトポロジーとの関連, 吉岡書店, 1968.

[140] J. ミルナー, 蟹江幸博訳, 微分トポロジー講義, シュプリンガー, 1998.

[141] P. Montecchiari, Existence and multiplicity of homoclinic orbits for a class of asymptotically periodic second order Hamiltonian systems. *Ann. Mat. Pura Appl.* **168**(1995), 317–354.

[142] P. Montecchiari, M. Nolasco and S. Terracini, A global condition for periodic Duffing-like equations. *Trans. Amer. Math. Soc.* **351**(1999), 3713–3724.

[143] J. Moser, Stable and random motions in dynamical systems, Princeton University Press, 1973.

[144] W.-M. Ni and I. Takagi, On the shape of least-energy solutions to a semilinear Neumann problem. *Comm. Pure Appl. Math.* **44**(1991), 819–851.

[145] W.-M. Ni and I. Takagi, Locating the peaks of least-energy solutions to a semilinear Neumann problem. *Duke Math. J.* **70**(1993), 247–281.

[146] W.-M. Ni and J. Wei, On the location and profile of spike-layer solutions to singularly perturbed semilinear Dirichlet problems. *Comm. Pure Appl. Math.* **48**(1995), 731–768.

[147] 西川青季, 幾何学的変分問題, 岩波書店, 2006.

[148] R. S. Palais, Foundations of global non-linear analysis. W. A. Benjamin, Inc., New York-Amsterdam, 1968.

[149] D. Passaseo, Multiplicity of positive solutions of nonlinear elliptic equations with critical Sobolev exponent in some contractible domains. *Manuscripta Math.* **65**(1989), 147–165.

[150] L. Pisani, Periodic solutions with prescribed energy for singular conservative systems involving strong forces. *Nonlinear Anal.* **21**(1993), 167–179.

[151] S. Pohozaev, Eigenfunctions of the equation $\Delta u+\lambda f(u)=0$. *Soviet Math. Dokl.* **6**(1965), 1408–1411.

[152] P. Pucci and J. Serrin, Extension of the mountain pass theorem. *J. Functional Analysis* **59**(1984), 185–210.

[153] P. Pucci and J. Serrin, A mountain pass theorem. *J. Differential Equations* **60**(1985), 142–149.

[154] P. Pucci and J. Serrin, The structure of the critical set in the mountain pass theorem. *Trans. Amer. Math. Soc.* **299**(1987), 115–132.

[155] P. H. Rabinowitz, Variational methods for nonlinear eigenvalue problems. Eigenvalues of non-linear problems (Centro Internaz. Mat. Estivo (C.I.M.E.), III Ciclo, Varenna, 1974), 139–195. Edizioni Cremonese, Rome, 1974.

[156] P. H. Rabinowitz, Periodic solutions of Hamiltonian systems. *Comm. Pure Appl. Math.* **31**(1978), 157–184.

[157] P. H. Rabinowitz, Multiple critical points of perturbed symmetric functionals. *Trans. Amer. Math. Soc.* **272**(1982), 753–769.

[158] P. H. Rabinowitz, Periodic solutions of large norm of Hamiltonian systems. *J. Differential Equations* **50**(1983), 33–48.

[159] P. H. Rabinowitz, Minimax methods in critical point theory with applications to differential equations. CBMS Regional Conference Series in Mathematics, 65. Published for the Conference Board of the Mathematical Sciences, Washington, D.C.; by the American Mathematical Society, Providence, R.I., 1986.

[160] P. H. Rabinowitz, Periodic and heteroclinic orbits for a periodic Hamiltonian system. *Ann. Inst. H. Poincaré, Anal. Non Linéaire* **6**(1989), 331–346.

[161] P. H. Rabinowitz, Periodic solutions for some forced singular Hamiltonian systems. Analysis, et cetera, 521–544, Academic Press, Boston, MA, 1990.

[162] M. Ramos and S. Terracini, Noncollision periodic solutions to some singular dynamical systems with very weak forces. *J. Differential Equations* **118**(1995), 121–152.

[163] H. Riahi, Periodic orbits of n-body type problems: the fixed period case. *Trans. Amer. Math. Soc.* **347**(1995), 4663–4685.

[164] H. Riahi, Study of the generalized solutions of n-body type problems with weak forces. *Nonlinear Anal.* **28**(1997), 49–59.

[165] H. Riahi, Study of the critical points at infinity arising from the failure of the Palais-Smale condition for n-body type problems. *Mem. Amer. Math. Soc.* **138**(1999).

[166] R. T. Rockafellar, Convex analysis, Princeton Univ. Press, Princeton, 1970.

[167] J. Sacks and K. Uhlenbeck, The existence of minimal immersions of 2-spheres. *Ann. of Math.* **113**(1981), 1–24.

[168] J. T. Schwartz, Nonlinear functional analysis. Notes by H. Fattorini, R. Nirenberg and H. Porta, with an additional chapter by Hermann Karcher. Notes on Mathematics and its Applications. Gordon and Breach Science Publishers, New York-London-Paris, 1969.

[169] H. Seifert, Periodisher Bewegungen Mechanischer Systems. *Math. Zeit.* **51**(1948), 197–216.

[170] E. Séré, Existence of infinitely many homoclinic orbits in Hamiltonian systems. *Math. Zeit.* **209**(1992), 27–42.

[171] E. Séré, Looking for the Bernoulli shift. *Ann. Inst. H. Poincaré, Anal.*

Non Linéaire **10**(1993), 561–590.

[172] E. Serra and S. Terracini, Noncollision solutions to some singular minimization problems with Keplerian-like potentials. *Nonlinear Anal.* **22**(1994), 45–62.

[173] C. L. Siegel and J. K. Moser, Lectures on celestial mechanics. Translated from the German by C. I. Kalme. Reprint of the 1971 translation. Classics in Mathematics. Springer-Verlag, Berlin, 1995.

[174] C. G. Simader, On Dirichlet's boundary value problem. An L^p-theory based on a generalization of Gårding's inequality. Lecture Notes in Mathematics, Vol. 268. Springer-Verlag, Berlin-New York, 1972.

[175] G. Spradlin, Thesis, University of Wisconsin-Madison, 1994.

[176] E. M. Stein, Singular integrals and differentiability properties of functions. Princeton Mathematical Series, No. 30. Princeton University Press, Princeton, N. J., 1970.

[177] M. Struwe, Infinitely many critical points for functionals which are not even and applications to superlinear boundary value problems. *Manuscripta Math.* **32**(1980), 335–364.

[178] M. Struwe, A global compactness result for elliptic boundary value problems involving limiting nonlinearities. *Math. Zeit.* **187**(1984), 511–517.

[179] M. Struwe, Existence of periodic solutions of Hamiltonian systems on almost every energy surface. *Bol. Soc. Brasil. Mat. (N.S.)* **20**(1990), 49–58.

[180] M. Struwe, Variational methods. Applications to nonlinear partial differential equations and Hamiltonian systems. Second edition. Ergebnisse der Mathematik und ihrer Grenzgebiete, 34. Springer-Verlag, Berlin, 1996.

[181] K. Sugimura, Existence of infinitely many solutions for a perturbed elliptic equation with exponential growth. *Nonlinear Anal.* **22**(1994), 277–293.

[182] T. Suzuki, Semilinear elliptic equations. GAKUTO International Series. Mathematical Sciences and Applications, 3. Gakkōtosho Co., Ltd., Tokyo, 1994.

[183] 田辺広城, 関数解析 上, 下, 実教出版, 1978.

[184] K. Tanaka, Morse indices at critical points related to the symmetric mountain pass theorem and applications. *Comm. Partial Differential Equa-*

tions **14**(1989), 99–128.

[185] K. Tanaka, Non-collision solutions for a second order singular Hamiltonian system with weak force. *Ann. Inst. H. Poincaré, Anal. Non Linéaire,* **10**(1993), 215–238.

[186] K. Tanaka, A prescribed-energy problem for a conservative singular Hamiltonian system. *Arch. Rat. Mech. Anal.* **128**(1994), 127–164.

[187] K. Tanaka, Periodic solutions for singular Hamiltonian systems and closed geodesics on non-compact Riemannian manifolds. *Ann. Inst. H. Poincaré, Anal. Non Linéaire* **17**(2000), 1–33.

[188] C. Taubes, Min-Max theory for the Yang-Mills-Higgs equations. *Comm. Math. Phys.* **97**(1985), 473–540.

[189] H. Triebel, Interpolation theory, function spaces, differential operators. Second edition. Johann Ambrosius Barth, Heidelberg, 1995.

[190] E. W. C. van Groesen, Analytical mini-max methods for Hamiltonian brake orbits of prescribed energy. *J. Math. Anal. Appl.* **132**(1988), 1–12.

[191] C. Viterbo, A proof of Weinstein conjecture in $\mathbb{R}^{2N}$. *Ann. Inst. H. Poincaré, Anal. Non Linéaire* **4**(1987), 337–356.

[192] C. Viterbo, Indice de Morse des points critiques obtenus par minimax. *Ann. Inst. H. Poincaré, Anal. Non Linéaire* **5**(1988), 221–225.

[193] A. Weinstein, Periodic orbits for convex Hamiltonian systems. *Ann. of Math.* **108**(1978), 507–518.

[194] A. Weinstein, On the hypotheses of Rabinowitz' periodic orbit theorems. *J. Differential Equations* **33**(1979), 353–358.

[195] H. C. Wente, Large solutions to the volume constrained Plateau problem. *Arch. Rat. Mech. Anal.* **75**(1980/81), 59–77.

[196] S. ウィギンス, 非線形の力学系とカオス 上,下, シュプリンガー・フェアラーク東京, 1992.

[197] A. Wintner, The Analytical Foundations of Celestial Mechanics. Princeton Mathematical Series, No. 5. Princeton University Press, Princeton, N. J., 1941.

[198] E. Yanagida, Uniqueness of positive radial solutions of $\Delta u+g(r)u+h(r)u^p$ in $\mathbb{R}^n$. *Arch. Rat. Mech. Anal.* **115**(1991), 257–274.

[199] 柳田英二, 四ツ谷晶二, 非線形偏微分方程式の最近の話題—半線形楕円型方程式の球対称解の構造—, 数学 **51**(1999), 276–290, 岩波書店.

[200] E. Zeidler, Applied functional analysis. Applications to mathematical physics. Applied Mathematical Sciences, 108. Springer-Verlag, New York, 1995.

[201] E. Zeidler, Applied functional analysis. Main principles and their applications. Applied Mathematical Sciences, 109. Springer-Verlag, New York, 1995.

欧文索引

和文索引

カ 行

本書で用いられている条件

■岩波オンデマンドブックス■

変分問題入門——非線形楕円型方程式とハミルトン系

2008年8月7日 第1刷発行
2018年6月12日 オンデマンド版発行

著者 田中和永（たなかかずなが）

発行者 岡本 厚

発行所 株式会社 岩波書店
〒101-8002 東京都千代田区一ツ橋2-5-5
電話案内 03-5210-4000
http://www.iwanami.co.jp/

印刷／製本・法令印刷

ISBN 978-4-00-730770-6 Printed in Japan